LA GRANDE THÉORIE

Dans la même collection

BARROW John *La grande théorie*
BRUNHES Bernard *La dégradation de l'énergie*
COUTEAU Paul *Le grand escalier. Des quarks aux galaxies*
ECCLES John *Evolution du cerveau et création de la conscience*
EINSTEIN Albert *Comment je vois le monde*
EINSTEIN Albert *Conceptions scientifiques*
EINSTEIN Albert et INFELD Léopold *L'évolution des idées en physique*
FRANK Philippe *Einstein, sa vie, son œuvre*
GLEICK James *Théorie du Chaos*
GRIBBIN John *A la poursuite du Big Bang*
GRIBBIN John *Le chat de Schrödinger. Physique quantique et réalité*
HAWKING Stephen *Une brève histoire du temps. Du Big Bang aux trous noirs*
HAWKING Stephen *Commencement du Temps et fin de la Physique ?*
HEISENBERG Werner *La Partie et le Tout. Le monde de la physique atomique*
DE BROGLIE Louis *La Physique nouvelle et les quanta — Nouvelles perspectives en microphysique*
KLEIN Etienne, SPIRO Michel (eds) *Le Temps et sa flèche*
KUHN Thomas *La Structure des révolutions scientifiques*
LOCHAK Georges, *Louis de Broglie*
LOCHAK Georges, DINER Simon, FARGUE Daniel *L'Objet quantique*
MANDELBROT Benoît *Les Objets fractals*
MERLEAU-PONTY Jacques *Einstein*
PECKER, REEVES, DELSEMME *Pour comprendre l'univers*
PERRIN Jean *Les Atomes*
PLANCK Max *Initiation à la physique — Autobiographie scientifique*
PRIGOGINE Ilya et STENGERS Isabelle *Entre le temps et l'éternité*
ROSENFIELD Israel *L'invention de la mémoire*
SELLERI Franco *Le Grand Débat de la théorie quantique*
SHAPIRO Robert *L'Origine de la vie*
SMOOT George *Les rides du temps. L'Univers, 300 000 ans après le Big Bang*
STEWART Ian *Dieu joue-t-il aux dés ?*
TESTART Jacques *L'Œuf transparent*
TESTART Jacques *Le désir du gène*
THOM René *Paraboles et catastrophes*
THOM René *Prédire n'est pas expliquer*

Dans la Nouvelle Bibliothèque Scientifique

NOTTALE Laurent *L'Univers et la lumière*
PRIGOGINE Ilya *Les lois du chaos*
LOCHAK Georges *La géométrisation de la physique*
DELSEMME Armand *Les origines cosmiques de la vie*

Hors collection

LA NOUVELLE PHYSIQUE, sous la direction de Paul Davies. Textes de S. Hawking, A. Salam, M. Longair, A. Guth, etc.

John D. Barrow

LA GRANDE THÉORIE

Les limites d'une explication globale en physique

Traduit de l'anglais
par Michel Cassé, Loïc Cohen et Guy Paulus

Flammarion

Collection « Sciences d'aujourd'hui »
dirigée par Michel Cazenave

La figure 7.3 est reproduite avec l'autorisation de Harvard University Press (extrait de *Mind Children,* Hans Moravec, Cambridge, Mass.). Les figures 7.2 et 7.4 sont adaptées de la même source.

L'édition originale anglaise :

THEORIES OF EVERYTHING
THE QUEST FOR ULTIMATE EXPLANATION

Traduction française :

ISBN 2-08-081319-6

Pour Roger

Car, d'après lui, il vaut mieux qu'il y ait quelque chose plutôt que rien.

Sommaire

Avant-propos

L'univers est un sujet... infini. Cependant, les chercheurs modernes pensent avoir trouvé par hasard la clé qui délivrerait le secret mathématique niché en son cœur : une découverte qui les mènerait à une fantastique « théorie de tout » unissant toutes les lois de la Nature en un seul énoncé, celui de l'inéluctabilité de tout ce qui fut, est et doit advenir dans le monde physique. Il n'y a là rien de nouveau. Einstein consacra la dernière partie de sa vie à la quête vaine et solitaire de cette fameuse théorie. Aujourd'hui, toutefois, de telles recherches ne dorment pas seulement sur le bureau de quelques penseurs non conformistes ou rêveurs solitaires. Ces recherches sont nombreuses en physique théorique, menées par un nombre croissant de jeunes penseurs parmi les plus brillants de ce temps. Ce tournant important pose des questions fondamentales. Ces recherches peuvent-elles vraiment aboutir ? Notre compréhension de la logique propre à la réalité physique peut-elle être totale ? Le jour est-il proche où nous n'aurons plus à résoudre que les détails complexes d'une physique fondamentale totalement conquise ? S'agit-il vraiment de la nouvelle frontière de la pensée abstraite ?

Nous tenterons dans ce livre de décrire le défi que lancent les diverses « théories de tout », de repérer les aspects particuliers des problèmes que nous avons à comprendre avant de pouvoir prétendre que nous les avons compris. Nous essayerons de démontrer que même si les « théories de tout » telles qu'elles sont conçues aujourd'hui peuvent s'avérer nécessaires à la compréhension de l'Univers, elles sont loin d'être suffisantes. Nous présenterons au lecteur les éléments complémentaires indispensables à cette synthèse, espérant ainsi pouvoir lui faire découvrir nombre d'idées neuves et d'hypothèses qui élargissent la conception traditionnelle de la portée et de la structure de la recherche scientifique.

1
L'explication définitive

Je n'ai jamais rencontré de problème, aussi complexe fût-il, qui, abordé de façon adéquate, ne se soit révélé encore plus complexe.

Poul Anderson

Les huit chemins

Depuis quand, comment et pourquoi l'Univers existe-t-il ? Ces questions fondamentales ont été systématiquement esquivées durant des siècles. Les savants les abordaient avec circonspection ; les théologiens et les philosophes finirent par s'en lasser. Et puis, soudain, les scientifiques se mettent à considérer ces problèmes sérieusement et les théologiens voient leur pensée revendiquée et interprétée par une nouvelle génération de chercheurs et leurs spéculations mathématiques. Malheureusement, peu de théologiens ont les connaissances requises en physique pour en comprendre les détails, tandis que rares sont les chercheurs capables d'une vision plus globale des choses pour qu'un dialogue fructueux puisse s'instaurer entre eux. Les théologiens pensent qu'ils connaissent les questions, mais qu'ils sont incapables d'y répondre. De leur côté, les physiciens disent connaître les réponses mais ignorer les questions. Un optimiste proposerait l'instauration d'un dialogue pour éclaircir la chose, alors que le pessimiste penserait que ce même dialogue ne peut aboutir qu'à la constatation que nous ne connaissons ni les questions ni les réponses.

Les physiciens modernes pensent avoir trouvé par hasard la clé qui délivrerait le secret mathématique niché au cœur de l'Univers : une découverte qui les mènerait à une fantastique « théorie de tout », un modèle unique embrassant toutes les lois de la Nature, et qui impliquerait l'inéluctabilité de toutes choses avec une irrécusable logique. À partir de cette pierre de Rosette cosmique, on pourrait conjuguer le livre de la Nature à tous les temps : nous pourrions comprendre, de toute chose, le passé, le présent et l'avenir. Une telle perspective a toujours suscité le soupçon mais jamais la confiance. Cette confiance est-elle possible maintenant ? Voici une des questions auxquelles le lecteur sera en mesure de répondre lorsqu'il aura tourné la dernière page de ce livre. Notre but est d'expliquer bien clairement les différents éléments nécessaires à toute explication scientifique de l'Univers qui nous entoure. On verra que ces éléments sont plus divers et insaisissables que ne l'imaginaient naïvement les inventeurs des diverses « théories de tout ». Bien entendu, nous devons demeurer prudents lorsque nous utilisons une notion aussi embarrassante que la « théorie de tout ». S'agit-il d'expliquer vraiment tout, l'œuvre de Shakespeare, le Taj Mahal, la Joconde ? Non, bien sûr. Nous discuterons un peu plus loin de la façon dont de telles œuvres s'inscrivent dans l'ordre général des choses. Il y a là une distinction vitale à faire dans notre approche de l'étude de la Nature. Car nous aimerions tous savoir si certains phénomènes peuvent ne pas s'inscrire dans le monde mathématiquement déterminé de la science. Nous verrons qu'en effet il en est ainsi, et nous tenterons d'expliquer comment on pourrait les distinguer des composantes codifiables et prévisibles du domaine scientifique constitutives de toute « théorie de tout ».

Si l'on passe en revue les réalisations de l'homme au cours du dernier millénaire, on s'étonne de voir combien, en trois siècles, les choses ont progressé depuis que Newton a enclenché le processus saisissant de la mathématisation de la Nature. Il s'avère que le monde peut curieusement se prêter à une simple description mathématique. C'est déjà une belle énigme que le monde puisse être décrit par les mathématiques, mais qu'il puisse l'être par des mathématiques *simples*, du type de celles que l'on peut comprendre aisément après seulement quelques bonnes années d'études, et voilà l'énigme qui se double d'un mystère.

Plusieurs réactions sont possibles face à cet état de choses. On peut envisager la révolution newtonienne comme un passe-partout universel et éternel. Et, quoique le rythme des découvertes se soit accéléré de manière extraordinaire ces derniers temps, il n'est toutefois pas près de se ralentir. En outre, l'allure à laquelle on découvre aujourd'hui des vérités apparemment aussi fondamentales n'indique pas nécessairement que l'on a trouvé la piste du Graal. Le processus des découvertes peut continuer indéfiniment, soit parce que la complexité de la Nature est vraiment infinie, soit parce que cela est inhérent à notre système de description des phénomènes. Celui-ci, même s'il répond à nos désirs, n'en est pas moins, au mieux, une approximation asymptotique que seule une infinité d'ajustements pourrait faire correspondre exactement avec la réalité. Si l'on aborde le problème de manière plus pessimiste, les caractéristiques de l'être humain, son évolution mouvementée, pourraient constituer des limites réelles à nos capacités conceptuelles. Pourquoi nos processus cognitifs devraient-ils emprunter la voie extravagante d'une compréhension de la totalité de l'Univers ? N'est-il pas plus vraisemblable d'imaginer un Univers, selon le mot d'Haldane, « bien plus étrange qu'on puisse jamais le concevoir » ? Quelles que soient les spéculations sur la place que nous tenons dans l'histoire des découvertes scientifiques, nous envisageons avec une méfiance toute copernicienne l'idée selon laquelle notre potentiel mental nous permettrait de comprendre la Nature dans son intégralité. Pourquoi *devrions-nous absolument* être les découvreurs du monde ? Rien, dans la période préconsciente de l'évolution, ne semble nous destiner à cela.

On peut, inversement, adopter la vision optimiste selon laquelle nos récents succès laissent prévoir la fin imminente de l'âge d'or de la découverte. Dès lors, la science fondamentale serait plus ou moins achevée. En vérité, il resterait bien des choses à découvrir, mais il ne s'agirait que de détails, de simples conséquences de principes connus, de raffinements, de reformulations élégantes ou de ruminations métaphysiques. Les historiens des sciences regarderaient rétrospectivement cette époque et les siècles avoisinants comme l'âge de la découverte des lois de la Nature. Nous avons déjà rencontré cet argument auparavant. Peut-être, au crépuscule de chaque siècle, sommes-nous poussés par un désir puissant de mener les choses jusqu'à leur couronnement. À la fin du précédent, nombreux étaient ceux qui pensaient que la tâche de la science était accomplie. L'office des brevets prussiens fut fermé sous prétexte qu'il n'y avait plus rien à inventer, alors même qu'un jeune homme, employé à l'office des brevets de Zurich, infirmait cette thèse en ouvrant le champ, par ses découvertes, à la physique du XXe siècle.

Pouvons-nous penser que nous parviendrons à donner une explication définitive et globale de l'Univers ? Existe-t-il une *théorie de tout* ? et que peut-elle nous dire ? Qu'embrasserait une telle théorie ? Par leur nature même, les recherches scientifiques ne peuvent dès leur origine fixer leur fin. Nous ne pouvons même pas déterminer la part de ce que nous appelons aujourd'hui science qui entrera dans l'élaboration de cette image totale de l'Univers. À vrai dire, l'histoire nous réserve des leçons intéressantes à cet égard. De nos jours, les physiciens acceptent le point de vue atomistique selon lequel les corps matériels sont, au plus profond, composés de particules élémentaires identiques. Ce point de vue, étayé par de nombreuses évidences, est enseigné dans toutes les universités du monde. La genèse de cette théorie fut l'apanage des premiers Grecs. Il s'agissait pour eux d'un culte — philosophique ou mystique — dont aucune preuve matérielle ne pouvait attester le fondement. Des millénaires se sont écoulés avant que des méthodes de recherche soient conçues pour rassembler ces preuves. À l'origine, l'atomisme est une idée philosophique qu'aucune expérimentation contemporaine « scientifique » ne pourrait corroborer. Pourtant, l'atomisme est finalement devenu la pierre angulaire de la physique. On peut supposer que d'autres idées aussi dépourvues, à notre époque, de fondements se révéleront à l'avenir des piliers de la réalité « scientifique ».

Dans les chapitres qui suivent, nous nous pencherons sur cette quête d'une explication déterminante et examinerons rapidement les essais précurseurs, de l'Antiquité à nos jours. Contrairement à nombre de commentateurs, nous affirmerons que si la connaissance d'une telle « théorie de tout » — si elle est possible — est nécessaire pour comprendre l'Univers physique environnant, elle est loin d'être suffisante. D'autres facteurs sont indispensables. Sans eux, notre savoir demeurera incomplet, partiel, et nous échouerons dans notre quête. Nous verrons que notre compréhension de l'Univers est influencée par huit facteurs essentiels :

— les lois de la nature,
— les conditions initiales,
— l'identité des forces et des particules,
— les constantes de la Nature,
— les symétries brisées,
— les principes organisateurs,
— les biais sélectifs,
— les diverses catégories de pensées.

La nature et l'importante de ces facteurs serviront à guider notre quête de l'explication globale. L'auteur espère naïvement que certaines des idées rencontrées en chemin pourront constituer plus qu'une simple attitude prudente envers les limites probables de n'importe quelle « théorie de tout ». Mais avant d'emprunter ces huit voies, reprenons au début et revenons à certaines des premières « théories de tout » et à la façon dont leurs concepts ont influencé les chercheurs du XXe siècle.

Mythes

Enfant, je parlais, je comprenais et je pensais comme un enfant. Mais devenu homme, je repoussai les idées infantiles. Saint PAUL

Lorsqu'on se penche sur les anciens récits mythologiques sur l'origine du monde et la condition humaine, on a le sentiment de parcourir une « théorie de tout ». On ne rencontre dans ces légendes que complétude, confiance et certitude. Il y a une place pour toutes les choses et chaque chose est à sa place. Rien n'advient par hasard. Il n'y a ni vide ni incertitude. Le progrès n'est pas envisagé, pas plus que le doute. Tous les phénomènes s'inscrivent dans un réseau de significations s'appuyant sur des certitudes. Sans nul doute, il s'agit là des premières « théories de tout ».

L'acception moderne du « mythe » trahit son véritable sens. C'est un mot très pernicieux. Dans le jargon journalistique, décrire quelque chose comme un « mythe », qualifier les promesses d'un politicien de « mythiques », est aujourd'hui synonyme de faux ou de quelque chose en quoi on ne peut avoir confiance. De même, mythes, légendes, contes de fées et tout autre genre de littérature fantastique ou d'imagination sont le plus souvent confondus. Cette démarche conduit à passer à côté d'un niveau de signification essentiel à notre enquête. Un mythe est un récit imprégné de sens. Le message profond qu'il recèle transcende la naïveté véhiculée par l'histoire et permet à l'auditeur de comprendre le pourquoi des choses. Si nous étudions les mythes d'une culture particulière, nous n'apprenons rien d'intéressant sur l'origine de l'Univers ou de l'humanité comme croyaient le faire les auditeurs originels ; nous apprécions plutôt la façon dont ces mythes révèlent l'ampleur de l'imaginaire de leurs auteurs. Ils dévoilent les points focaux de leurs pensées, l'étendue de leurs réflexions sur ce qui est essentiel à leurs yeux et mérite donc explication. Ils révèlent aussi leur perception de l'unicité du monde. À partir du moment où nous nous penchons sur la signification des détails de ces mythes, nous nous écartons de l'état d'esprit des premiers auditeurs. C'est comme s'interroger sur la signification du *Petit chaperon rouge*. Jamais une pareille idée n'effleurerait l'esprit d'un enfant : sinon, il cesserait d'être un enfant. Comme les contes de fées, les mythes sont signifiants à plusieurs niveaux inconscients. Une analyse trop fine de leur contenu et de leur sens supprimerait la multiplicité des niveaux et réduirait le nombre d'auditeurs susceptibles d'être influencés par leurs messages. Les mythes n'ont pas vocation à délivrer de l'information ou des solutions aux problèmes pratiques. Leur rôle, c'est d'être des antidotes à l'appréhension psychologique des humains face à l'inconnu et à l'inintelligible.

Nos tentatives modernes de tout expliquer par des concepts scientifiques globalisants diffèrent par certains aspects subtils des idées spéculatives de l'Antiquité. Pour les Anciens, seule l'*extension* constituait la marque du succès de leurs « théories de tout ». Pour nous, extension *et* profondeur sont essentielles et indissociables. Si l'on cherche à expliquer que l'Univers tout entier, ses composantes complexes déjà en place, fut créé il y a seulement cent ans, tout en présentant les caractéristiques d'un système vieux de plusieurs millénaires, on avance une « explication » certes, globale, mais dépourvue de profondeur. On ne peut tirer de cette théorie que ce que l'on y a mis. Une théorie similaire fut considérée au XIXe siècle par Philip Gosse dans sa tentative de concilier les évolutionnistes, exhibant les preuves fossiles de la grande ancienneté de la Terre, avec les innombrables créationnistes, persuadés, eux, de l'origine récente et divine, quelques millénaires tout au plus, de notre planète. Gosse avançait l'idée que les roches apparurent déjà incrustées de fossiles et qu'elles apportaient donc un faux témoignage sur l'ancienneté de l'évolution. Une théorie profonde, en revanche, est une théorie capable de fournir des explications à nombre de problèmes dont la résolution restera peu influencée par les suppositions de base. Un type de profondeur particulier pourrait être caractérisé par l'effort accompli en proposant la chaîne la plus courte de raisonnement logique, des postulats premiers à la conclusion, par exemple, la quantité de chaleur que devrait perdre un ordinateur pour calculer la solution d'un problème.

La faiblesse des « théories globales » du type mythologique détermine leur structure et leur évolution. Si l'une d'elles fait appel à un argument faible, alors son pouvoir herméneutique fera défaut. En conséquence, toute découverte d'un fait nouveau requiert un nouvel élément de façon à l'inclure dans le canevas préexistant. Cela est patent lorsque l'on observe la prolifération des déités dans la plupart des anciennes civilisations. Chaque fois qu'une chaîne d'explications courte (« Pourquoi pleut-il ? — Parce que le dieu de la pluie est en train de pleurer ») est avancée, elle tend à se transformer en déité. Dans toute tentative d'explication totale — qu'elle soit mythologique ou mathématique — on trouve des fondements psychologiquement acceptables. Dans la plupart des récits mythologiques, l'arrivée d'une déité omnipotente constitue une alternative acceptable au va-et-vient incessant des « pourquoi ». Plus les explications des phénomènes naturels sont arbitraires et disparates, plus on créera de déités.

Dans un premier temps, les mythes ont dû être simples et concentrés sur une unique question. Au fil du temps, ils devinrent complexes et difficiles à manier, avec pour seule cohérence les lois de la poétique. À chaque nouvelle idée fantasque, un nouveau dieu : un par un, ils venaient compléter la tapisserie. Il manquait un sens de l'économie dans cette multiplication des causes arbitraires et des explications. Tout ce qui importait, c'était que les mythes s'imbriquent bien ensemble, de manière plausible. De nos jours, de tels systèmes explicatifs ne sont pas acceptables. Un récit englobant *tout* ne peut plus à lui seul constituer une explication définitive.

Une multiplication à tort et à travers de ces déités est source d'autres problèmes. Elle induit un conflit *législatif* au sein du monde naturel. Le concept d'un Être suprême régnant sur le monde aurait du mal à s'imposer. De fait, même au sein de la société complexe du Panthéon grec, on ne trouve pas vraiment la notion d'un législateur cosmique omnipotent. Les événements sont commandés par la négociation, la tromperie ou la controverse plutôt que par un décret irréfragable. La création procède de commissions consultatives plutôt que d'ordonnances. Finalement, tout recours à une telle collection extravagante de causes premières conduit à la multiplication d'explications *ad hoc*, une frayère inutilement complexe, sans limites même, s'il l'on devait la perpétuer. Il n'y a pas d'accès plausible à la simplicité. En conjuguant les causes, en recherchant sans cesse l'unité en dépit d'une diversité superficielle, le raisonnement scientifique moderne accorde la priorité à la profondeur sur la vastitude. Une théorie profonde et étroite peut évoluer graduellement et devenir profonde et vaste, ce qu'une théorie vaste et peu profonde est incapable de faire.

Comment peut-on qualifier les auteurs des premières théories de tout ? La réponse n'est pas évidente. On pourrait penser qu'ils étaient réalistes et donc, au pire, idiots, ou, dans le meilleur des cas, dans l'erreur quand ils décrivaient le monde. Cependant, bien que la plupart de leurs auditeurs dussent prendre sans nul doute ce type de récits à la lettre — ne sont-ils pas nombreux, aujourd'hui, ceux qui partagent cette vision du monde ? — certains devaient regarder ces mythes comme des métaphores d'une vérité insaisissable. Pour d'autres, plus cyniques, il s'agissait de fables utiles pour maintenir le *statu quo*. De peur de reléguer les fabricants de mythes et leurs aspirations dans les miasmes brumeux du passé, nous devrions garder constamment à l'esprit à quel point l'aspiration à un modèle explicatif global s'est pérennisé au fil des siècles. L'exemple le plus frappant nous est fourni au Moyen Age par le désir des moines copistes de codifier et de classer toutes les connaissances terrestres ou célestes. De grands systèmes comme la *Somme* de saint Thomas d'Aquin ou *La Divine Comédie* de Dante cherchent à unifier tout le savoir existant en un ensemble labyrinthique. Chaque chose a sa place ; tout a un sens. Des systèmes un peu étouffants, selon l'observation pertinente de C.S. Lewis :

> L'imagination humaine a rarement conçu un objet aussi sublimement agencé que la cosmologie médiévale. Si elle souffre d'un défaut esthétique, c'est que peut-être, pour nous qui avons vécu le romantisme, cette cosmologie est un peu trop ordonnée. Bien qu'elle recouvre de vastes espaces, elle pourrait bien finalement nous affliger d'un genre de claustrophobie. On ne trouve nulle part le moindre flou, le moindre sentier inconnu. Où est l'aube naissante ? Y a-t-il, dans ce système, la moindre issue ?

Les peuples primitifs s'aperçurent que cette unité et cette complétude menaient à un vaste puzzle peu maniable, à la cohérence forcée, afin que chaque élément y puisse trouver sa place. De même, l'obsession médiévale d'harmoniser tout le savoir conduisait à une théorie de tout trop complexe, impossible à gérer. Là où l'esprit primitif releva le défi de la complétude par l'imagination créatrice puis se trouva confronté à la nécessité de rassembler en un tout cohérent ces représentations, l'esprit médiéval, lui, fut entravé par son respect de l'écrit et des autorités. L'homme du Moyen Âge accordait aux écrits des anciens philosophes la même autorité suprême que le physicien moderne accorde à la preuve expérimentale. Mais le nombre des écrits anciens impliquait assurément l'immense difficulté de toute unification de leur contenu philosophique. Le XXe siècle n'est pas à l'abri d'une telle ambition : souvenons-nous des problèmes soulevés, au début du siècle, par la définition et le sens des mathématiques. Les formalistes voulaient préserver les mathématiques du paradoxe en en faisant une citadelle imprenable : ils les définissaient comme étant la somme de toutes les déductions logiques effectuées à l'aide de toutes les lois d'inférence concevables à partir de tous les postulats de base possibles. Comme nous le verrons dans un prochain chapitre, cette tentative de subsumer toutes les suites mathématiques possibles s'avéra illusoire. Le désir de complétude ne pouvait même pas se réaliser là, dans ce gouffre de connaissances, le plus formel et contrôlable. Ce désir moderne et ardent de complétude s'est développé de pair avec le désir d'une représentation *unifiée* du monde. Alors que les Anciens se satisfaisaient de la création de nombreuses déités mineures, chacune d'elles étant qualifiée pour éclairer les origines de tel phénomène particulier, mais qui étaient souvent en conflit les unes avec les autres, l'héritage des grandes religions monothéistes nous conduit à rechercher une explication globale et unique de l'Univers. L'unité de l'Univers est une aspiration aux racines profondes. Une description de l'Univers non unifiée, morcelée, ferait jaillir la nécessité d'un principe capable de rattacher ces morceaux épars à une source unique. Notons encore une fois qu'il s'agit là d'une motivation essentiellement religieuse. Il n'y a pas d'impossibilité logique à ce que l'Univers contienne des éléments irrationnels ou arbitraires sans relation avec d'autres types d'éléments.

Les mythes de la création

> *Il est nécessaire de reconnaître qu'avec son respect de l'unité et de la cohérence, l'explication mythique nous ouvre de bien plus vastes horizons que l'explication scientifique. Car la science n'a pas vocation à établir une explication complète et définitive de l'Univers... Elle se satisfait de réponses partielles et conditionnelles. Qu'ils soient magiques, mythiques ou religieux, les autres systèmes explicatifs embrassent tout. Ils s'appliquent à tous les domaines. Ils ont réponse à tout. Ils expliquent l'origine, le présent et même l'évolution de l'Univers.*
>
> François JACOB

Les mythes et les explications scientifiques de notre environnement nous sont si familiers qu'il n'est pas facile de nous placer dans l'état d'esprit préhistorique, antérieur à ce type d'abstractions. On pourrait penser que la seule alternative à l'abstraction pour nos lointains ancêtres était de se soumettre simplement à la raison ou à la vision, ou bien à la foi en quelque esprit invisible. Mais c'est là une fausse dichotomie. À un stade aussi primitif, il n'est nullement question de dresser un parallèle entre ses pensées et le monde extérieur. Il n'est en rien évident que les éléments de la nature relèvent de la discussion ou de l'explication, encore moins de la prédiction. En vérité, à cette époque, les effets dévastateurs et terrifiants de nombreux phénomènes naturels étaient tels qu'on dût les percevoir plutôt comme des ennemis, ou pire, comme les forces irrationnelles de l'ombre et du chaos.

C'est débarrassé de toute œillère que nous devrions approcher les idées sur l'origine du monde que nous trouvons dans la mythologie et les traditions de chaque culture. Ces récits sont souvent présentés comme illustrant la prescience de quelques Anciens sur certaines idées modernes à la mode telle que la création de l'Univers à partir du néant ou son âge infini ; mais on ne devrait fonder aucune hypothèse sérieuse sur une telle juxtaposition de l'antique et du moderne. Cette perspective faussée du passé tend, en effet, à ne lui trouver un sens que lorsqu'il semble présager de notre pensée moderne.

La cosmologie antique n'est pas scientifique. Sa raison d'être n'est pas plus d'expliquer les phénomènes observés que de faire des prédictions. Elle est plutôt de broder un canevas de significations grâce auquel ses auteurs peuvent se représenter eux-mêmes et référer l'inconnu et le mystérieux. L'organisation de la société peut alors être justifiée et renforcée en la calquant sur l'histoire des origines et de la forme du monde. Le contraste absolu entre leurs aspirations et les nôtres est saisi de façon frappante par Frances Yates :

> La différence fondamentale entre l'attitude du magicien face au monde et celle du scientifique est que le premier désire s'annexer le monde alors que le second fait exactement le contraire ; il tend à extérioriser et à dépersonnaliser le monde par un acte de volonté dans une direction entièrement opposée.

La croyance primitive dans l'ordre et la séquence de la cause et de l'effet que l'on rencontre dans les mythes s'appuie sur l'idée qu'il y a une raison pour toute chose — une raison qui s'incline devant les forces naturelles régissant la vie et la mort. Si notre conception de la Nature implique une personnification de ses forces, alors cette quête de la raison se réduit à une attribution de responsabilités. Ce genre d'hypothèses généralisées ne peut en aucun cas conduire à une synthèse des concepts sur la création de l'Univers. Et si l'on passe en revue tous les mythes connus sur les origines de l'Univers, on se rend compte qu'ils ne révèlent qu'un ensemble étonnamment limité de conceptions cosmologiques. En fait, on trouve rarement, et qui plus est de façon quelque peu ambiguë, la croyance en un monde issu du néant. Par contre, la croyance en un monde reconstruit sur les ruines d'un chaos préexistant est fréquente. Ce type de récits suffit souvent à expliquer le monde ordonné que nous avons maintenant sous les yeux. L'explication du monde préchaotique n'est pas considérée comme nécessaire, ou alors elle est évitée comme l'impasse logique qu'elle ne peut manquer d'être. De temps à autre, le mythe adhère à la notion d'une structure cyclique de l'histoire, réplique des cycles diurnes et saisonniers de la nature ou, de manière plus audacieuse, à un monde sans commencement. Ailleurs, on rencontre l'idée pittoresque d'un monde issu d'un « œuf cosmique », ou de la jonction de deux mondes « parents ». Dans la même veine, on trouve un ensemble de traditions dépeignant un monde émergeant d'une sorte de matrice primordiale, ou sauvé des eaux chaotiques primitives par un plongeur héroïque. Enfin, on rencontre le thème mythologique d'un personnage titanesque engagé dans une bataille cataclysmique contre les forces opposées du chaos et de l'ombre. Et de cette victoire héroïque de la lumière sur les ténèbres naît notre propre cosmos.

Tous ces récits qui traitent de l'existence du monde se contentent d'énoncer une cause première au-delà de laquelle il n'est pas nécessaire de rechercher d'autres explications. Cette cause initiale est toujours simple, car unique, contrastant avec la déconcertante pluralité du monde de l'expérience. Ces spéculations fantastiques diffèrent de n'importe quelle approche scientifique de l'origine des choses en ce qu'elles subordonnent la motivation de la création du monde à un grand dessein. Toutefois, il est un aspect qu'elles partagent avec les tentatives modernes d'explication de l'Univers. Les unes et les autres, tentant au départ d'expliquer le monde environnant, ne peuvent qu'aboutir inexorablement à la question déterminante de la création de l'Univers. Aujourd'hui, l'objectif réel d'une théorie globale n'est pas seulement d'expliciter la structure de la matière sous toutes ses formes, mais aussi de comprendre le pourquoi de l'existence de cette matière. Il s'agit également de tenter de démontrer que l'existence et la structure particulière de l'Univers physique peuvent être comprises pour découvrir si, selon la formule d'Einstein, « Dieu aurait pu concevoir l'Univers différemment » et si « la nécessité d'une logique simple nous laisse alors une quelconque liberté ».

Compressibilité algorithmique

L'irrationalité est la racine carrée de tous les démons.

Douglas HOFSTADTER

L'objectif de la science est de donner un sens à la diversité de la Nature. Elle n'est pas fondée sur la seule observation. Il faut observer pour rassembler l'information sur le monde environnant et pour vérifier les prédictions sur les réactions de ce monde à des circonstances nouvelles. Entre ces deux procédures réside le noyau du processus scientifique. Il ne s'agit là que de la transformation de listes de données observationnelles en une forme abrégée au moyen de la reconnaissance de formes. La reconnaissance d'une de ces formes permet de remplacer le contenu informatif de la séquence des événements observés par une formule raccourcie possédant le même contenu ou presque. La méthodologie scientifique s'étant affinée, nous avons pris conscience de l'existence de types de structures toujours plus sophistiqués, de nouvelles formes de symétrie et de nouveaux types d'algorithmes qui, par miracle, peuvent condenser de vastes réseaux de données en formules concises. Ainsi, Newton découvrit que toutes les données possibles et imaginables qu'il avait rassemblées sur le mouvement des corps dans les cieux ou sur la terre pouvaient se réduire à quelques lois simples qu'il baptisa « les trois lois du mouvement » conjointement avec sa loi de la gravitation.

Pour élargir notre propos, supposons une chaîne symbolique donnée. Pour faciliter notre démonstration, nous présumerons qu'il s'agit de nombres, bien que ce ne soit pas absolument nécessaire. Disons que cette chaîne est *aléatoire* dans la mesure où il n'en existe aucune autre représentation plus courte. À l'inverse, nous affirmerons que cette chaîne est *non aléatoire* si, d'aventure, une telle représentation abrégée existait. Ainsi, par exemple, si nous prenons la chaîne numérique 2, 4, 6, 8,... et ainsi de suite indéfiniment, nous pouvons alors représenter cette liste de manière plus succincte en la reconnaissant comme la liste des nombres pairs positifs. Elle est d'évidence non aléatoire. Un petit programme informatique suffirait pour apprendre à l'ordinateur à générer toute la séquence infinie qu'elle constitue.

En règle générale, plus l'on raccourcira la représentation d'une chaîne numérique, moins elle sera aléatoire. S'il n'existe aucune représentation abrégée, alors la liste est vraiment aléatoire en ce sens qu'elle n'est porteuse d'aucun ordre discernable pouvant être exploité pour coder son contenu informatif de façon plus concise. La chaîne n'a pas de représentation sinon la liste complète de ses éléments. Toute chaîne de symboles qui peut recevoir une représentation abrégée est un *algorithme compressible.*

De ce point de vue, nous admettons que la science est une recherche des compressions algorithmiques. Nous dressons la liste des séquences de données observées. Nous essayons d'établir des algorithmes qui représentent de manière concise le contenu informatif de ces séquences. Puis nous testons la justesse de nos raccourcis hypothétiques en nous en servant pour prévoir les prochains termes de la chaîne. Ces prévisions peuvent ensuite être comparées avec l'enchaînement futur de la séquence de données. Sans le développement des compressions algorithmiques des données, toute science en serait réduite à une activité aussi peu créatrice qu'une collection de timbres et se résumerait à l'accumulation sans but de faits. La science proclame sa conviction que l'Univers est compressible au niveau algorithmique et la quête moderne d'une théorie de tout est la dernière expression de cette affirmation. Les scientifiques sont convaincus qu'une représentation abrégée de la logique sous-jacente aux propriétés de l'Univers est possible et qu'elle peut être consignée par écrit sous une forme aboutie.

L'esprit humain est le mécanisme qui nous permet d'abréger le contenu informatif de la réalité. Le cerveau constitue le compresseur algorithmique de l'information le plus efficace rencontré jusqu'ici dans la nature. Il réduit les séquences complexes des données transmises par les sens en de simples formes abrégées qui autorisent l'existence de la pensée et de la mémoire. Les limites naturelles que nous impose la Nature au niveau de la sensibilité oculaire et auditive nous préservent de l'excès d'informations du monde environnant. Elles permettent au cerveau de traiter une quantité d'informations raisonnable lorsque, par exemple, nous regardons un tableau. Si nous pouvions tout observer jusqu'aux moindres particules subatomiques, notre cerveau devrait développer des capacités de traitement informationnelles démesurées. La vitesse de traitement de l'information dépasserait largement nos capacités actuelles qui, pourtant, autorisent l'organisme à répondre à temps aux dangers externes. Nous reviendrons plus longuement sur ce sujet dans le dernier chapitre de ce livre, lorsque nous discuterons des aspects mathématiques de nos processus mentaux.

Dépeindre l'investigation scientifique comme une recherche des compressions algorithmiques est convaincant, certes, mais constitue aussi une vision naïve, à plusieurs titres. Dans les chapitres suivants, nous verrons pourquoi, et nous étudierons les huit éléments indispensables pour la compréhension du monde physique. Nous montrerons quel rôle chacun de ces éléments joue dans la quête moderne d'un modèle global du monde.

2
Les lois

Celui qui cherche dans cette voie trouvera un autre monde.
Henry VAUGHAN

Le legs de la loi

Nous sommes les musiciens
Et nous rêvons les songes
Errant sur des brise-lames esseulés,
Installés au bord de mornes ruisseaux,
Perdus dans ce monde d'indifférence
Une lune pâle sur nous rayonne.
Pourtant, nous ébranlons ce monde
Pour l'éternité, sans doute.

Arthur O'SHAUGHNESSY

Notre conception des lois de la Nature est un canevas sur lequel nombre de fils s'entrelacent. Au début, les sociétés primitives furent impressionnées par les accidents naturels : mésaventures et fléaux divers, peste, catastrophes... Avec le temps, on comprit les avantages que pouvait procurer la régularité des cycles naturels. La disparité des phénomènes subis prenait peu à peu un sens. Les accidents devinrent l'exception plutôt que la règle. On devinait, tapi derrière les aspects ordonnés du monde, un certain degré d'organisation : celui, par exemple, qui permit à l'humanité d'agencer quelque peu la Nature.

Les conceptions sociales et religieuses influencèrent les idées primitives sur l'organisation du monde. Ainsi s'imposèrent de nombreux paradigmes. Pour certains, le monde était un organisme vivant qui croît et s'épanouit, animé par un grand dessein. Les éléments constitutifs de cet organisme recelaient des impératifs qui les dirigeaient sur des chemins prédestinés. Ces éléments n'étaient pas régentés par des forces extérieures, mais ils étaient les instruments de leurs propriétés immanentes. Le sens profond des phénomènes se trouvait dans leurs aboutissements et non dans leur état, présent ou passé. Pour d'autres, le monde était comme une cité cosmique, organisée selon des lois imposées par un Être suprême : une cité ceinte de murailles destinées à pérenniser l'ordre établi pour notre plus grand bien. Au-delà des hauts murs régnaient le chaos et le Mal. D'autres cultures développèrent des concepts assez différents. Aucun législateur extérieur, par exemple, n'était invoqué. Ce n'était pas nécessaire. Pour elles, tous les éléments semblaient interagir en bonne intelligence pour le bien commun. Le monde était ordonné comme une fourmilière où chaque individu joue son rôle afin que la communauté fonctionne de manière cohérente et autonome. La réponse spontanée aux exigences du système en tant que tout prenait ici le pas sur le résultat inexorable des lois de la Nature, éternelles et immuables.

Les cultures modernes ont été diversement influencées par leur héritage religieux dans l'édification d'une représentation satisfaisante des lois de la Nature. Dans l'Occident judéo-chrétien, la croyance en un législateur divin fut prépondérante. Les lois de la Nature sont les diktats d'un Dieu transcendant. La foi est enchâssée dans l'immanence de l'ordre des choses. On y sanctionne l'investigation de la Nature comme activité séculaire. Les dieux païens, les conflits potentiels des législations polygames, sont mis hors la loi. En Orient, dans l'ancienne civilisation chinoise, la philosophie dominante, plus libérale, encense une Nature épanouie, holistique et harmonieuse. Tous les éléments sont en interaction afin de produire un tout qui représente plus que la simple somme de ses composants.

Il est aisé de comprendre pourquoi cette conception holistique orientale a tellement entravé le progrès scientifique. L'idée que l'on puisse étudier partiellement le monde en isolant le reste, comprendre la partie sans connaître le tout — bref, que l'on puisse *analyser* le monde — est totalement rejetée. En termes modernes, la perspective occidentale regarde la Nature comme un phénomène linéaire où ce qui survient à un endroit et à un moment donnés est déterminé exclusivement par ce qui s'est précédemment produit à proximité. La conception holistique, elle, considère la Nature comme intrinsèquement non linéaire, de sorte que les influences venues d'ailleurs prédominent et interagissent entre elles pour constituer un ensemble complexe. Cette approche orientale n'était pas inconsidérée. Simplement, elle était prématurée. C'est seulement très récemment que des scientifiques, grâce à l'informatique et à l'image de synthèse, ont pu modéliser la description de systèmes non linéaires intrinsèquement complexes. Pour connaître le succès dans l'étude des lois naturelles, il faut commencer par les problèmes linéaires simples pour passer graduellement aux complexités holistiques nées de la non-linéarité.

Après avoir abordé les liens entre les croyances religieuses et la philosophie plus générale de la Nature qu'elles ont engendrée dans diverses communautés humaines, il convient maintenant d'introduire dans ce tableau une note de prudence. Les apologistes chrétiens ont pour habitude d'extrapoler leur démonstration en prétendant que la science moderne s'est épanouie sur le terreau de la religion chrétienne occidentale. Il y a là, certes, une part de vérité, mais qu'il faut savoir interpréter correctement. L'adhésion non critique à cette thèse est erronée, à l'instar de cette vieille chimère où religion et science sont d'éternité condamnées à se combattre comme les forces des ténèbres et de la lumière. La thèse d'un fondement monothéiste des lois de la Nature est porteuse d'une certaine vérité, car la science moderne s'est développée après les événements primordiaux qui ont façonné l'histoire religieuse. Du reste, de nombreux savants de renom étaient profondément croyants et teintaient leurs travaux scientifiques de justification et de motivation religieuses. Bien qu'il s'agisse là de faits indéniables, on ne peut, sans extrapolation audacieuse, déduire de cette récapitulation des événements que la science fut une conséquence de notre passé chrétien et que, dans d'autres circonstances, elle n'eût pas progressé. Ici, l'apologiste veut nous convaincre que la pratique de la science ou le concept de lois universelles sont les conséquences logiques d'un certain type de croyances religieuses plutôt que leurs protégés. Des savants croyants comme Boyle, Newton ou Maxwell, il y en eut certes beaucoup, mais ils mettaient inévitablement l'accent sur les aspects de leur religion qui s'accordaient bien avec leur intuition et leur œuvre scientifique. Ils étaient convaincus que leur œuvre était en harmonie avec la conception chrétienne du monde, à une époque où le respect des apparences religieuses avait bien plus d'importance qu'aujourd'hui. D'autres aspects de la doctrine chrétienne entravaient d'évidence la poursuite de la spéculation scientifique, mais ces mêmes savants authentiques eurent tôt fait de les minimiser, voire de les ignorer. On rencontrait aussi des philosophes et des théologiens qui détestaient la science, selon eux, matérialiste, voire blasphématoire. Les vertus indispensables à la création scientifique ne sont pas spécialement ou exclusivement issues de l'héritage judéo-chrétien, pas plus, bien entendu, que de tout autre. Croire que la science devait inéluctablement naître du religieux, c'est souscrire à une théorie déterministe de l'histoire et concevoir la loi de cause à effet de façon restrictive. Le monde réel est bien plus complexe : c'est un écheveau aux fibres multiples, nouées et enchevêtrées, dont le début est hors de portée et la fin insaisissable.

La quête de l'unité

L'homme ne peut réparer ce que Dieu a déchiré en deux.

Wolfgang PAULI

Devenus plus exigeants envers nos explications et nos représentations de l'Univers, nous avons découvert que l'ampleur de ce que nous devons expliquer va bien au-delà des capacités imaginatives de nos prédécesseurs. Les choses devenant plus complexes, la physique s'est fragmentée en plusieurs disciplines qui, à leur tour, ont dû se diviser en branches plus pratiques. Chaque discipline a connu son heure de gloire en développant des théories mathématiques sur diverses forces fondamentales de la Nature et nous a décrit efficacement chacune des différentes interactions entre particules de matière et lumière. L'aspect le plus frappant de ces théories, au-delà de leur immense succès, tient à leur très récente différenciation par la forme et le contenu. Leur compartimentage est si strict qu'il semble témoigner d'une sorte de paranoïa de la Nature. Notre croyance dans l'unité de la Nature en est quelque peu atteinte.

Les chercheurs les plus ambitieux tentèrent eux-mêmes très rarement d'unifier en une seule théorie physique, cohérente et structurée, et dont tout phénomène devrait en principe procéder, les théories couronnées de succès mais disparates sur les différentes forces de la Nature. L'un des premiers à tenter l'aventure dans une perspective moderne fut Bernhard Riemann, créateur, au XIXe siècle, de l'étude systématique de la géométrie non euclidienne. Il prédit l'émergence d'une « théorie générale de la physique » unifiée par les mathématiques. Il fit part un jour de son sentiment à Richard Dedekind :

> On peut édifier une théorie mathématique complètement autosuffisante qui irait des lois fondamentales, valables pour les points isolés, jusqu'aux processus existant dans un espace donné de densité continue, sans poser que l'on traite de la gravité, de l'électricité, du magnétisme, ou de l'équilibre thermique.

Les tentatives modernes les plus connues pour mettre en œuvre un tel modèle furent celles d'Eddington et celles d'Einstein. Ils échouèrent pour de multiples raisons. On se rend compte, avec le recul, que les connaissances sur le monde des particules élémentaires étaient si parcellaires que ni Eddington ni Einstein ne furent en mesure d'établir ce qui devait être unifié, encore moins une méthode pour y parvenir. Quoi qu'il en soit, ils ont ouvert la voie et la flamme de leurs recherches luit toujours faiblement à l'arrière-plan, souvent masquée par les feux d'artifice des dernières avancées dans la compréhension de certains phénomènes intimes de la Nature. Mais les tentatives les plus récentes des théoriciens de la physique d'illuminer notre vision de l'Univers ont fortement ravivé cette flamme. Tandis que les anciens théoriciens de l'unification étaient considérés comme des excentriques solitaires par leurs collègues, tolérés grâce à l'excellence de leurs autres contributions à la physique, les théoriciens d'aujourd'hui constituent le courant principal de la physique et voient leurs rangs constamment renforcés par les étudiants les plus doués. Voilà ce qui distingue la physique des années 1980.

La couvée actuelle des candidats au titre d'inventeur de la « théorie de tout » espère synthétiser toutes les lois de la Nature en un simple et unique énoncé. Que l'on recherchât une telle unification nous enseigne quelque chose d'important sur notre attente face à l'Univers. Cette aspiration est certainement la quintessence de l'héritage de nos croyances religieuses et de nos expériences passées sur le sens et la nature profonde du monde. Nos traditions monothéistes nous renforcent dans l'hypothèse d'un Univers fondamentalement Un, qui n'est ni un ensemble régi par plusieurs législations en différents lieux, ni le résidu de quelque combat de titans luttant pour imposer leurs volontés arbitraires sur les phénomènes naturels, ni un compromis issu de quelque commission cosmique. Elles nous renforcent aussi dans l'idée que les éléments sont régis par une logique indépendante d'eux-mêmes, que les lois sont imposées de l'extérieur comme si elles émanaient d'un législateur divin et transcendant. À d'autres égards, nos préjugés reflètent un mélange de traditions différentes. Certains renvoient à l'impératif catégorique des anciens Grecs selon lequel la structure de l'Univers est une vérité nécessaire et irréductible, tandis que d'autres avalisent la thèse d'un Univers fortuit. Dans cette optique, il est intéressant de rappeler les observations de Charles Babbage, le précurseur de l'informatique au XIXe siècle avec ses machines à calculer, adepte de longue date du concept des lois de la Nature. Il fut le premier à assimiler l'Univers à un ordinateur dont le programme (selon le terme moderne) comprendrait toutes ces lois ; mais cette idée l'amena naturellement à la conception d'un programme singulier, un programme qui détecte les irrégularités et les étrangetés à intervalles très espacés :

> Plus l'homme enquête sur les lois qui régissent l'Univers matériel, plus il est convaincu que ses aspects variés découlent de l'action de quelques principes simples. Ces principes eux-mêmes convergent, avec une force sans cesse accrue, vers une loi encore plus exhaustive à laquelle tous les phénomènes semblent soumis. Aussi simple que puisse être cette loi, il ne faut pas oublier qu'elle n'est qu'une parmi un nombre infini de lois simples et que ses conséquences ne sont ni plus ni moins étendues que les autres.

Notre attirance envers ce que nous qualifions de « beauté », et que nous associons à la découverte de l'harmonie et de l'unité immanentes face à la diversité superficielle, nous a conduits à espérer que l'unité de l'Univers puisse s'exprimer à travers certaines voies particulières. Les physiciens parlent souvent de la *beauté* ou de l'*élégance* de telle idée ou de telle théorie. À tel point que, à l'instar de Dirac [1], ils conçoivent la formulation correcte des théories mathématiques de la Nature à l'aune de l'esthétique, ici véritable guide, voire même condition préalable.

Le zoologiste trouve l'impératif esthétique de Dirac particulièrement étrange, surtout quand il découvre combien les physiciens s'avèrent inefficaces lorsque, d'aventure, ils s'égarent dans sa ménagerie. Car ils ont l'habitude de travailler sur les symétries parfaites et les lois fondamentales de la Nature. Conditionnés de la sorte, ils escomptent trouver la symétrie et l'élégance mathématiques partout où les conduit leur recherche. Mais le monde vivant n'est pas un palais de marbre. Il est plutôt la résultante désordonnée de la sélection naturelle et de la compétition entre de nombreux facteurs en interaction. Le résultat n'est souvent ni élégant ni symétrique.

1. Lorsqu'on lui demanda ce qu'il entendait par la beauté d'une théorie mathématique de la physique, Dirac répondit que si le questionneur était un mathématicien, il n'avait pas besoin de réponse, mais que s'il ne l'était pas, aucune réponse ne pourrait alors le satisfaire.

Roger Boscovich

Cher lecteur, vous avez devant vous une théorie de la philosophie naturelle issue d'une seule loi des forces. Roger Boscovich

Le paysage de la physique s'est transformé si rapidement au cours de ce siècle qu'il faut un effort certain pour se mettre à la place d'un savant du XIXe siècle. Newton ne s'encombrait d'aucune classification des différentes forces de la nature. La radioactivité et la force nucléaire étaient inconnues. On considérait différemment des phénomènes comme l'électricité et le magnétisme. Jusqu'à ce que Newton les unifiât, les influences terrestres et célestes de la gravité étaient conçues comme des forces distinctes. Newton facilita notre entendement du monde en expliquant tous les phénomènes gravitationnels à travers un modèle simple qui attribue les effets observés à l'action d'une force d'attraction unique agissant sur tous les corps pesants. En dépit du succès de ce concept, ainsi que d'autres, dans le domaine de la thermodynamique et de l'optique par exemple, auxquels Newton fut en mesure d'apporter la simplicité logique là où régnait une foule d'observations confuses, il savait qu'il y avait des sphères de la science encore inaccessibles. Ses spéculations le conduisirent à penser qu'il devait exister d'autres forces de la Nature — « des forces d'attraction très puissantes » — qui devaient unir les corps matériels, mais il ne put pousser plus avant cette intuition.

Tombé dans l'oubli, méconnu, Roger Boscovich n'en fut pas moins l'une des plus remarquables personnalités de la science européenne moderne. Serbo-croate, jésuite, à la fois poète et conseiller en architecture des papes, il fut un personnage en vue. Diplomate et homme d'affaires cosmopolite, il était aussi théologien. Conseiller auprès de plusieurs gouvernements et membres de la Royal Society, Boscovich fut surtout un mathématicien et un scientifique, passionné par les travaux de Newton, le premier à envisager une théorie scientifique de tout. Son œuvre la plus célèbre, *Theoria Philosophiae Naturalis*, fut publiée pour la première fois à Vienne en 1758. Précédée de plusieurs autres, l'édition vénitienne révisée et augmentée de 1763 est la meilleure. Elle connut la notoriété et eut une influence profonde, particulièrement en Grande-Bretagne, où Faraday, Maxwell et Kelvin reconnurent leur dette envers sa force inspiratrice.

Boscovich voulut étendre la théorie newtonienne à d'autres domaines importants. Il voulut démontrer, en particulier, que « tous les phénomènes physiques observés pouvaient se déduire d'une loi unique ». Ce faisant, il introduisit un certain nombre de concepts nouveaux qui participent encore de nos jours de l'intuition scientifique. Il mit en valeur la notion atomiste selon laquelle la matière est composée de particules élémentaires identiques, puis il voulut démontrer que l'existence au sein de la Nature d'objets de plus grand volume et de taille déterminée est une conséquence de la façon dont leurs constituants élémentaires agissent entre eux. Les structures résultantes constituent un état d'équilibre entre les forces opposées de l'attraction et de la répulsion. Il s'agit là de la première tentative sérieuse d'expliquer la présence d'objets solides dans la Nature. Il comprit que, à elle seule, la loi de la gravitation de Newton en inverse du carré de la distance ne peut suffire à expliquer l'existence de structures de taille particulière, car cette loi n'assigne à la gravité aucune échelle de longueur caractéristique sur laquelle ses effets seraient spécifiques. La loi de l'inverse du carré ne distingue aucune échelle de longueur particulière et sa portée est infinie. Pour expliquer les objets d'une taille particulière, il faut invoquer un équilibre entre la gravité et quelque autre force.

Boscovich proposa une loi de force unifiée et générale qui incluait tous les phénomènes physiques connus. C'était sa « théorie », comme il l'appelait. Elle se rapprochait, aux grandes distances, de la loi newtonienne en inverse du carré de la distance de sorte à intégrer les observations sur les mouvements lunaires. Cependant, sur des échelles de longueur plus courtes, les effets de cette loi étaient considérés comme alternativement attractifs et répulsifs et provoquaient des structures d'équilibre dont les tailles étaient imposées par les échelles de longueur caractéristiques incluses dans la loi de force. La « loi de force » qu'il proposa est montrée sur la figure 2.1. Boscovich insista fortement sur le fait que cette loi n'est pas seulement un agrégat de forces aléatoires mais doit nécessairement être une « courbe simple et continue » qui, affirme-t-il, témoigne de la nature unifiée et globale de la théorie. En dehors de la représentation graphique de sa loi de force illustrée ici, Boscovich introduisit aussi l'idée d'exprimer sa loi comme une série convergente de termes mathématiques en puissances de l'inverse de la distance, chacune étant plus petite que son prédécesseur. Aussi plus l'opération se poursuit, meilleure est son approximation de la véritable loi de force.

Le traité circonstancié de Boscovich comprend de nombreuses autres innovations. Cependant, je souhaite ici attirer l'attention exclusivement sur un point : Boscovich fut le premier à entreprendre des recherches, à envisager et à proposer une théorie mathémati-

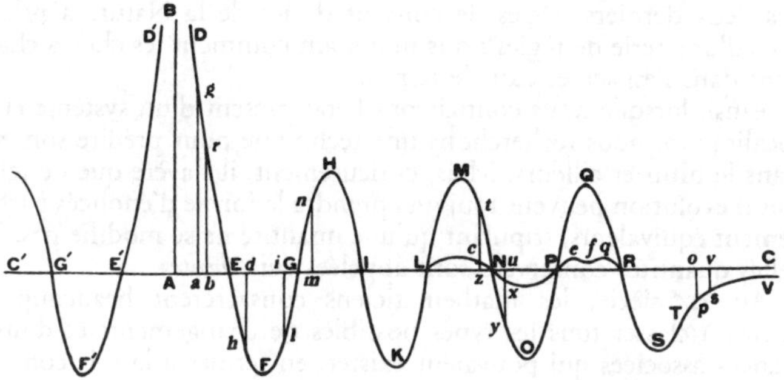

Figure 2.1. — Voici la loi de force universelle de Boscovich telle qu'elle fut présentée et reproduite à l'origine dans sa *Théorie de la philosophie naturelle*, publiée pour la première fois en 1758. La variation de la force entre deux « points de matière » lorsque leur distance varie est représentée par la courbe ondulante qui passe par la suite des points DFHKMOQSTV. La distance qui les sépare est portée sur l'axe AC, l'intensité de la force sur l'axe AB. La force est répulsive lorsque cette courbe se trouve au-dessus de AC et attractive en dessous. Sur de très longues distances (V et au-delà), elle est attractive et s'approche de la loi de la gravitation newtonienne en inverse du carré de la distance. La nature répulsive de la force, lorsque la distance entre deux points tend vers zéro, empêche toute collision de matière aboutissant à une compénétration totale. À propos de ce graphique, Boscovich remarque : « Une loi de ce genre peut sembler à première vue très compliquée et résulter de la combinaison aléatoire de plusieurs lois différentes. Mais on peut l'envisager de la manière la plus simple qui soit en la représentant par exemple, par une simple courbe continue... Il suffit alors d'un coup d'œil pour la comprendre. »

que unifiée de toutes les forces de la Nature. Sa loi de force continue constitue la première « théorie de tout » véritablement scientifique. Il est possible qu'au XVIIIe siècle seul un « généraliste » comme lui, ayant entrepris avec succès d'allier des activités intellectuelles et administratives dans tous les domaines de la pensée et de la pratique, pouvait pressentir l'essence plurielle de la Nature.

Symétries

Voyez-vous, je ne peux croire à une chose sans l'avoir comprise. C'est une affaire d'éducation. Dorothy SAYERS

Les Grecs considéraient que c'est par ses harmonies statiques que la Nature exprime le mieux la perfection de ses lois. Au cours de ces deux derniers siècles, le concept de loi de la Nature a pris le sens d'une série de règles nous indiquant comment les choses changent dans l'espace et dans le temps.

Ainsi, lorsque nous connaissons l'état présent d'un système et sa localisation, nous recherchons une technique pour prédire son état dans le futur et ailleurs. Mais, curieusement, il s'avère que de telles lois d'évolution peuvent toujours prendre la forme d'énoncés parfaitement équivalents, stipulant qu'une quantité ne se modifie pas. De telles quantités conservées sont appelées *invariantes.*

Au XIXe siècle, les mathématiciens consacrèrent beaucoup de temps à classer tous les types possibles de changements et d'invariances associées qui pouvaient exister, en termes à la fois concrets et abstraits. Cette classification a donné naissance à la branche des mathématiques connue aujourd'hui comme la *théorie des groupes.* Un « groupe » est tout simplement un ensemble de transformations caractérisé par trois propriétés simples : il peut ne pas y avoir changement ; la possibilité doit exister d'annuler ou d'inverser toute transformation pour retrouver l'état initial ; deux transformations consécutives quelconques doivent donner un résultat qui pourrait également être obtenu par une transformation unique.

Chacune des lois les plus fondamentales de la physique dont nous ayons connaissance correspond à une invariance qui, à son tour, équivaut à un ensemble de transformations constituant un groupe de symétrie. Ce dernier décrit tous les changements qui peuvent intervenir à partir d'un schème initial tout en conservant inchangé un certain substrat sous-jacent. Ainsi, par exemple, la conservation de l'énergie équivaut à l'invariance des lois du mouvement par rapport aux translations dans le temps. (En clair, le résultat d'une expérience ne devrait pas dépendre de l'instant de son exécution, tous les autres facteurs étant par ailleurs identique.) La conservation du moment linéaire est équivalente à l'invariance des lois du mouvement par rapport à la position dans l'espace du laboratoire, et la conservation du moment angulaire à une invariance par rapport à l'orientation dans l'espace de ce même laboratoire. En physique, d'autres quantités conservées, qui apparaissent comme les constantes d'intégration des lois de transformation, s'avèrent être égales à d'autres invariances moins « intuitives » des lois de la Nature. Il est intéressant de noter que Newton n'utilisa pas la loi de conservation de l'énergie. En outre, dans les discussions post-newtoniennes sur la pertinence théologique de la description réussie du monde, l'existence de lois de conservation semble avoir joué un certain rôle dans la montée de l'athéisme parmi les scientifiques.

Certains, comme Newton lui-même, ressentaient la nécessité d'une régulation et d'un soutien divins pour le bon fonctionnement d'un modèle dynamique de l'Univers connu (le système solaire). Mais la découverte ultérieure des lois de conservation démontra que la Nature possédait en elle-même les principes conservatoires qui rendent impossible la fin du monde. Le Divin était moins indispensable qu'on ne le pensait jusque-là. C'est dans ce contexte que Laplace prononça son mot fameux : « *Nous n'avons pas besoin de cette hypothèse-là*[1] », faisant référence au rôle prétendument indispensable du Divin dans la poursuite du mouvement au sein du système solaire. Plus tard, il y eut un retour de balancier lorsque l'on s'avisa de la nécessité de violer une des lois de conservation de la Nature pour expliquer l'émergence de l'Univers à partir du néant : nombreux furent alors ceux qui crurent indispensable une intervention surnaturelle. Le succès évident du concept de lois de la Nature conduisit de surcroît à une reformulation de la controverse sur l'inéluctabilité de l'existence de Dieu. Pour le moment, nous nous abstiendrons d'approfondir ce sujet, mais plus loin, au chapitre 6, nous y reviendrons pour en éclairer le sens profond.

Aujourd'hui encore, beaucoup persistent à penser que la création de l'Univers à partir du néant doit bien violer une loi de conservation fondamentale : celle qui stipule que rien ne peut naître du néant. Quoi qu'il en soit, il n'y a actuellement aucune preuve que l'Univers global possède une valeur non nulle d'une quelconque quantité conservée. La masse-énergie totale de tous les constituants d'un Univers *fini* s'avère toujours d'une grandeur égale mais de signe opposé à l'énergie potentielle gravitationnelle totale de ces particules. L'Univers pourrait donc apparaître spontanément sans violer la conservation de la masse-énergie. Dans le même ordre d'idées, il n'y a pas de preuves que l'Univers ait une rotation propre ou une charge électrique nette. Il est fort possible que l'on découvre un attribut conservé de l'Univers pris comme un tout qui ne soit pas nul ou que l'on obtienne la preuve que l'Univers possède réellement une charge électrique ou une rotation effective. Ces idées sont fondées sur l'hypothèse que l'Univers est de taille finie. Non seulement nous ne savons pas si c'est bien le cas, mais nous ne pourrons jamais le savoir, car la finitude de la vitesse de la lumière implique que nous ne pourrons jamais percevoir qu'une portion limitée de cet Univers. Si l'étendue de l'Univers était infinie, on ne saurait pas comment lui associer les quantités conservées et la ques-

1. En français dans le texte.

tion de sa création à partir du néant sans violation des lois de conservation de charge, de moment angulaire et d'énergie, constituerait un problème beaucoup plus délicat et, pour le moment, insoluble.

Le fait que les lois du changement puissent être représentées comme des invariances du monde quelles que soient les variations possibles trouve un écho dans les prédictions des physiciens sur la présence de la symétrie et de l'harmonie dans la Nature. La symétrie est devenue le thème dominant de la physique fondamentale. La physique des particules élémentaires est, à cet égard, singulièrement platonicienne. Les mathématiciens du passé avaient recensé toutes les structures distinctes de changement existantes et avaient inclus avec soin leurs composants essentiels dans cette branche des mathématiques qu'on appelle aujourd'hui la *théorie des groupes.* À travers le kaléidoscope de toutes les structures possibles, le physicien des particules peut extraire des symétries susceptibles d'être appliquées au monde. Ces symétries candidates doivent au préalable subir une procédure de sélection pour s'assurer qu'elles peuvent contenir tous les composants indispensables du monde des particules élémentaires et que leur nature ne contredit pas la réalité. Les rescapées de cet examen minutieux sont alors qualifiées pour l'étape suivante, à savoir un travail mathématique circonstancié qui produit une gamme de prédictions sur les interactions entre particules dans un monde gouverné par la symétrie imposée. Ainsi, la foi aveugle dans la symétrie procure une recette efficace pour générer des théories aptes à écrire les interactions des particules élémentaires. Il n'existe pas de machinerie similaire capable de générer des théories pour expliquer le fonctionnement de systèmes moins fondamentaux comme l'économie ou la météorologie. Le bastion de la symétrie, c'est le monde invisible des quantités les plus petites.

Chacune des quatre forces de la nature est justement décrite par une théorie découlant de l'hypothèse de l'existence d'une invariance particulière sous toutes les transformations possibles. La quête de l'unification s'effectue en cherchant à fondre les schémas distincts afférents aux différentes forces de la nature en un unique schème « général et unifié » dans lequel ces sous-schèmes s'inséreraient parfaitement et complètement. Il n'est pas simple de trouver de tels schèmes. Récemment encore, ils se révélaient porteurs d'imperfections fâcheuses lorsqu'on les utilisait pour calculer les quantités observables. On obtenait des réponses infinies qu'il fallait traiter de façon particulière, de sorte qu'elles puissent engendrer des prédictions judicieuses.

Jusque-là, seul un genre assez rare de théories physiques se trouvait dépourvu de ce type d'imperfections. Ces théories furent présentées par Michael Green, John Schwartz et Edward Witten comme les lois de la Nature les plus exhaustives. Elles sont connues sous le nom de théories des « supercordes ». Le préfixe *super* fait référence au fait qu'elles respectent une puissante symétrie. Cette « supersymétrie » est présentée comme une symétrie entre des types de particules élémentaires distinctes appelées fermions et bosons. Dans la plupart des situations, cela se résume à une symétrie entre la matière et le rayonnement. Cette idée prévalait bien avant Green, Schwartz et Witten. Leur apport consista à l'associer au concept puissant de « corde ».

Les théories précédentes des particules élémentaires considéraient les quantités de la Nature les plus élémentaires comme des points, des particules dépourvus d'étendue. (Bombardées par d'autres particules de haute énergie, elles ne présentaient aucune évidence de structure interne.) On les décrivait au moyen des théories quantiques des champs dans lesquelles les éléments les plus fondamentaux sont des points de taille nulle. La plupart du temps, ces théories fonctionnaient bien, mais, étant invariablement affectées par la maladie de l'infinitude, on devait appliquer des remèdes mathématiques *ad hoc* pour les en débarrasser. Avec le temps, elles devinrent plutôt encombrantes : on dut introduire un nombre croissant de champs quantiques pour chaque variété de particule élémentaire nécessaire pour compléter le tableau. Avec les cordes, on résout les problèmes plus facilement. Si l'on considère les quantités les plus élémentaires de la Nature comme des cordes (ou des lignes) plutôt que comme des points, alors toutes les divergences déplaisantes que fait apparaître le calcul disparaissent comme par enchantement moyennant l'imposition de certaines symétries universelles très spécifiques. Cela est possible grâce à la façon intrinsèquement différente dont les points et les lignes interagissent. Sur la figure 2.2, on peut voir la représentation schématique d'un point particule et d'une interaction de cordes dans l'espace et le temps. L'interaction entre particules montre de brusques déviations angulaires qui se traduisent par des infinités mathématiques, tandis que la représentation lisse, en forme de tube, de l'interaction entre cordes n'engendre aucun hiatus. En réalité, un certain ensemble de lois possibles de la Nature, et celui-là seulement, peut-être fini et autocohérent.

Ces cordes fondamentales ont une tension qui varie avec l'énergie environnante. Cette tension devient assez forte pour réduire les boucles, les rendant pratiquement ponctuelles aux basses énergies

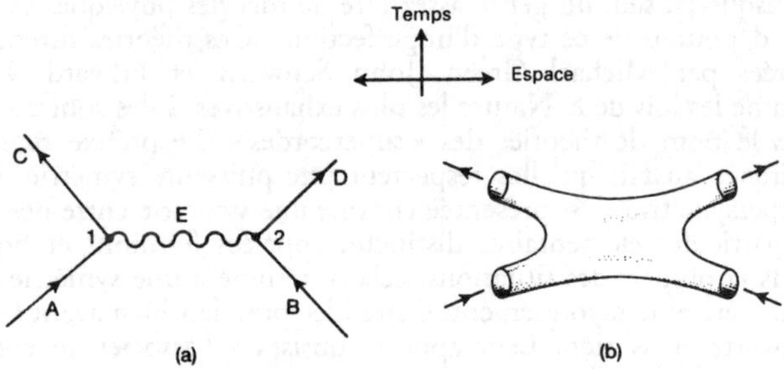

Figure 2.2. — Le diagramme (a) représente les interactions entre 2 particules ponctuelles A et B, concrétisées par l'échange de E, et qui aboutit à la production de C et D ; le diagramme (b) représente l'interaction entre 2 boucles de corde qui conduit à deux cordes résultantes. Ces diagrammes correspondent aux interactions spatio-temporelles, l'espace étant réduit en une seule dimension pour faciliter la présentation. Lorsque le point se déplace dans le temps et l'espace, il décrit une ligne, tandis que lorsque les boucles font de même elles dessinent des tubes. Les infinités mathématiques associées à l'interaction ponctuelle apparaissent à cause des brusques déviations angulaires aux points 1 et 2 (a). Par contraste, l'interaction de corde ne montre aucune déviation angulaire brusque et ses caractéristiques continues et lisses ont pour conséquence l'absence d'infinités mathématiques dans le calcul.

que nous observons aujourd'hui dans l'Univers. Cependant, dans les conditions extrêmes qui sont celles du big bang, les choses doivent manifester essentiellement leur propriété de cordes. Ce sont des théories de cette sorte qui ont suscité des rumeurs sur la découverte d'une « théorie de tout ». S'il s'agit bien de la bonne version, elle devrait, en principe, contenir toutes les lois de la radioactivité, la gravitation, l'électromagnétisme et la physique nucléaire. L'aspect séduisant des théories de cordes se trouve dans cette découverte inattendue : les exigences de finitude et de cohérence suffisent à contraindre la théorie.

Notre attitude envers les lois de la Nature et leur codification définitive sous forme d'une éventuelle « théorie de tout » cohérente se résume à la recherche d'une symétrie ultime du monde, déterminante et contraignante pour toutes les lois causales qui s'ensuivent et qui gouvernent les forces et les particules de la Nature. Reste à considérer la manière dont les lois de la Nature — la théorie de tout — peuvent être reliées à l'Univers.

Une envolée de fantasmes rationalistes

Qui me donnera la liste des choses auxquelles chacun pense mais dont jamais il ne parle, ainsi que la liste des choses dont tout le monde parle mais auxquelles jamais personne ne pense ? Oliver Wendell HOLMES

Considérons maintenant les quelques options simples que nous avons à notre disposition, s'agissant du statut des lois de la Nature. Elles offrent une version moderne de certains paradigmes anciens. Supposons, pour simplifier les choses, que nous nous limitions à trois concepts : celui de Dieu (D) dans son acception traditionnelle d'omniscience et d'omnipotence ; celui de l'Univers (U), pour embrasser l'ensemble du monde matériel et spatio-temporel, et celui des lois de la Nature (L), qui régulent son fonctionnement. Les interactions supposées entre ces trois concepts sous-tendent un certain nombre de philosophies de la Nature différentes.

Pour ce qui est de la paire U et L, nous avons le choix entre ces cinq situations :

1. U est un sous-ensemble de L ;
2. L est un sous-ensemble de U ;
3. L est identique à U ;
4. L n'existe pas ;
5. U n'existe pas.

Ces sous-ensembles sont illustrés schématiquement sur la figure 2.3.

Dans la première option, les lois de la Nature transcendent l'Univers physique. L'Univers n'est qu'une de leurs manifestations particulières. Il peut y en avoir d'autres, à venir ou déjà existantes. Il est important de noter que la direction récente prise en cosmologie, qui tend à établir un récit mathématique de la création de l'Univers à partir du néant, admet implicitement cette situation. Elle doit supposer l'existence de lois de la Nature ainsi que d'autres concepts primordiaux comme la logique avant même la création de l'Univers matériel. Si un tel programme de recherche devait réussir et proposer une application autocohérente de l'apparition de l'Univers physique (les prédictions étant alors systématiquement corroborées par l'expérience), le programme de recherche suivant devrait alors expliciter pourquoi il existe des lois de la Nature, des lois qui permettent à cet Univers, à l'exclusion de tout autre, d'apparaître, et d'essayer d'établir si elles pourraient être différentes. Cette recherche déterminante n'est pas pour demain, mais il est intéressant de constater que si l'Univers *en tant qu'ensemble* est décrit par une loi de la

Nature comme la théorie générale de la relativité d'Einstein, il doit nécessairement exister une structure logique plus étendue que l'Univers physique. Une telle hypothèse est sans aucun doute implicite dans la plupart des cosmologies. Car il existe différents modèles mathématiques possibles de l'Univers, obéissant chacun aux mêmes lois de la Nature mais divergeant quant au choix de l'état primordial. Malheureusement, aucune observation ne vient confirmer qu'une quelconque théorie cosmologique décrite par un ensemble d'équations mathématiques embrasse réellement l'Univers entier, ne serait-ce que parce que nous n'en pourrons jamais voir plus d'une partie.

Si nous admettons l'option 2, nous aurons tendance à considérer que les lois de la Nature possèdent réellement une dépendance spatiale ou temporelle à l'intérieur de l'Univers. Ailleurs, il peut exister des lois différentes, ou même aucune. Il se pourrait qu'existent des îlots de rationalité à l'intérieur d'un Univers éventuellement infini. Puisque l'existence d'observateurs comme nous, ou même d'observateurs très différents de nous, requiert un minimum de régularité, nous ne devrions pas être surpris d'habiter l'une des banlieues rationnelles d'un Univers chaotique. On a tenté de démontrer qu'il est possible de faire débuter l'évolution de l'Univers par un état qui

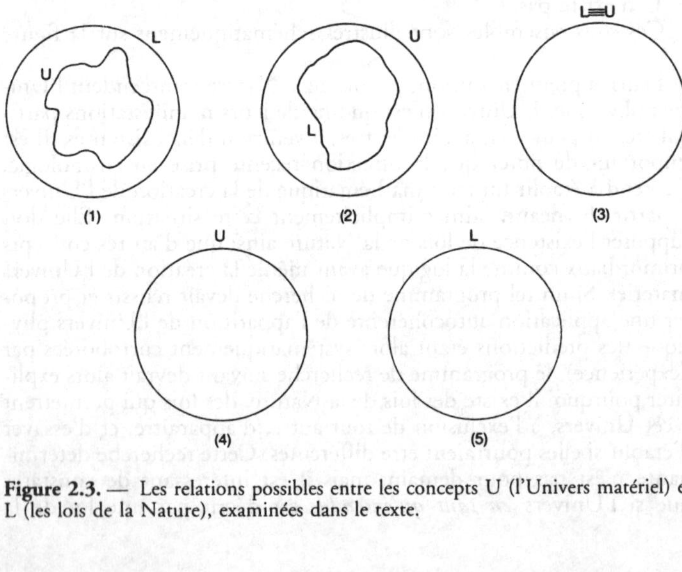

Figure 2.3. — Les relations possibles entre les concepts U (l'Univers matériel) et L (les lois de la Nature), examinées dans le texte.

ne se conformerait pas exactement aux lois habituelles, et d'établir cependant, au fur et à mesure que cet Univers s'étend, vieillit et se refroidit, que des comportements en contradiction avec ce que nous appelons les lois de la Nature deviennent de plus en plus rares. Si rares que, dans notre monde de basse énergie, quinze milliards d'années après le début de toutes choses, nous observons une conformité approximative à certains schèmes de comportements si proche de la perfection que nous la supposons parfaite. Cette philosophie, menée jusqu'à sa conclusion logique, tendrait à montrer que toutes, ou presque toutes les lois observées de la Nature, sont les conséquences de cette époque tardive de l'histoire du cosmos, au moment où nous, humains, entrons en scène. À l'inverse, les premiers instants du big bang auraient dû être grandement anarchiques et profondément impénétrables.

Une autre interprétation, plus sceptique, de la seconde alternative serait de considérer les lois de la Nature comme le fruit de l'inventivité humaine, elle-même issue du substrat universel, selon un processus naturel. Ailleurs dans l'Univers, le processus historique qui aboutit à ce résultat a dû nécessairement être différent : les pressions de l'environnement exigeant des réponses différentes, d'autres types d'évolutions se produisirent certainement. De ce point de vue, les lois de la Nature sont une création, globale ou partielle, de l'esprit et doivent donc varier d'une galaxie à l'autre en corrélation avec la distribution des êtres pensants dans l'Univers. Bien qu'assez répandue parmi les philosophes, cette conception n'est pas très populaire dans le milieu scientifique parce qu'elle ne permet pas d'envisager un programme de recherche capable de la tester, de la réfuter ou de la développer. Une impasse spéculative, en quelque sorte. Il ne resterait plus qu'à attendre un contact avec d'hypothétiques extraterrestres et comparer leurs « lois » avec les nôtres.

L'hypothèse 3 met sur le même pied l'Univers et les lois de la Nature, rejoignant ainsi des conceptions aussi anciennes que celles de saint Augustin et Philon d'Alexandrie qui contournèrent la question délicate de l'activité divine avant la création du monde en faisant remarquer qu'il n'y avait pas d'*avant* parce que le temps fait partie intégrante de l'ordre créé. Une telle déduction fait valoir que le temps n'est pas simplement mesuré par des phénomènes naturels comme l'oscillation d'un pendule, mais qu'il peut, au fond, être associé avec des événements physiques se produisant dans le cadre de l'Univers plutôt que de lui être imposé comme un arrière-plan transcendant. Cela nous amène à la conclusion naturelle que l'Univers est contemporain du temps lui-même. Voici la thèse de Philon :

> Le temps est soit contemporain du monde, soit il lui est postérieur. Étant donné que le temps est un espace mesuré, déterminé par le mouvement universel, et que le mouvement ne peut être antérieur à l'objet en mouvement, mais doit nécessairement apparaître soit après lui, soit au même moment, il s'ensuit nécessairement que le temps est, lui aussi, ou contemporain ou postérieur au monde.

Une hypothèse semblable s'était imposée parmi les cosmologistes jusqu'à ces dernières années. Avant que ne débutent sérieusement les tentatives d'expliciter la cosmologie quantique, il fallut admettre cette conclusion : à une certaine époque, notre Univers dut connaître une singularité spatio-temporelle. Avant cette singularité, l'Univers n'existait pas, après, oui. La description mathématique du temps et de l'espace prévoit que ces deux concepts cessent d'exister en deçà de cette singularité. Ce sont là les limites de l'Univers. À l'inverse, nous sommes contraints de regarder les Univers qui connurent une période singulière comme littéralement issus du néant à un moment quelconque du passé. À cet instant précis, l'Univers matériel, les lois de la Nature et la structure même du temps et de l'espace durent apparaître ensemble.

Il importe de souligner que bien que sa théorie générale de la relativité prédise qu'une telle période singulière ait pu exister dans le passé, Einstein n'avance aucune raison pour expliquer l'avènement d'une création à partir du néant. Si l'on refuse d'adhérer à une conception de la création aussi rigide, il est possible d'éviter la conclusion de l'existence d'une singularité passée. Si la gravitation devint répulsive plutôt qu'attractive dans un lointain passé (et cela semble assez plausible si l'on en croit les thèses actuelles sur le comportement éventuel de la matière aux très hautes énergies), il n'est pas nécessaire, alors, que l'Univers ait connu un début singulier. Cette explication n'est qu'une illustration de la perspective 3. J'aimerais souligner que cette alternative peut receler des caractéristiques plus générales, car l'Univers change et s'étend avec le temps. Cela signifie-t-il que nous devrions attendre des lois de la Nature qu'elles possèdent des invariances vis-à-vis du renversement du temps ? En fait, il est impossible logiquement que les lois de la Nature puissent changer. Soit ce ne sont pas des lois, soit ce sont des lois invariantes. On peut toujours faire dépendre une loi du changement de l'invariance d'une certaine quantité fondamentale qui gouverne la loi de changement. L'alternative selon laquelle il n'existe pas d'invariant de base signifierait que l'existence des lois de la Nature est totalement impossible. Cela nous conduit à l'option suivante.

La quatrième hypothèse (il n'y a pas de lois de la Nature) est une hypothèse extrême. On pourrait la défendre de deux façons. D'un côté, les penseurs tournés vers la philosophie pourraient chercher à nous persuader que les lois de la Nature (ainsi qu'on les appelle) ne sont peut-être que les catégories mentales que nos cerveaux sont contraints d'adopter pour donner un sens à notre vécu. Pour autant qu'on puisse le savoir, il n'existe peut-être pas de réalité profonde gouvernée par de vrais lois de la Nature. Ou alors, on peut imaginer, comme certains physiciens l'ont fait, une perspective plus réaliste dans laquelle, au fur et à mesure que l'Univers s'étend et vieillit à partir d'un état chaotique créé par l'action simultanée de tous les ordres possibles, certaines de ces structures d'ordres prédominent. Ainsi, après des milliards d'années, elles régentent les choses si efficacement qu'elles passent pour des lois de la Nature préétablies. Nous rejoignons l'hypothèse la plus extrême que nous avons mentionnée plus haut.

La dernière de nos hypothèses, celle de l'inexistence de l'Univers, constitue une forme bizarre de nihilisme qu'aucun philosophe sérieux n'a jamais raisonnablement envisagée. Cependant, ce concept a un certain intérêt, car il résume l'état *pré-initial* des modèles cosmologiques quantiques qui proposent un Univers issu du néant. On ne peut, par conséquent, avancer qu'une telle position est logiquement impossible ou autocontradictoire. Elle est peut-être récusable, mais on ne voit pas pourquoi elle serait impossible. Polémiquer sur ce point nous rapprocherait dangereusement de la détestable controverse ontologique d'Anselme et consorts, pour qui la conception même d'un Être suprême impliquait la nécessité de son existence. Essayer de concevoir comment il pourrait exister une entité dont la non-existence impliquerait une contradiction logique me semble particulièrement suspect.

Pour d'autres, il y a essentiellement une contradiction entre le concept de Dieu et celui d'Univers, plutôt qu'entre ce dernier et les lois de la Nature. De fait, le concept d'un Être suprême constitue dans toutes les cultures une notion plus naturelle et primitive que celui de lois de la Nature. On peut soutenir qu'aucune culture n'a pu adhérer fortement à ce dernier concept sans avoir au préalable intégré le premier. Pour clarifier les choses, établissons à nouveau une liste des possibilités « naïves » :

I. U est un sous-ensemble de D ;
II. D est un sous-ensemble de U ;
III. D est identique à U ;
IV. D n'existe pas ;
V. U n'existe pas.

La première option — l'Univers est une partie de Dieu — est appelée *panenthéisme* selon le terme adopté au début du XIXe siècle par le philosophe allemand Krause. Les théologiens distinguent ce concept du simple théisme en associant ce dernier au concept d'un Dieu entièrement autre que l'Univers, à la fois au-dessus et hors de portée de cet Univers. Le panenthéiste, lui, croit que Dieu est en toute chose quoique étant d'une essence autre.

La situation II serait comparable avec l'attitude sceptique qui considère Dieu comme la seule création de l'esprit humain et, par conséquent, issu du processus purement matériel qui a donné naissance au genre humain. Elle serait également pertinente dans l'hypothèse d'un Dieu d'essence non conventionnelle et, en quelque sorte, limité au rôle de « super-Être » dans l'Univers. Nombre de romans de science-fiction ont exploré ce thème d'un « super-Être » paternaliste. La vision semi-religieuse de formes de vie extra-terrestre intelligente dont débattent de nombreux fanatiques de la recherche de signaux extra-terrestres pourrait également entrer dans cette catégorie.

La troisième relation possible est assimilable à la doctrine du *panthéisme* qui considère Dieu et l'Univers naturel comme un seul et même phénomène. Il s'agit d'un concept commun que l'on trouve dans nombre de religions non personnelles orientales, ainsi que parmi les scientifiques agnostiques. Einstein également lui accorda un intérêt certain. Il fait référence à ce concept lorsqu'il assimile son Dieu à celui de Spinoza, le philosophe que l'on a le plus souvent associé au panthéisme.

Nos deux dernières possibilités sont faciles à traiter. L'option IV représente la position de l'athée, tandis que l'option V a déjà été traitée plus haut en tant que possibilité 5.

Le troisième aspect de notre triangle relationnel réside dans la possible interdépendance entre les lois de la Nature et un Dieu :
a) L est un sous-ensemble de D ;
b) D est un sous-ensemble de L ;
c) D est identique à L ;
d) L n'existe pas ;
e) D n'existe pas.

Le premier cas s'accorde bien avec la tradition judéo-chrétienne qui conçoit les lois de la Nature comme des contraintes que Dieu impose à l'Univers. Ce fut, par exemple, la thèse de Newton qui, en conséquence, maintint que ces lois auraient pu être différentes ou suspendues arbitrairement selon la volonté divine.

La seconde possibilité s'apparente quelque peu aux écoles de la théologie de l'évolution, adeptes d'une divinité évolutive. Dans ce cas, Dieu est soumis à une logique d'un ordre supérieur. Quoique cette vue soit difficile à concilier avec la notion si répandue d'un Dieu omnipotent, il est difficile de la différencier de l'opinion traditionnelle (présente, elle aussi, dans la notion susmentionnée) qui soumet l'action divine à quelques contraintes logiques comme, par exemple, les concepts du « bien » et du « mal ». Sinon, cette option peut être interprétée dans une perspective non théiste : le concept de Dieu serait une excroissance inévitable des lois de la Nature, née dans l'esprit de certains types de « bio-ordinateurs » tels que nous-mêmes.

Changeons de sujet

Tout dogme est un jour dépassé. H.G. WELLS

Notre exploration des lois de la Nature est quelque peu superficielle [1]. Cela est délibéré : pour la plupart d'entre nous, le problème d'une théorie de tout ne concerne rien d'autre que les lois de la Nature. C'est la recherche de la synthèse la plus fondamentale et étendue de ces lois universelles. Celles-ci sont supposées offrir, après un effort minime, tout ce que l'on peut souhaiter connaître ou expliquer de la nature de l'Univers observé. Dans les chapitres suivants, nous espérons saper les fondements de ce dogme et révéler quels autres aspects du monde physique, distincts de l'image traditionnelle des lois de la Nature, sont nécessaires pour comprendre sa structure globale. Pour être en mesure de traiter ces autres aspects, il faudra soit découvrir d'autres facettes de l'Univers, soit approfondir et développer considérablement le concept d'une loi de la Nature afin de la lier à d'autres concepts qui, à l'heure actuelle, en sont disjoints.

De Boscovich aux « supercordes », les chercheurs d'une théorie de tout unifiée se sont évertués à trouver les lois de la Nature qui

1. Une étude plus complète de ce sujet peut être trouvée dans l'ouvrage précédent de l'auteur, *The world within the world.*

comprennent tous les phénomènes, à l'exclusion de toute autre loi. Ce présupposé trouve sa source dans la soumission implicite aux propositions universelles et intemporelles mises en avant par Platon qui leur accordait plus d'importance dans la nature des choses qu'à l'Univers des détails que nous observons et expérimentons. Dans les chapitres suivants, nous examinerons comment ce concept peut être récusé par les plus récentes idées sur le monde physique. La première récusation est presque familière. Depuis que la science rend hommage aux dieux du changement, elle a besoin de connaître la genèse de toute chose, si tant est que cela soit possible.

3
Les conditions premières

Il était une fois, et bien bonne fois. James JOYCE

À la lisière des choses

La science est une équation différentielle. La religion est une condition aux limites. Alan TURING

Les lois de la Nature nous disent comment les choses se transforment. Cependant, nous pensons que, derrière ces lois, se cachent des invariances qui contraignent la réalité. La Nature agit à sa guise tant que ces quantités « magiques » demeurent invariables au cours d'un changement quelconque. On attend d'une théorie de tout qu'elle nous procure le répertoire définitif de toutes les transformations possibles. La recherche de cette formule universelle doit aboutir à l'établissement d'une loi unique, et non à un assemblage de morceaux épars. L'unité logique de l'Univers exige qu'une seule invariance demeure face à la complexité et au caractère éphémère des choses, partout constatés, des mondes infinitésimaux subatomiques jusqu'aux confins explorés de l'espace. Pour s'approcher au plus près du « secret de l'Univers », il faudrait mettre en lumière cette extraordinaire symétrie de base, dans la mesure où elle existe vraiment et où elle se manifeste sous une forme intelligible pour nous.

Mais ce ne sera pas suffisant. Même en maîtrisant les lois du changement, nous pourrions seulement comprendre la structure présente des choses, et ce, uniquement en connaissant la nature de leur création. C'est là la conséquence de notre foi en la loi de causalité universelle et en la représentation des lois de la Nature sous forme d'équations différentielles ou d'algorithmes, dans lesquels le résultat est déterminé par les seules données initiales. Les équations différentielles sont des « machines » mathématiques qui nous permettent de prédire le futur à partir du présent. De même, grâce à elles, on peut utiliser le présent pour reconstruire le passé.

Axiomes

La théorie des ensembles peut être considérée comme une forme de théologie exacte.
Rudy Rucker

En mathématique, les axiomes jouent le rôle de conditions premières. Ils constituent les postulats de base, prérequis à l'exploitation de tout raisonnement déductif. L'exemple classique d'un système axiomatique est celui de la géométrie plane, formulée par Euclide vers 300 avant l'ère chrétienne. C'est le modèle de tous les schèmes mathématiques rigoureux. Les axiomes sont des hypothèses initiales, présumées vraies et autocohérentes. De ces axiomes peuvent découler des déductions logiques selon des lois de raisonnement bien définies. Ces lois de raisonnement logique sont analogues aux lois de la Nature des physiciens, tandis que les axiomes jouent le rôle de conditions initiales.

Nous ne sommes pas libres de choisir des axiomes parce qu'ils nous conviennent. Il faut qu'ils soient cohérents et logiques. Leur nombre n'est pas limité, bien que déterminant la taille et la richesse des déductions logiques qui en découleront. Parce qu'ils savaient que la cohérence logique est essentielle au choix de tout axiome, Euclide et la plupart des mathématiciens antérieurs au XIXe siècle étaient fortement enclins à choisir des axiomes reflétant le fonctionnement observé du monde. Ainsi, les axiomes d'Euclide — « les droites parallèles ne se rencontrent jamais », par exemple, ou bien « une seule droite peut relier deux points quelconques sur une surface plane » — sont les fruits évidents de l'expérience consistant à tracer des droites sur une surface plane. Plus tard, les mathématiciens se sentirent moins contraints et exigèrent uniquement la cohérence comme critère de choix des axiomes. Ils n'avaient besoin de faire valoir aucune correspondance avec ce que l'on peut voir ou synthétiser de l'expérience. Reste à savoir si les conditions initiales attachées aux plus grandes énigmes de la physique, comme le problème cosmologique que nous aborderons plus loin, seront directement reliées aux objets physiques représentables, ou bien si elles se manifesteront comme des notions abstraites, mathématiques ou logiques, faisant valoir la seule autocohérence. Même si cette dernière situation prévalait, il se pourrait que l'exigence d'autocohérence, agissant sur un système aussi complexe que l'Univers physique soit appropriée pour établir ces conditions premières, de manière complète et unique.

La conception mathématique des systèmes axiomatiques nous

enseigne une autre leçon importante : il est possible de quantifier la somme d'informations contenues dans un ensemble d'axiomes. Aucune des déductions issues de ces axiomes et démontrées en utilisant les lois admises du raisonnement ne peut détenir plus d'informations que n'en contenaient les axiomes. Là réside essentiellement la cause des limites au pouvoir de déduction logique exprimé par le célèbre théorème d'incomplétude de Gödel. Les axiomes d'arithmétique simple (de même que tout système axiomatique assez riche pour contenir l'ensemble de l'arithmétique) recèlent moins d'informations que certains énoncés arithmétiques et, de ce fait, ces axiomes et les lois de raisonnement qui leur sont associées ne peuvent déterminer si ces énoncés sont vrais ou faux. Notez, néanmoins, qu'un système axiomatique qui ne peut contenir toute l'arithmétique ne souffre pas de l'incomplétude de Gödel. Ainsi, par exemple, l'arithmétique dite de Presburger, qui est une opération d'addition sur le zéro et les nombres entiers positifs (en excluant les soustractions), a pour caractéristique que tous ses énoncés sont décidables. Son ensemble réduit d'axiomes contient une information suffisante pour établir la véracité ou la fausseté de tous les énoncés qui peuvent être formulés avec son vocabulaire.

Dans le premier chapitre, nous avons introduit la notion de compressibilité algorithmique comme un critère déterminant le degré d'aléatoire des expressions mathématiques. Nous pouvons utiliser ici à nouveau ce concept pour affiner notre propos. Si on présente une séquence particulière de symboles, nous ne pourrons prouver qu'elle est aléatoire, bien que nous puissions prouver qu'elle est non aléatoire, en trouvant simplement une réduction. La réduction minimum possible d'un système logique correspond aux axiomes du système. Ainsi nous voyons pourquoi il ne peut y avoir de théorème qui possède un contenu informatif plus étendu que les axiomes du système.

Les axiomes ne sont donc pas aussi simples que l'on aurait pu l'espérer. Déterminer si les différents axiomes qui nous sont soumis sont vraiment indépendants les uns des autres représente souvent un problème assez délicat. Voici un cas de ce type, classique, qui recèle un des problèmes non résolus les plus difficiles que l'on connaisse en mathématique. On l'appelle l'*hypothèse du continu.* Avant les travaux de Georges Cantor, au milieu du XIXe siècle, les mathématiciens refusaient l'existence des infinis actuels. C'est ainsi qu'un mathématicien célèbre les qualifia d'« abomination ». Voici l'opinion de Gauss à ce sujet :

> Je proteste contre l'emploi de la grandeur infinie comme quelque chose d'achevé ; un tel emploi n'est jamais admissible en mathématique. L'infini est seulement *une façon de parler*[1] : ce que je veux dire, c'est qu'il y a des limites dont certains rapports s'approchent d'aussi près que l'on veut, tandis que d'autres peuvent s'accroître indéfiniment.

Ici, Gauss nous explique clairement que l'infini ne peut jamais être une réalité ; il est une sorte de raccourci de quelque chose qui peut être aussi étendu que l'on veut. De son côté, Cantor mit le monde sens dessus dessous en traitant les infinis comme d'autres quantités mathématiques et en créant une suite entière d'infinis de tailles différentes. Le plus petit est l'ensemble des entiers naturels (1, 2, 3, 5,...), qui fut symbolisé par $\aleph_0$ (aleph-zéro). On dit qu'un autre ensemble infini possède la même taille (ou *cardinalité)* , si ses membres peuvent être mis dans une correspondance bijective, avec les entiers naturels dans la mesure où l'on peut les dénombrer systématiquement. Par exemple, l'ensemble infini de tous les nombres pairs (2, 4, 6, 8, 10,...) peut être dénombré de cette façon par les correspondances présentées par la séquence de flèches de la figure 3.1 (a). Le réseau de flèches de la figure 3.1 (b) nous montre alors comment toutes les fractions rationnelles portées sur un réseau infini peuvent être dénombrées une par une sans qu'aucune ne soit omise. Ceci montre qu'il existe une correspondance bijective entre $\aleph_0$ et toutes les fractions rationnelles à travers la suite $\frac{1}{1}$, $\frac{2}{1}$, $\frac{1}{2}$, $\frac{1}{3}$, $\frac{2}{2}$, $\frac{3}{1}$, $\frac{4}{1}$, $\frac{3}{2}$, $\frac{2}{3}$, $\frac{1}{4}$, $\frac{1}{5}$, $\frac{2}{4}$, $\frac{3}{3}$, $\frac{4}{2}$, $\frac{5}{1}$, $\frac{6}{1}$, $\frac{5}{2}$, $\frac{4}{3}$,... et ainsi de suite à l'infini. Par conséquent, dans ce sens précis, les fractions rationnelles forment un ensemble infini de même taille que les entiers naturels. À première vue, c'est un résultat surprenant, étant donné que les entiers naturels sont plutôt distribués de façon clairsemée alors que les fractions rationnelles occupent tous les interstices entre elles, de telle manière qu'un processus de dénombrement produirait beaucoup plus de fractions que de nombres entiers. Mais ce concept s'appuie trop sur l'*ordre* dans lequel les nombres apparaissent, tandis que la correspondance bijective que nous avons établie n'a pas besoin de suivre l'ordre naturel selon lequel les fractions apparaissent entre les entiers. Une fraction est spécifiée seulement par une paire de nombres, et il y a autant de paires infinies de nombres que de nombres.

1. En français dans le texte.

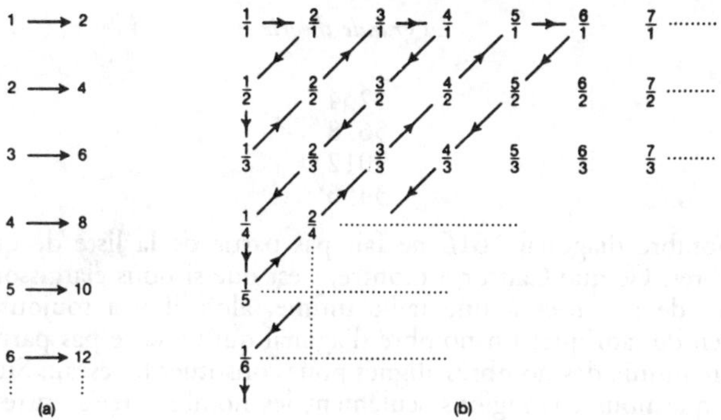

Figure 3.1. — (a) Les nombres pairs positifs forment un ensemble infini de même « taille » que tous les entiers positifs parce que les deux ensembles peuvent être mis en correspondance bijective. Cela signifie qu'ils peuvent être systématiquement dénombrés.

(b) L'ensemble de toutes les fractions rationnelles peut aussi être mis en relation bijective avec les entiers positifs et, par conséquent, être systématiquement dénombré si ces entiers sont organisés selon le schème représenté et ensuite dénombrés dans l'ordre indiqué par la séquence des flèches, et ce, à l'infini.

Si, maintenant, nous comptons non seulement les fractions rationnelles mais également les fractions décimales, quelque chose de qualitativement différent se produit, car il y a beaucoup plus de fractions décimales que de fractions rationnelles. Le saut en taille qui marque le passage des entiers naturels aux fractions décimales est comparable au passage des nombres zéro et un aux plus grands. Pour opérer un tel passage, une information supplémentaire est nécessaire, car la seule façon de produire 2 à partir de 0 et 1 est d'additionner deux 1. Mais une opération de cette sorte exige que nous soyons, au préalable, en possession du concept de « deux ».

Cantor a démontré que, lorsque nous essayons de compter le nombre infini de fractions décimales (les « nombres réels »), nous échouons. Ils sont d'une cardinalité plus haute que celle des entiers naturels et, par conséquent, ne peuvent être mis en correspondance bijective avec eux. Ceci est démontré au moyen d'une nouvelle forme d'argument ingénieuse et très puissante qui implique la notion de nombre diagonal. Pour illustrer notre propos, supposons que nous ayons quatre nombres de quatre chiffres :

1234
5678
9012
3456

Le nombre diagonal 1616 ne fait pas partie de la liste de quatre nombres. Ce que Cantor a montré, c'est que si nous élargissons ce réseau de nombres à une taille infinie, alors il y a toujours un moyen de fabriquer un nombre diagonal qui ne fasse pas partie de la liste infinie des nombres alignés pour constituer le réseau. Supposons que nous envisagions seulement les nombres réels entre zéro et 1 (si nous ajoutions les autres nombres, cela ne dénaturerait pas l'argument de base), et supposons que nous puissions compter à l'infini toutes les fractions décimales. Là, Cantor a démontré qu'on aboutit à une contradiction. Supposons que nous puissions consigner tous les décimaux infinis possibles et les mettre en correspondance bijective avec les entiers naturels. Admettons que la liste débute comme suit :

1 — 0,**2**34566789...
2 — 0,5**7**5603737...
3 — 0,46**3**214516...
4 — 0,846**2**16388...
5 — 0,5621**9**4632...
6 — 0,46673**2**271...

et ainsi de suite, à l'infini. Maintenant, prenons le nombre diagonal dont la partie décimale est composée des chiffres soulignés :

0, 273292...

Ensuite, modifions chaque chiffre en leur ajoutant 1 pour obtenir la nouvelle décimale :

0, 384303...

Ce nouveau nombre ne peut apparaître nulle part sur la liste originale, car naturellement, il diffère d'une unité pour chaque chiffre. Il diffère du premier chiffre pour la première entrée, du second pour la seconde entrée et ainsi de suite. Ainsi, contrairement à notre hypothèse de base, la liste ne peut pas contenir tous les décimaux possibles. Par conséquent, l'hypothèse selon laquelle tous les décimaux infinis peuvent être systématiquement comptés est fausse. Les nombres réels possèdent une cardinalité plus élevée que les entiers naturels, qui est transcrite par le symbole $\aleph_1$ (aleph-un). Cantor souleva cette question fascinante : existe-t-il des ensembles infinis d'une grandeur intermédiaire entre les entiers naturels et les nombres réels ? Il pensait que c'était impossible, mais ne put le démontrer. C'est l'*hypothèse du continu*. L'effort intellectuel fourni pour tenter de résoudre cette question ne pouvait aboutir qu'à une dépression nerveuse. À ce jour, le problème n'est toujours pas résolu. Quoi qu'il en soit, Kurt Gödel et Paul Cohen, son jeune assistant américain, ont éclairci certains aspects de ce problème. Gödel montra que si l'on traite l'hypothèse du continu seulement comme un axiome additionnel et qu'on le rajoute aux axiomes conventionnels de la théorie des ensembles [1], il n'en résulte aucune contradiction logique. Puis en 1963, Cohen démontra que l'hypothèse du continu est indépendante des autres axiomes de la théorie des ensembles (tout comme on démontra finalement que le postulat d'Euclide est indépendant des autres axiomes de la géométrie plane), et que, par conséquent, elle ne peut être ni prouvée ni réfutée à partir de ces axiomes.

L'enseignement que l'on peut tirer de ce qui précède, c'est que les axiomes mathématiques sont plus proches des conditions initiales des lois de la Nature qu'on n'aurait pu le penser. Certains, de fait, espèrent qu'ils se révéleront identiques : que les hypothèses ultimes que l'on doit effectuer sur les hypothèses de départ de la théorie de tout sont celles qu'exige la cohérence logique. Mais nous savons aussi maintenant que leur nature et leurs interrelations sont

1. Les sept axiomes de la théorie standard des ensembles qui doivent suffire à la déduction de toutes les mathématiques (et, par conséquent, à la représentation mathématique de la physique), sont les suivants : (1) L'*extensionalité* : deux ensembles sont identiques si et seulement s'ils contiennent les mêmes membres. (2) Les *sous-ensembles* : soit un ensemble S avec certaine propriété significative, il doit exister un ensemble contenant des membres de S, mais seulement les membres de S qui possèdent cette propriété. (3) L'*axiome de la paire* : soient deux ensembles différents quelconques, il doit exister un autre ensemble contenant uniquement les membres de ces deux ensembles. (4) L'*axiome de la somme* : s'il y a un ensemble S dont les membres sont eux-mêmes des ensembles, alors il doit exister un ensemble (appelé ensemble somme de S), dont les membres sont uniquement les membres des membres de S. (5) L'*axiome de l'infini* : il existe au moins un ensemble infini (c'est-à-dire les entiers naturels 1, 2, 3,...). (6) L'*axiome de l'ensemble des parties* : pour un ensemble S quelconque, il doit exister un autre ensemble dont les membres sont les sous-ensembles de S. (7) L'*axiome du choix* : si S est un ensemble d'ensembles non vides et que deux membres distincts de S n'ont pas un élément en commun, alors il doit exister un ensemble qui consiste seulement en un unique élément tiré de chaque ensemble de S. C'est de ces axiomes que K. Gödel disait : « En dépit de leur éloignement de l'expérience sensible, nous percevons quand même quelque chose des objets de la théorie des ensembles, comme nous l'indique le fait que les axiomes s'imposent à nous comme étant vrais. Je ne vois aucune raison pour laquelle nous devrions avoir moins confiance dans ce type de perception, c'est-à-dire la perception mathématique, que dans la perception sensorielle... Ces objets peuvent aussi représenter un aspect de la réalité objective. »

extrêmement subtiles. Libre à nous de choisir n'importe quel ensemble d'axiomes qui satisferait à nos objectifs. Comme il nous manque un guide intuitif évident pour évaluer la pertinence des axiomes hautement complexes (telle l'hypothèse du continu, par exemple), comment déterminer si ces axiomes doivent ou non être retenus ? Poussé par son expérience du problème de l'hypothèse du continu, Alonzo Church remarque que :

> [...] Si l'on doit choisir dans une certaine direction parmi les théories rivales des ensembles, plutôt que de développer simplement et de façon neutre les conséquences des théories mathématiques, il semble que la seule base, pour ce faire, devrait être l'instauration du même critère informel de simplicité qui régit le choix entre les théories physiques rivales lorsque deux d'entre elles, ou toutes, expliquent également les faits expérimentaux.

La démonstration de Cohen selon laquelle l'hypothèse du continu est indépendante des autres axiomes de la théorie des ensembles signifie aussi que nous sommes libres de l'ajouter aux axiomes existants de la théorie des ensembles, ou d'y ajouter sa négation. Dans chaque cas, nous pourrions développer différemment la théorie des ensembles, de la même manière que nous pouvons retenir le postulat d'Euclide ou le remplacer par sa négation pour établir une géométrie euclidienne logiquement cohérente. Pour le platonicien, persuadé de la réalité vivante des entités mathématiques, seule une de ces deux théories des ensembles, mutuellement exclusives, existe vraiment. Mais si l'on est constructiviste ou formaliste, alors chacune sera une création intellectuelle également valable.

Il y a un domaine d'interaction entre la physique fondamentale et ces questions de base concernant l'infini, à propos de savoir s'il existe ou non un véritable continu dans la réalité. La plupart des représentations fondamentales du monde physique supposent que les notions de base — champs, espace et temps — sont des entités continues plutôt que des entités discontinues. Cette opposition entre continuité et discontinuité constitue une controverse philosophique ancienne qui resurgit, parée de nouveaux atours, à chaque époque. À ce sujet, le plus important (pour la structure de toute théorie de l'infini) est de comprendre la grande différence de complexité qui existerait entre une théorie de tout continue et une autre discontinue. La raison en est que le nombre de transformations continues existantes entre un ensemble de nombres réels et un autre est d'un ordre d'infinité inférieur au nombre total de transformations possibles non continues. L'exigence de continuité engendre une réduction surprenante des possibilités. Puisque que ces transformations continues comprennent le catalogue des relations possibles à partir desquelles nous établissons cette classe de transformations (ou « équations »), dénommées lois de la physique, nous constatons qu'un monde discontinu est potentiellement infiniment plus complexe. C'est un monde moins contraint par ce qu'il est autorisé à faire. Aujourd'hui, les physiciens sont fascinés par la symétrie et recherchent uniquement des représentations continues de la physique fondamentale. Peut-être un jour seront-ils poussés à rechercher les structures possibles d'un monde fondamentalement discontinu. Au chapitre 9, nous étudierons quelques-unes des idées qui pourraient susciter un tel désir en eux.

Quels énoncés peuvent être prouvés ou réfutés ? Cela dépend essentiellement du contenu informationnel des axiomes disponibles. Certains philosophes des sciences ont utilisé les théorèmes de Gödel sur l'incomplétude de l'arithmétique (et donc de tout système logique contenant l'arithmétique) pour affirmer qu'il est impossible de tout savoir sur l'univers physique en termes de lois mathématiques de la Nature, car on ne peut établir tous les énoncés vrais, et seulement ceux-là, de l'arithmétique, pas plus qu'on ne peut décider si tous les énoncés arithmétiques sont vrais ou faux. Voici ce qu'en pense Stanley Jaki :

> Il semble qu'en vertu du théorème de Gödel, les fondements déterminants des constructions symboliques audacieuses de la physique mathématique resteront inscrits pour toujours à ce niveau de la pensée caractérisé à la fois par la sagesse et le flou des analogies et des intuitions. Pour le physicien spéculatif, cela implique qu'il y a des limites à la certitude, que même les purs concepts de la physique théorique ont des limites, tout comme dans d'autres domaines spéculatifs.

Cependant, il est possible que la réalité physique, même si sa finalité est mathématique, n'utilise pas toute l'arithmétique et, de ce fait, puisse être complète. Cette réalité pourrait se situer à l'intérieur d'une des branches décidables des mathématiques qui ne soit pas aussi riche que l'arithmétique. Bien que l'Univers puisse sembler faire usage de toute la panoplie de l'arithmétique (nos versions des lois mathématiques le font bien), c'est peut-être seulement parce qu'elles ne sont pas les représentations symboliques les plus élégantes et les plus économiques des vérités.

Conditions initiales et symétrie temporelle

L'historien est le prophète du passé. August von SCHLEGEL

Parfois, les conditions initiales peuvent exercer une influence si profonde qu'elles semblent instaurer une nouvelle sorte de loi. Le cas le plus connu est celui du « second principe de la thermodynamique », énonçant que l'entropie, ou l'état de désordre, d'un système physique fermé ne peut décroître au fil du temps. Ainsi, nous observons des tasses de café qui se brisent accidentellement en morceaux, mais on ne voit jamais les fragments d'une tasse se recoller. Nos bureaux passent de l'ordre au désordre, mais l'inverse ne se rencontre jamais. Pourtant, les lois de la mécanique qui régissent les modalités du changement permettent un renversement dans le temps de chacun de ces mouvements ordinaires. Donc, un monde où l'on verrait des fragments de porcelaine se recombiner en tasses de porcelaine et où un bureau en désordre évoluerait régulièrement en bureau bien rangé ne violerait aucune loi de la Nature. La raison pour laquelle on voit les choses aller invariablement de mal en pis dans les systèmes fermés est que les conditions de départ nécessaires pour que se manifeste un ordre croissant sont extraordinairement rares, et la probabilité qu'elles apparaissent dans la réalité, infime. Les morceaux de porcelaine devraient tous se mouvoir exactement à la vitesse voulue, et ce, dans la direction adéquate, de telle manière qu'ils puissent reconstituer une tasse. Il y a bien plus de possibilités effectives qu'un bureau aille de l'ordre vers le désordre que l'inverse. C'est donc la haute probabilité que se manifestent les conditions plutôt « typiques » dont le désordre va probablement résulter, qui est responsable de cette loi, illusoire, génératrice de désordre dans la Nature.

L'exemple du second principe de la thermodynamique nous signale l'importance qu'il y a à comprendre les conditions initiales, en particulier dans des situations qui sortent de l'ordinaire. Car, sans cette compréhension, nous pourrions être amenés par erreur à rechercher dans une théorie de tout des explications qu'elle serait incapable de nous fournir. Du reste, nous voyons comment le choix (ou l'accident) des conditions initiales crée une directionalité du temps dans un environnement physique donné. La « flèche » de l'accroissement de l'entropie est un reflet de l'improbabilité des conditions initiales qui mènent à un abaissement de l'entropie au sein d'un système physique fermé.

Où que nous portions le regard dans l'Univers, nous nous apercevons que les systèmes physiques évoluent dans le même sens, de l'ordre vers un état de complet désordre appelé « équilibre thermique ». Ce phénomène ne peut être une conséquence des lois connues du changement, car, à leur niveau le plus fondamental, ces lois sont symétriques vis-à-vis du temps — elles permettent le renversement dans le temps de toute séquence événementielle autorisée. Les conditions initiales jouent un rôle décisif en donnant au monde le sens de sa direction temporelle. Plus loin, lorsque nous discuterons de la cosmologie quantique, nous explorerons certaines des conséquences suscitées par les conditions initiales, des conséquences dramatiques pour l'Univers entier. On comprendra qu'une ordonnance prescrivant une haute dose de conditions initiales soit indispensable si l'on veut comprendre l'Univers observé. Une théorie de tout a besoin d'être complétée par une telle prescription qui fait appel à la simplicité, au naturel, à l'économie, ou à d'autres notions également métaphysiques pour étayer sa crédibilité. La seule véritable alternative, semble-t-il, consiste à parier que le type de description mathématique de la Nature que nous connaissons et auquel nous sommes attachés — celui des équations causales avec conditions initiales — n'est qu'un artefact de nos types de pensée préférés et seulement une approximation de la vraie nature des choses. À un niveau plus profond, une ligne de partage nette entre ces aspects de la réalité que nous appelons habituellement « lois » et ceux que nous définissons maintenant comme « conditions initiales » pourrait tout simplement ne pas exister.

Le temps sans le temps

Il n'y a rien de nouveau sous le soleil. L'Ecclésiaste

Leibniz et Laplace durent admettre tous deux que le déterminisme poussé à la perfection produisait une étrange conséquence. Si toutes nos lois du mouvement sont établies sous la forme d'équations déterminant uniquement et complètement le futur à partir du présent, alors, muni d'une connaissance parfaite de l'état initial, il serait possible, pour un être supérieur, de prédire toute l'histoire future de l'Univers avec ce seul matériau de base. Bien que les formulations de Laplace sur ce phénomène aient souvent été citées et que le concept de déterminisme en physique classique se soit paré du titre de « déterminisme laplacien », il existe un énoncé antérieur et plus explicite de cette idée dans le livre remarquable de Boscovich, évoqué au chapitre précédent, qui fut publié en 1758. Au sujet du déterminisme et de la continuité du mouvement, il écrit ce qui suit :

> Un point matériel quelconque, en écartant les mouvements libres, fruits de la volonté arbitraire, doit décrire une ligne courbe continue, dont la détermination peut être réduite au problème général suivant. Soit un nombre de points matériels et soit, pour chacun d'eux, le point d'espace qu'il occupe à un instant donné quelconque ; soit aussi la direction et la vitesse du mouvement initial s'ils ont été projetés, ou le mouvement tangentiel s'ils étaient déjà en mouvement ; et soit la loi de forces exprimée par une courbe continue [comme sa loi de force représentée à la figure 2.1 du précédent chapitre]... Il faut trouver la trajectoire de chacun de ces points [...] À ce stade, bien qu'un problème de ce type dépasse largement les capacités intellectuelles humaines, n'importe quel géomètre peut facilement comprendre que, jusqu'ici, ce problème est déterminé [...] un esprit possédant la puissance d'analyse requise pour traiter correctement un tel problème, et assez brillant pour entrevoir sa solution (et un tel esprit devrait même être « fini », vu que le nombre de points est fini, et que la notion de la courbe représentant la loi de force fut établie par une représentation finie), un tel esprit, disais-je, pourrait, à partir d'un arc continu décrit dans un intervalle de temps, aussi petit soit-il, trouver la loi de force elle-même [...] Maintenant, si la loi de force était connue, ainsi que la position, la vitesse et la direction de tous les points à un instant quelconque donné, il lui serait possible de prévoir tous les états et mouvements nécessaires et subséquents, et de prédire tous les phénomènes qui en découlent nécessairement.

Plus tard, les détails pratiques indispensables à une connaissance aussi parfaite allaient être l'affaire des scientifiques. Au XXe siècle, la théorie quantique contestera le principe selon lequel un tel savoir puisse vraiment être acquis par un observateur quelconque, voire la possibilité même d'un tel principe. Mais laissons maintenant de côté ces importantes questions et examinons l'une des conséquences saisissantes de l'univers rigide et déterminé décrit par Boscovich, Laplace et Leibniz, et qui alimente la plupart des préoccupations quotidiennes des physiciens dont le travail n'est pas directement affecté par les ambiguïtés de la mécanique quantique.

Dans un monde complètement déterminé, toute l'information relative à sa structure est implicite dans les conditions initiales. L'existence du temps est un mystère. Sa réalité n'est pas nécessaire. Il n'est pas nécessaire que quelque chose « arrive » ; tout est contenu dans les lois et les conditions initiales. La première réaction devant cet énoncé est de supposer que les lois de la Nature sont des algorithmes qui prédisent le futur à partir du passé. Mais nous avons vu que les lois sont équivalentes à des principes d'invariance, et qu'elles sont donc des énoncés stipulant qu'une quantité ne change pas. Sous le carcan du déterminisme, le temps apparaît comme superflu. Toute chose en devenir est implicite dans l'état de départ. Notre présent contient toutes les informations nécessaires pour reconstruire le passé et prédire l'avenir. Voici une phrase troublante de Joseph Conrad tirée de *Au cœur des ténèbres* :

> L'esprit de l'homme est capable de tout — car toute chose est en lui, aussi bien tout le passé que tout l'avenir.

Cette situation a toujours suscité un dilemme dans le milieu scientifique de l'ère préquantique. Débattant au XIXe siècle sur la plausibilité comparée de l'évolution darwinienne et du créationnisme (qui propose une création spéciale du monde vivant dans sa prodigieuse diversité), plusieurs commentateurs scientifiques firent valoir la convergence profonde de ces deux thèses, car l'état présent de l'évolution du monde ne peut être que le reflet précis de conditions initiales particulières. D'autres se tourmentaient au sujet du problème du libre arbitre dans un monde rigidement déterminé. Considérant ce problème, James Clerk Maxwell fut conduit à mesurer le gouffre qui sépare le déterminisme théorique du déterminisme effectif.

Il existe quantité de phénomènes physiques, des conditions météorologiques aux battements du cœur, où la moindre incertitude dans notre connaissance de l'état du système à un moment donné débouche sur une perte totale de l'information sur son état après une très courte période de temps. Des « présents » presque identiques conduisent à des futurs très différents. De tels systèmes sont appelés « chaotiques ». Leur caractère généralisé engendre nombre des phénomènes complexes de la vie : l'économie, les fluctuations du marché monétaire ou bien les variations climatiques. Dans ces situations, il importe peu de connaître avec précision les lois qui régissent les changements, car on ne peut établir avec une précision parfaite l'état présent des choses. Notre aptitude à prévoir les choses rapidement s'étiole. Il fallut, curieusement, un temps fou aux scientifiques pour reconnaître l'influence écrasante d'une telle sensibilité aux conditions initiales dans le monde réel. Aveuglés par le déterminisme mécanique newtonien et les avancées technologiques qui s'ensuivirent, les scientifiques ont souscrit jusqu'au bout à ces « lois que rien jamais ne brisera » et qui constituèrent longtemps, pour eux, l'aspect caractéristique dominant du monde. Seuls les plus grands penseurs du XIXe siècle, comme Maxwell et Poincaré, reconnurent la vraie nature des choses qui, trop souvent, nous rend incapables de prédire le véritable futur, même munis des lois précises de la Nature. Les conceptions de Maxwell sur la question du libre arbitre effectif le conduisirent à reconnaître que les nombreuses séquences des événements naturels dépendaient à l'extrême de leurs conditions initiales précises. Plus tard, les efforts d'Henri Poincaré pour comprendre la dynamique des mouvements planétaires dans notre système planétaire le conduisirent de même à estimer que

> [...] une cause minuscule qui échappe à notre attention détermine un effet considérable qu'il est impossible de ne pas voir, et nous disons alors que l'effet est dû au hasard. Si nous connaissions exactement les lois de la Nature et la situation de l'Univers au moment initial, nous pourrions prédire la situation exacte de ce même univers à un moment futur. Mais même si les lois de la Nature n'avaient plus de secret pour nous, nous ne pourrions connaître la situation initiale que *de manière approximative*. Si cela nous permet de prédire la situation future avec la même *approximation*, nous sommes alors comblés et nous pouvons affirmer que le phénomène a été prédit, qu'il est régi par des lois. Cependant, il n'en est pas toujours de même ; il peut arriver que de petites différences dans les conditions initiales en produisent de très grandes dans la situation finale. Une petite erreur dans les premières en produira une énorme dans la situation finale. Les prédictions deviennent impossibles et nous sommes en présence du phénomène fortuit.

Ici, Poincaré remarque que l'extrême sensibilité de l'évolution par rapport à l'état actuel du mouvement produit un comportement erratique et très complexe qui ne peut être complètement retracé par ses antécédents effectifs. Il est donc considéré comme un phénomène « aléatoire » par ceux qui l'observent. Il n'y a rien d'intrinsèquement indéterminé dans les mouvements concernés. Si nous pouvions avoir une connaissance parfaite des conditions initiales, nous pourrions prédire parfaitement le comportement futur. Ce que nous savons maintenant et que Poincaré ignorait, c'est que les aspects quantiques de la réalité nous empêchent d'acquérir une connaissance si totalement dénuée d'erreurs, non seulement effective mais aussi *théorique*, des conditions initiales. D'ailleurs ces restrictions quantiques ne sont pas si loin de l'expérience. Si l'on devait frapper une balle de billard aussi précisément que l'incertitude quantique de la nature le permet, il suffirait d'une douzaine de collisions sur les côtés de la table et avec les autres balles pour que cette incertitude s'amplifie au point de courir toute l'étendue du billard. Les lois du mouvement ne nous apprendraient donc rien sur la trajectoire individuelle de la balle.

Avant de laisser ces observations prémonitoires de Maxwell et Poincaré, il serait passionnant de rechercher dans l'œuvre de Boscovich ses conceptions sur la façon dont quelque « esprit » appréhenderait le contenu de tout mouvement. Il semble reconnaître l'inéluctabilité d'influences perturbatrices dans la réalité, mais non leur caractère instable. Et il nous met en garde contre tout espoir d'obtenir une connaissance intégrale à partir du déterminisme :

> Nous ne devons pas aspirer à un tel état de chose, non seulement parce que l'intellect humain n'est pas capable d'assumer une telle tâche, mais aussi parce que nous ignorons le nombre, ou la position et le mouvement de chacun de ces points [...] Il y a aussi une autre raison : les mouvements libres produits par des substances spirituelles affectent ces courbes.

Nos rêves d'omniscience, à travers une théorie de tout, sont contrariés par le problème supplémentaire né de l'ubiquité des phénomènes chaotiques. Même si nous pouvions surmonter le problème des conditions initiales pour déterminer l'état de départ le plus naturel ou porteur d'une logique exceptionnelle, nous devrions sans doute affronter l'inévitable incertitude qui entoure la spécification de l'état initial. Ce qui rendrait impossible la prédiction exacte de l'état futur de l'Univers. Seuls seront possibles des énoncés statistiques.

Les axiomes du chaos

> *« En mathématique, disait David Hilbert, il n'y a pas d'ignorabimus... Il faut que nous sachions, et nous saurons. » Comme beaucoup d'autres affirmations proférées par des scientifiques âgés et à la réputation immaculée, celle-ci était complètement fausse.*
> Ian STEWART

L'analogie entre les conditions initiales des lois déterministes de la Nature et les axiomes des structures logiques peut être poussée un peu plus loin et nous révéler les aspects chaotiques et aléatoires inattendus des systèmes axiomatiques, qui les empêchent de répondre à certaines questions : qu'il y ait, par exemple, un nombre de faits mathématiques qu'on ne puisse relier par déduction des axiomes. De plus, les notions de complexité et réductibilité algorithmiques introduites au chapitre 1 sont les outils les plus appropriés pour la compréhension. On peut associer une certaine quantité d'informations avec les axiomes et les lois du raisonnement, ce qui établira un système axiomatique particulier et définira son contenu informationnel comme étant la taille du programme d'ordinateur qui recherche tous les enchaînements de déductions et démontre tous les théorèmes possibles. On peut en déduire qu'il est impossible de démontrer qu'un nombre dont la complexité est supérieure à celle du système axiomatique ne peut être aléatoire. Si l'on tente de pallier ce défaut en rajoutant des axiomes ou des lois d'inférence pour accroître le contenu informationnel du système, il existera toujours des nombres encore plus grands dont le caractère aléatoire ne peut être démontré. Il y a des limites réelles au pouvoir des mathématiques.

Plus frappant encore, le mathématicien américain Gregory Chaitin a exploré les conséquences de ce système de pensée dans le cadre d'un problème mathématique fameux. Si nous écrivons une équation reliant deux (ou plus) quantités x et y, soit

$$x + y^2 = 1$$

et si nous ne limitons pas les valeurs de x et y à des nombres entiers, il y a alors une infinité de paires (x, y) qui sont des solutions de l'équation (par exemple, $x = \frac{3}{4}$ et $y = \frac{1}{2}$). Mais supposons que nous souhaitions vérifier les solutions pour lesquelles x et y sont tous les deux des entiers positifs. On appelle cela un « problème diophantien » en l'honneur de Diophante d'Alexandrie, le plus grand algébriste de l'Antiquité. Dans notre exemple élémentaire, $(x, y) = (1,0)$ ou $(0,1)$ sont les seules solutions. Un problème diophantien moins banal est celui provoqué par le dernier théorème de Fermat. Alors qu'il étudiait l'œuvre célèbre de Diophante, *Arithmétique*, l'avocat Pierre de Fermat rédigea, en marge, cette observation :

> Il est impossible de décomposer un cube en la somme de deux cubes, une puissance quatre en puissance quatre, ou de manière générale, de décomposer toute puissance supérieure à deux en la somme de deux puissances de même rang ; de ce qui précède, j'ai trouvé une preuve remarquable. La marge est trop petite pour la contenir.

Aujourd'hui, personne ne croit que Fermat ait pu trouver une telle preuve et, à ce jour, le problème est demeuré insoluble [1]. En notation moderne, Fermat affirma détenir la preuve qu'il n'y avait *aucune* solution en entiers positifs x, y et z à l'équation

$$x^n + y^n = z^n$$

où n est un entier plus grand que 2. Toutes les autres conjectures mathématiques de Fermat ont été soit démontrées soit réfutées. C'est pourquoi ce théorème, le plus remarquable, est appelé le « dernier théorème de Fermat ».

Plus généralement, nous pourrions écrire une équation diophantine contenant un paramètre indicatif qui pourrait prendre une quelconque valeur entière 1,2,3,4,... et ainsi de suite ; par exemple,

$$x + y^2 = q$$

se réduit à l'exemple ci-dessus lorsque $q = 1$. Maintenant, supposons que nous représentions une équation diophantine particulière qui contienne les variables différentes x_1, x_2, x_3,..., x_m, au lieu de deux seulement (x et y), de même que la quantité q. On représente schématiquement cette équation à m variables par

$$P(q, x_1, x_2, x_3, \ldots, x_m) = 0$$

Chaitin se demanda si une telle équation type a un nombre de solutions limité ou infini pour $q = 1, 2, 3,\ldots$ À première vue, cela semble n'être qu'une petite variante de cette éternelle question : y a-t-il une solution entière à cette équation pour chaque $q = 1, 2, 3,\ldots$? La réponse à cette question est infiniment plus difficile à trouver. Il s'avère qu'il n'y a aucun moyen de déterminer la réponse qui est aléatoire en ce sens qu'elle requiert davantage d'informations pour être trouvée que n'en contient le problème. On ne peut la calculer en la réduisant à d'autres faits mathématiques et axiomes.

1. *N.d.T.* : Depuis la rédaction de ces lignes, les événements se sont précipités.

L'arithmétique elle-même est en partie aléatoire. Certaines de ses vérités peuvent être vérifiées uniquement par l'investigation expérimentale. Vu sous ce jour, cela commence à ressembler un peu à de la science.

Le temps cosmologique

Le temps est l'outil que Dieu utilise pour empêcher les phénomènes de se produire tous au même moment. Graffiti texan anonyme

Dans la plupart des problèmes scientifiques, les conditions initiales sont plutôt banales. Nous les préparons de telle ou telle manière de façon à mieux observer un certain type d'effet dont nous supposons la venue. Mais en cosmologie — étude de la structure et de l'évolution de l'Univers en tant que tout —, la situation est somme toute plus intéressante. Car sans quelque connaissance de ces conditions initiales cosmiques, notre compréhension de l'Univers demeure sérieusement incomplète. Une théorie de tout nous empêcherait même de comprendre les conditions du commencement de l'Univers. Dans une série donnée de nombres, nous pourrions deviner la relation qui les unit. Cette relation permet de prévoir le nombre suivant, et de comprimer aussi toute la série en une expression algorithmique. Mais nous serions incapables de dire pourquoi elle commence à ce point particulier. Cependant, ce qui singularise vraiment le problème des conditions premières cosmologiques, c'est qu'elles engendrent des conséquences métaphysiques. S'il y a des conditions initiales particulières qui inscrivent l'évolution de l'Univers dans le mouvement qui mène au présent, qu'est-ce qui, alors, sélectionne ces conditions plutôt que n'importe quelles autres ?

Les conditions initiales déterminent en gros la structure de l'Univers dans ses dimensions les plus grandes. Elles concourront à fixer la taille de l'Univers, sa forme, sa température et sa composition. Maintenant la situation apparaît bien nette. Il y a des conditions initiales particulières qui conduisent à l'état présent observé. Tout ce qu'on peut espérer est de découvrir leur nature. Mais nous verrons que la situation est plus intéressante encore, et que depuis plus de vingt-cinq ans, l'attitude des cosmologistes envers la question des conditions initiales a nourri toutes nos idées sur la structure de l'Univers. Et comme ces conditions initiales se sont mises en place il y a plus de dix milliards d'années quand l'Univers ressemblait à un immense laboratoire de physique des hautes énergies, leur prise en compte engendre une convergence entre la cosmologie et nos conceptions sur la structure ultime des particules élémentaires. La question de la nature et de l'état présent de l'Univers est inextricablement liée à celle de la nature et de l'état présent de la physique fondamentale.

Commençons par explorer les ramifications et les options des représentations cosmologiques traditionnelles comportant une distinction fondamentale entre lois de la Nature et conditions initiales.

Lorsque Hubble découvre à la fin des années 1920 que l'Univers est en état d'expansion globale, on en conclut que l'Univers dut avoir un « commencement », en ce sens que l'état présent d'expansion ne peut être indéfiniment prolongé dans le passé. Il semble que nous rencontrions un moment où la densité est infinie et toute la matière comprimée en un volume nul. Plus tard, au milieu des années 1960, cette description du big bang fut renforcée par la découverte d'un champ de rayonnement thermique, grandement refroidi par l'expansion, dont on avait prédit l'existence en tant que vestiges de l'état chaud initial. Par la suite, l'étude minutieuse des modèles de l'Univers en expansion découlant de la théorie de la relativité générale d'Einstein confirma des prédictions plus détaillées sur l'état supposé de l'Univers âgé d'une seconde. Les cosmologistes modernes acceptent généralement l'idée que le comportement général de l'Univers de l'âge d'une seconde jusqu'à l'état présent, quelque quinze milliards d'années plus tard, est maintenant bien établi. Cela ne veut pas dire que nous comprenions tout ce qui s'est passé. Nous ne savons pas par quels processus précis les galaxies se sont formées, mais ce type de processus exerce en fait une influence négligeable sur le cours de l'expansion globale. Avant une seconde, comptée à partir du début apparent de l'Univers, on se trouve sur un terrain quelque peu mouvant. Nous n'avons pas de vestiges fossiles directs des balbutiements de l'Univers étayant la reconstitution de son histoire. Pour reconstruire l'histoire de l'Univers aux premiers instants, il est nécessaire de connaître le comportement de la matière à des énergies bien plus grandes que ne le permettent les expérimentations terrestres. De fait, l'étude des premières étapes de l'histoire de l'Univers constitue peut-être le seul moyen de vérifier nos théories sur le comportement de la matière aux très hautes températures. Car si certaines particules élémentaires hypothétiques existent vraiment, elles auraient dû survivre au big bang en si grand nombre que leur force d'attraction gravitationnelle générerait aujourd'hui une décélération de l'expansion de l'Univers bien plus élevée que celle qui est constatée.

Nous sommes ainsi pris dans un cercle vicieux. S'il est nécessaire de connaître le comportement des particules élémentaires de matière pour comprendre l'Univers primordial, il faut connaître l'état de cet Univers primordial pour découvrir le comportement des particules élémentaires.

Ce souci bien présent à l'esprit, continuons néanmoins à extrapoler notre description au moyen des derniers concepts de la physique des particules élémentaires, pour établir l'historique probable ou possible d'un passé lointain et obscur.

Traditionnellement (mais c'est toujours vrai), on rencontre trois attitudes distinctes envers le problème des conditions initiales cosmologiques :

- montrer qu'elles sont inexistantes,
- montrer que leur influence est minime,
- montrer qu'elles ont une forme particulière.

La première option trouve sa source dans le concept d'un Univers sans commencement, dépourvu d'état initial. Cette position fut soutenue avec intransigeance par Hermann Bondi, Fred Hoyle et Thomas Gold qui introduisirent la théorie de l'*état stationnaire* de l'Univers en 1948. Cette théorie particulière s'opposait à des observations faites de longue date, ses détails caractéristiques importent peu dans notre présente discussion. Ce qui est intéressant, c'est la volonté de ses auteurs d'écarter toute époque spécifique de l'histoire de l'Univers, à l'instar de Copernic lorsqu'il nous suggère de ne pas privilégier un lieu quelconque de l'Univers. Évidemment, si l'expansion (ou l'existence) de l'Univers débute à un moment donné du passé, ou bien s'il cesse de s'étendre (ou d'exister) à un moment quelconque du futur, ces moments sont alors des temps singuliers pour tout observateur. Les partisans de l'*état stationnaire* appelèrent l'extension du principe copernicien d'une localisation spatiale à une localisation spatiale *et* temporelle, le *principe cosmologique parfait* (un titre qui provoqua la remarque suivante de Herbert Dingle : « Ce principe, c'est un peu comme si l'on disait qu'une épée est un outil agricole. » Dans le même ordre d'idées, des Américains suggérèrent que la thèse d'un Univers « invariable » dans le temps n'est qu'un moyen, pour ceux qui la soutiennent, de s'assurer que l'Angleterre existera toujours). Bien que cet Univers stationnaire se dilate, il conserve une densité constante à tout moment, moyennant l'hypothèse d'une matière continûment créée dans une proportion qui compense exactement la raréfaction qui résulterait de l'expansion. Cette création continue contraste avec les modèles cosmologiques du big bang de cette époque, qui présentent un Univers créé une fois pour toutes. Le fait que le taux de création compense exactement les effets de l'expansion était assuré automatiquement et ce taux était si minime, moins d'un atome par mètre cube tous les dix milliards d'années, qu'il ne pouvait être détecté directement.

Cependant, quoique cette théorie n'envisage pas de véritable commencement de l'Univers — son expansion est éternelle, avec une vitesse moyenne constante —, il faut de toute façon spécifier ses paramètres de définition : il n'existe pas d'Univers stationnaire unique. La valeur constante de sa densité de matière universelle ou, de manière équivalente, son taux de création constant, ou encore sa vitesse universelle d'expansion, doivent être expliqués. Nous devons spécifier certaines conditions à un certain moment pour définir ce modèle. Une théorie de tout pourrait nous proposer un Univers sans commencement dans le temps et dont l'expansion est comparable à celle de l'Univers stationnaire. Cependant, de nombreux phénomènes demeureraient inexpliqués : la vitesse d'expansion de l'Univers, son déséquilibre entre matière et antimatière et l'origine des galaxies.

Cette incomplétude logique caractérise tout modèle cosmologique dont on suppose l'infinie vieillesse. Elle nécessite néanmoins d'autres caractéristiques qui joueront le rôle de conditions « initiales », même s'il n'existe pas, à proprement parler, de moment « initial » au sens temporel. Dans un Univers infiniment vieux, les conditions initiales doivent s'établir dans un passé temporel infini.

Il est intéressant de penser que durant des siècles, les philosophes et les théologiens ont tenté de résoudre de manière purement conceptuelle la question de savoir si l'Univers pouvait ou non être infiniment vieux. On a, en fait, tenté de démontrer l'inéluctabilité d'une certaine contradiction logique inhérente à la notion d'un temps infini dans le passé. Et certains continuent à le faire. De tels concepts sont à rapprocher des arguments cosmologiques sur l'existence de Dieu, arguments destinés, d'une part, à démontrer la nécessité d'un commencement de l'Univers dans le temps, et d'autre part, à montrer (et à assumer en pratique) la nécessité d'un créateur. Voilà un argument à manier avec précaution. Dans une variante commune de cet argument, on insiste sur le fait que tout ce que nous voyons doit avoir une cause et que l'Univers doit donc en avoir une, lui aussi. Mais cet argument comporte une contradiction dangereuse. L'Univers n'est pas une « chose » dans le sens de tous les autres exemples cités. C'est un ensemble de choses ou bien, comme l'a décrit Wittgenstein, « une entité constituée de la totalité des faits ». Notre argument revient, en fait, à affirmer que si tous les membres des clubs de bridge ont une mère, tous les clubs de bridge doivent en avoir une également. On pourrait aussi contester l'argument selon lequel tout événement a nécessairement une cause. Dans l'univers brumeux de la théorie quantique, ce n'est plus du tout nécessaire. On ne peut pas relier les observations individuelles à des causes spécifiques selon certaines interprétations de la théorie quantique. Voilà, en effet, une des raisons pour laquelle une description quantique de l'Univers global peut en principe donner une description de la création de l'Univers matériel sans faire appel à une quelconque cause initiale directe.

Lorsque que l'on discute des caractéristiques de l'Univers stationnaire que l'on doit spécifier pour compléter l'enseignement tiré des lois de la Nature, on mentionne la vitesse d'expansion de l'Univers mais jamais sa forme. Une des caractéristiques inhabituelles du modèle de l'*état stationnaire* est sa stabilité quelles que soient les influences qui pourraient l'empêcher d'avoir la même vitesse d'expansion dans toutes les directions célestes. Qu'un événement violent survienne quelque part dans l'Univers, ou qu'une déité intervienne ponctuellement pour accélérer son expansion dans une direction quelconque, alors, le temps passant, ces déviations de l'état requis par le principe cosmologique parfait s'effaceraient rapidement et l'expansion retrouverait un état symétrique parfait. Une telle propriété constitue une caractéristique attrayante de tout modèle cosmologique, car on sait maintenant que notre Univers se dilate à la même allure, très précisément, dans toutes les directions. En cherchant une explication naturelle à ce fait surprenant, on tombe sur la seconde des trois approches générales conçues pour comprendre les conditions premières de l'Univers.

L'influence des conditions initiales en cosmologie révèle leur aspect le plus embarrassant : elles constituent le domaine le plus incertain de nos connaissances. Nous ne saurons peut-être jamais comment (ou si) l'Univers a commencé. C'est pourquoi il y a toujours eu une école cosmologique qui trouve plus commode de chercher une explication de la structure présente de l'Univers où les conditions initiales inconnaissables jouent un rôle minime. Mais peut-on expliquer un tel phénomène ?

Il existe de nombreux systèmes physiques qui perdent rapidement la mémoire de leurs conditions initiales. En d'autres termes, leur état futur est quasi identique quelles que soient leurs conditions de départ. Si vous remuez un grand pot de mélasse vigoureusement, celle-ci reprendra rapidement sa forme égale, de quelque façon que vous l'ayez remuée. Si vous laissez tomber une pierre d'une altitude suffisamment élevée, elle heurtera le sol à une vitesse essentiellement identique, quelle qu'ait été la force de lancement initiale, car les effets opposés de la gravité, qui accélère la chute de la pierre, et de la résistance de l'air, qui la ralentit, concourent toujours à créer une situation où ils ont un effet égal et opposé. La pierre ne subira alors aucune force nette et tombera à une vitesse constante. L'Univers pourrait suivre un processus similaire. Les cosmologistes ont consacré la plus grande partie des années 1970 à la recherche des processus physiques naturels qui ont dû apparaître dans les stades primordiaux de l'Univers et qui rendent son état présent quasi inéluctable, quel que soit le détail des conditions de départ. Ils espéraient expliquer, en particulier, pourquoi l'Univers visible possède la propriété remarquable de s'étendre à la même vitesse dans toutes les directions. Si l'on pouvait démontrer que, pourvu qu'on attende le temps nécessaire (mais la vie est un très long processus évolutif), si diverses qu'aient été les vitesses d'expansion dans les différentes directions au commencement de l'Univers, nous trouverons toujours des vitesses d'expansion quasi identiques dans toutes les directions, parce que les processus physiques se manifestent toujours par un transport d'énergie d'un endroit à un autre et par la disparition des disparités dans l'expansion de l'énergie entre les différentes directions.

Ce scénario semble attrayant. Malheureusement, les premières tentatives pour le mettre en œuvre furent des échecs retentissants. Le problème principal est que l'égalisation des irrégularités fait partie de ces processus qui sont régis par le second principe de la thermodynamique. L'irrégularité de l'expansion peut être réduite uniquement si cette réduction partielle du désordre (ou *entropie*) est compensée par une production d'entropie encore plus grande, sous une autre forme. En pratique, cette entropie compensatrice apparaît sous la forme de rayonnement thermique. Ainsi, si nous construisons une chaise à partir de morceaux de bois épars, nous ne violons pas le second principe, car, pour ce faire, nous produisons un effort mental et physique intense, qui se manifeste par la chaleur émise par nos corps. Cependant, il se trouve que l'Univers, aujourd'hui, contient peu de rayonnement thermique et que, par conséquent, l'égalisation des irrégularités dans le passé est un événement très rare. En outre, même si cette égalisation advenait, il existe un vaste ensemble de modèles cosmologiques dans lequel l'égalisation des irrégularités ne pourrait aujourd'hui s'accomplir. Les effets de l'égalisation ne sont pas assez puissants pour surmonter la tendance latente des conditions initiales de certains univers possibles à se déformer de plus en plus.

Conséquence de ces découvertes négatives, les cosmologistes furent quelque peu déçus, vers la fin des années 1970, par ce modèle explicatif de la régularité à grande échelle de l'Univers. C'est alors qu'apparaît une idée nouvelle. Alan Guth montra que si la vitesse d'expansion de l'Univers à ses débuts pouvait être beaucoup augmentée pendant une courte période, on pourrait expliquer sa structure présente en réduisant au minimum la spécification des conditions initiales, sans s'inquiéter de la production excessive de chaleur.

Un Univers inflationnaire constitue la bonne solution pour aboutir à ce résultat. On souhaiterait que cette solution soit basée sur l'existence de certains types de matière qui, de fait, se comportent comme engendrant une répulsion plutôt qu'une attraction gravitationnelle. Cela est possible parce qu'ils possèdent une pression négative, ou tension, et que la théorie de la relativité stipule que toutes les formes d'énergie — la pression en est une — subissent la force de gravité parce qu'elles sont équivalentes à une masse (de par la célèbre formule d'Einstein $E = mc^2$ qui relie l'énergie E à la masse m et à la vitesse de la lumière c). Si une telle tension peut apparaître au cours des premiers moments de l'expansion de l'Univers, la gravitation ne ralentit plus alors l'expansion de l'Univers. Au lieu de cela, elle concourt à l'*accélérer*. La période d'accélération est appelée l'*inflation* de l'Univers. Elle entraîne la diminution extrêmement rapide de toutes les influences déformantes. L'Univers connaît alors un état d'expansion hautement symétrique, ce qui explique l'état résiduel d'extrême régularité que nous observons encore aujourd'hui. Si la période d'inflation est très courte, elle suffit à aplanir toutes les irrégularités présentes au commencement et à les réduire à un niveau infinitésimal. Elle passe l'éponge, en quelque sorte. Donc, cette période d'inflation expliquerait l'expansion régulière que l'on observe actuellement, sans en appeler à des conditions initiales par trop particulières. En fait, ce n'est pas tout à fait vrai. On peut toujours sélectionner délibérément des conditions initiales qui ne seront pas suffisamment amorties par une période d'inflation prédéterminée. Mais, réciproquement, si les conditions initiales sont choisies les premières, il existera toujours une quantité d'inflation suffisante. C'est un peu le problème de l'œuf et de la poule. Si vous êtes autorisé à choisir la période d'inflation après avoir sélectionné les conditions initiales, vous pourrez toujours expliquer l'observation. Mais si la période d'inflation est fixée la première par les lois et les constantes de la Nature, alors il y aura toujours des conditions initiales dont l'influence ne pourra être neutralisée par le présent. La réponse à la question « que devrait-on choisir en premier lieu ? » dépend, à un niveau profond, de l'idée que l'on se fait des conditions initiales et de leur relation avec les lois de la Nature. Si l'on retient la conception classique selon laquelle les conditions initiales sont indépendantes des lois de la physique, il faudra alors, en l'absence d'informations contraires, concevoir les conditions initiales de l'Univers comme librement spécifiables. Mais dans ce cas, elles n'auraient qu'un statut secondaire vis-à-vis des lois et des constantes de la physique. On peut envisager assez facilement des conditions initiales différentes. Nous sommes habitués à les spécifier librement chaque fois que nous utilisons en laboratoire les lois de la physique. Mais altérer une loi de la Nature ou la valeur d'une constante est un acte bien plus radical. Il semble donc plus raisonnable de penser que les constantes et les lois de la physique, et donc la durée de toute période d'inflation, ont été fixées *avant* la spécification des conditions initiales. Dans cette option, l'inflation ne peut pas toujours conduire à l'Univers observé quelles que soient les conditions initiales. Il est toujours possible que les conditions de départ infructueuses soient en quelque sorte « improbables », mais la question de savoir ce qui distingue un état initial probable d'un état improbable est toujours ouverte.

Dans la vision classique du big bang et de l'Univers en expansion, l'uniformité relative de l'Univers observé, en des lieux différents, demeure un mystère. Pour comprendre ce mystère, nous devons d'abord faire la différence entre l'Univers entier, supposé se répandre à l'infini, et l'« univers visible », qui constitue une partie de cet Univers dont la lumière voyage dans le temps depuis le début de l'expansion. On peut envisager l'univers visible comme une sphère, centrée sur nous, d'un rayon approximativement égal à quinze milliards d'années de lumière. Quinze milliards d'années de lumière représentent la distance parcourue par la lumière pendant quinze milliards d'années, une bonne estimation, semble-t-il, du temps écoulé depuis le début apparent de l'expansion. (Il s'agit d'une moyenne raisonnable tirée des différents éléments de l'observation qui situe l'ancienneté de l'expansion universelle dans une fourchette de 13 à 18 milliards d'années.) Nous ne savons rien de l'Univers à l'exception des faits observés dans sa portion visible finie. On ne peut dire, par exemple, si l'Univers entier est fini ou infini à partir des seules observations de l'univers visible.

Ce dernier présente une remarquable uniformité à grande échelle. Cette région visible était, dans le passé, de taille plus petite. Par exemple, âgé d'une seconde, l'univers actuellement visible était sans doute inscrit dans une région d'une année-lumière et demie seulement. Âgé de 10^{-35} seconde, il était comprimé dans un volume d'un centimètre cube à peine. Cela peut paraître extraordinairement petit, mais pour le cosmologiste, c'est encore beaucoup trop grand. C'est 3×10^{25} plus grand que la taille des régions dont les contenus sont en contact causal à cette époque primordiale : car, à ce moment-là, cette distance est simplement de 10^{-35} secondes multipliée par la vitesse de la lumière (3×10^{10} centimètres par seconde, ce qui donne 3×10^{-25} centimètre). La conséquence de cet état de choses est que la région qui correspond à l'univers visible d'aujourd'hui est composée d'un grand nombre de régions totalement indépendantes qui ne pouvaient même pas « connaître » leurs existences réciproques au tout début de l'expansion (voir figure 3.2).

La cause de ce *problème d'horizon*, comme on l'appelle, est évidente dans notre description. L'expansion est trop lente au début, de telle sorte que la portion de l'Univers qui recouvrera notre univers visible d'aujourd'hui doit nécessairement s'être développée à partir d'une région relativement grande aux temps premiers, une

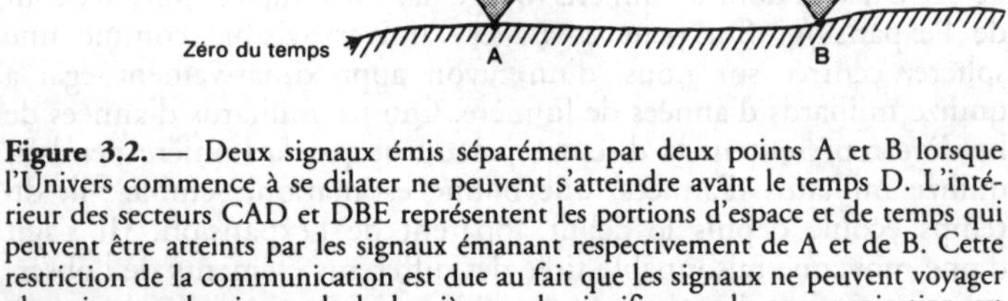

Figure 3.2. — Deux signaux émis séparément par deux points A et B lorsque l'Univers commence à se dilater ne peuvent s'atteindre avant le temps D. L'intérieur des secteurs CAD et DBE représentent les portions d'espace et de temps qui peuvent être atteints par les signaux émanant respectivement de A et de B. Cette restriction de la communication est due au fait que les signaux ne peuvent voyager plus vite que la vitesse de la lumière ; cela signifie que la communication est confinée à l'intérieur des secteurs. Notez que A ne peut prédire le futur. Les conditions à D ne sont pas déterminées seulement par le signal émis par A, mais aussi par le signal transmis par B.

région bien plus grande que n'importe quelle région pouvant être homogénéisée, en ces temps-là, par des processus physiques dont le champ d'action est limité par la vitesse de la lumière. Quoi qu'il en soit, la période d'expansion accélérée qui caractérise les débuts de l'évolution des modèles de l'Univers inflationnaire autorise la totalité de l'univers visible à se développer à partir d'une région plus petite, à une époque aussi reculée que 10^{-35} seconde. En fait, si l'inflation n'a duré qu'un instant éphémère de 10^{-35} à 10^{-33} seconde —, la totalité de l'univers visible peut avoir émergé d'une région égale à la portée des signaux lumineux au tout début des temps. L'uniformité constatée de l'Univers a maintenant une explication plausible. C'est l'image distendue d'une région minuscule, si minuscule qu'elle fut « régularisée » par des processus physiques obéissant aux restrictions imposées à leur portée par la relativité.

Dans la théorie standard du big bang, où cette inflation ne se produit pas, l'Univers observé ne peut avoir émergé d'une région de ce type, cohérente et corrélée causalement. Au lieu de cela, on doit invoquer le rassemblement d'une myriade de régions complètement indépendantes que l'on aurait pu imaginer très différentes les unes des autres et, par là même, constitutives d'un univers visible très différent d'un endroit à un autre.

Cette description nouvelle des débuts de l'Univers diminue radicalement le rôle des conditions initiales, car, bien que l'univers entier visible reflète partiellement la structure de certaines conditions initiales définissant la structure de l'Univers, antérieure à l'apparition de l'inflation, les conditions initiales particulières qui jouent ce rôle représentent seulement une portion minuscule de l'éventail des conditions initiales de la totalité (peut-être infinie) de l'Univers (voir figure 3.3).

Voilà qui est déroutant pour le scientifique. Cela signifie que l'observation de la structure de l'univers visible peut, au mieux, nous renseigner sur une fraction minuscule des conditions initiales caractéristiques des premiers instants de l'expansion universelle. L'observation scientifique ne nous permettra jamais de connaître la structure de la totalité des conditions initiales de l'Univers. Ces conditions sont condamnées à demeurer pour l'éternité dans le royaume de la philosophie et de la théologie. Toute vérification de cette théorie en est rendue extraordinairement difficile. Même si certains types de conditions initiales ne permettent pas à l'inflation, ou à une inflation suffisante, de se manifester, il y aura toujours une partie de l'Univers où des conditions initiales acceptables exis-

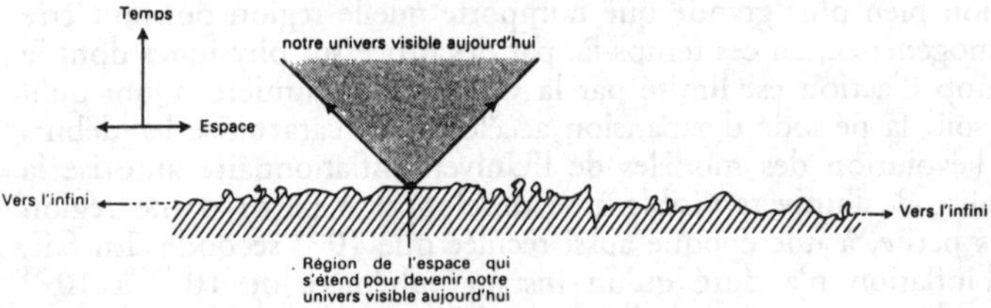

Figure 3.3. — La structure de l'univers visible est déterminée par des conditions couvrant seulement une petite partie des conditions initiales de l'Univers. Si l'Univers est de taille infinie, alors sa partie visible et la part des conditions initiales qui le déterminent ne sont que des portions infinitésimales du tout.

teront et c'est tout ce que nous demandons. Comme nous le verrons dans un prochain chapitre, il devient nécessaire d'explorer en détail le rôle que tient notre propre existence dans l'évaluation de telles théories.

L'image des conditions initiales que l'inflation nous offre est donc un état premier sans doute chaotique ou aléatoire de l'Univers, un peu comme la surface de la mer. Chaque minuscule portion connaîtra une inflation indépendamment de toutes les autres dans une proportion déterminée par les conditions locales. Nous découvrirons que nous vivons dans l'une de ces régions, après qu'elle a connu une grande expansion. L'intérieur de cette région devrait avoir une apparence très régulière et se dilater uniformément. Mais au-delà de ses frontières, il y aurait des régions dont les rayons lumineux n'ont pas encore eu le temps de nous atteindre. Et ces régions inconnaissables auraient, selon toute probabilité, une structure complètement différente. Ainsi, nous disposons d'une description qui peut expliquer pourquoi la portion visible de l'Univers est régulière même si l'Univers, dans son ensemble, ne l'est pas.

La période de l'expansion n'aplanit pas les irrégularités par des processus de production d'entropie comme ceux qui ont été étudiés par les cosmologistes des années 1970. Elle fait plutôt basculer les irrégularités au-delà de l'horizon de notre univers visible, là où on ne peut les voir. Dans cette hypothèse, la totalité des étoiles et des galaxies que nous pouvons observer n'est que le reflet d'une portion minuscule, peut-être infinitésimale, des conditions initiales de l'Univers, dont l'étendue et la structure sont, à jamais, inconnaissables. Une théorie de tout ne serait d'aucun secours ici. L'information contenue dans la partie observable de l'Univers a sa source dans l'évolution d'une petite partie des conditions initiales de tout l'Univers. La somme totale de toutes les observations que nous pourrions faire peut seulement nous renseigner sur une minuscule portion de la totalité.

Il est possible que la ligne de partage rigide entre les lois et les conditions initiales que nous venons d'admettre n'existe pas, et que pour certaines lois, seul un type de condition initiale est permis. C'est une possibilité que nous allons maintenant explorer un peu plus en profondeur.

La dernière de nos hypothèses concerne l'existence d'un type particulier de conditions initiales, en fait une « méta-loi » qui gouvernerait les conditions initiales. La philosophie « inflationnaire » considère que les conditions initiales sont librement spécifiables et que l'inflation est le moyen par lequel on peut démontrer l'influence minime de leur forme précise sur l'observation actuelle, aussi longtemps que les lois de la physique, la nature des particules élémentaires et les constantes de la Nature permettent à ce phénomène magique qu'est l'inflation de se manifester. Par contraste, l'école qui préconise des conditions initiales particulières recherche un lien fondamental entre la notion de lois et les conditions initiales, qui transcende notre expérience habituelle de la physique classique. Traditionnellement, les conditions initiales ne sont pas contraintes par la forme des lois de transformation, sauf dans une très faible mesure. Si la solution d'une équation d'évolution détermine aussi les conditions de départ de manière unique, cela signifiera invariablement que la solution en question est très particulière, et qu'elle ne se réalisera donc probablement pas en pratique. Pour trouver un lien profond entre la forme des lois de la Nature et leurs conditions initiales autorisées, nous devons rechercher une situation où il existe des éléments de type probabiliste concernant la forme possible du comportement évolutif. C'est là quelque chose que l'on peut trouver dans n'importe quelle description quantique des choses. Pour leur plus grande part, ces tentatives visant à relier les lois avec les conditions initiales se sont focalisées sur la cosmologie quantique, un domaine naissant, au développement rapide. Ce faisant, ces tentatives ont mis en évidence d'autres problèmes fondamentaux qui concernent à la fois l'interprétation de la théorie quantique, sur laquelle on a par ailleurs beaucoup écrit, et le *problème du temps*, moins fréquemment abordé.

Le problème du temps

Les Anglais n'étant pas un peuple très mystique, ils ont inventé le cricket pour avoir une idée de ce qu'est l'éternité. George Bernard SHAW

Il existe de longue date une énigme philosophique qui porte sur la nature du temps et que l'on retrouve dans l'œuvre de divers penseurs. On peut la résumer à la question de savoir si le temps constitue un arrière-plan absolu sur lequel se jouent les événements tout en n'étant pas affecté par ceux-ci, ou alors s'il constitue un concept secondaire que l'on peut faire entièrement dériver des processus physiques, ledit arrière-plan étant, en ce cas, affecté par les événements. Si l'on adopte la première description, on peut parler, au sujet de la création de l'Univers physique, d'une question *de temps.* Discuter des événements antérieurs à la création de l'Univers matériel et de ce qui pourrait se passer après sa disparition n'a pas beaucoup de sens. Le temps est ici un aspect transcendant de la réalité, sans début ni fin concevables. Cette conception se rapporte aisément à la notion platonicienne de vérités éternelles ou de schèmes directeurs dans lesquels les réalités temporelles puisent leurs propriétés. Le temps est pourvu, en effet, de nombreuses qualités traditionnellement associées au divin. L'autre option est une idée émanant de l'œuvre aristotélicienne et des écrits des premiers philosophes de la Nature islamiques, reprise par saint Augustin et Philon d'Alexandrie : le temps est quelque chose qui naît avec l'Univers. Avant l'Univers, il n'existait pas, pas plus que le concept « d'avant » : un argument infaillible des scolastiques médiévaux pour contourner de trop difficiles énigmes comme l'*avant*-création du monde et l'activité divine pendant cette période. Fondamentalement, ces conceptions considèrent le temps comme un phénomène dérivé, inextricablement lié aux caractéristiques de l'Univers. Le commencement du temps est ce moment où les constantes et les lois de la Nature apparaissent *ex nihilo* en parfait état de marche. Dans *La Cité de Dieu,* saint Augustin écrit :

> Ensuite, assurément, le monde fut conçu, non pas dans le temps, mais simultanément au temps. Car ce qui est conçu dans le temps est conçu à la fois après et avant un temps — après celui qui est passé, avant celui qui viendra. Mais rien ne peut être passé, car il n'existait aucune créature dont les mouvements auraient pu permettre de mesurer sa durée. Le temps et le monde furent créés simultanément.

Voilà qui est proche de notre expérience quotidienne du temps. Nous mesurons le temps à l'aide d'horloges, qui sont faites de matière et qui obéissent aux lois de la Nature. Nous nous servons des mouvements réguliers, qu'il s'agisse des révolutions terrestres, des oscillations d'un pendule ou des vibrations d'un cristal de césium ; et les « tic-tac » de ces horloges marquent pour nous le passage du temps. Nous ne pouvons accorder aucune signification à la notion de temps en dehors du processus par lequel il est mesuré. Nous pourrions donc adopter un point de vue opérationnel, dans lequel le temps est défini par son seul mode de mesure.

Alors qu'avec la conception transcendantale du temps, nous pourrions parler de corps se mouvant *dans* le temps, dans la deuxième conception, on insiste pour que le temps soit défini par le mouvement des choses. Un des avantages de la première conception est que l'on sait exactement où l'on se trouve et que le temps ne variera pas : il est le même, aujourd'hui, hier, et pour toujours. En revanche, la seconde hypothèse semble annoncer de nouveaux concepts du temps — et pourrait bien supprimer le concept même de temps —, car le contenu matériel de l'Univers altère diversement sa nature. Nous devrions être particulièrement conscients d'une telle possibilité alors que nous faisons marche arrière vers ces instants proches, à l'extrême, du big bang. Car tout instant qui semble être le début du temps se place inévitablement au moment où la notion même de temps est sans doute la plus faible. Dans un univers en expansion et qui change continuellement, la notion opérationnelle du temps pourrait entraîner une conception subtile et variable de cette entité.

Espace et temps absolus

> *Je ne définis pas le temps, l'espace, le lieu et le mouvement comme étant évidents pour tous. Je m'aperçois seulement que le commun des mortels conçoit ces entités comme il conçoit la relation qui le lie aux objets sensibles. De là proviennent certains préjugés...* Isaac NEWTON

L'image d'un temps absolu et transcendant, jalonnant la marche des événements sur une table de billard cosmique, infinie et immuable, constituait le fondement de la description monumentale du monde de Newton. Lorsque l'on connaît les équations qui régissent la transformation spatio-temporelle du monde, on peut déterminer le déroulement complet des événements futurs, à partir des conditions initiales[1]. Le temps apparaît superflu. Tout ce qui doit advenir est programmé dans les conditions de départ.

On pourrait appliquer les lois newtoniennes du mouvement à la description du monde et, ce faisant, remonter le temps. On constate que notre Univers était en expansion. Une description newtonienne conduit donc à affirmer qu'à un moment donné du passé, tout était comprimé jusqu'à taille nulle et jusqu'à une densité infinie. Ce moment, c'est le big bang, un terme employé pour la première fois par Fred Hoyle. Toutefois, en raison de la nature absolue de l'espace et du temps dans la conception newtonienne du monde, on ne peut tirer aucune conclusion et déterminer si le big bang newtonien représente l'origine du temps, sans parler de l'origine de l'Univers. Il s'agit simplement d'un temps passé pour lequel les lois connues prédisent que certaines quantités physiques deviendront infiniment grandes ; nous dirons qu'elles deviennent ici de valeurs infinies. Mais l'espace et le temps suivent leur cours, indifférents...

Leonhard Euler et Roger Boscovich furent les premiers chercheurs à relever l'importance du lieu, dans la théorie newtonienne, où les choses cessent apparemment d'exister ou deviennent infinies (des « singularités », comme on les appellerait aujourd'hui). Ils examinèrent tous les deux les conséquences physiques entraînées par l'application des lois de force à la gravitation, autres que la célèbre loi en inverse du carré de Newton. Ils découvrirent qu'en étudiant le comportement des objets en orbite autour d'un astre central, ils obtenaient un résultat inattendu, à savoir que les solutions habituelles disparaissaient après un certain temps. Ces solutions ne pouvaient plus être extrapolées dans un monde gouverné par l'une de ces lois de force inhabituelles. Il semblait absurde, pour Boscovich, qu'un corps doive disparaître au centre de l'Univers si la loi de force est en inverse du cube plutôt qu'en inverse du carré de la distance. Il renvoyait à l'étude précédente de Euler du mouvement sous l'influence de la gravitation, où le maître mathématicien affirme que

> [...] le corps en mouvement s'annihile en s'approchant du centre des

1. Ceci ne peut être vrai si d'autres processus physiques sont impliqués. Dans l'archétype des boules de billard qui se meuvent selon les lois de Newton, par exemple, leur comportement futur après les collisions dépend de la rigidité de ces collisions. Et ceci implique donc de connaître le comportement des matériaux avec lesquels les boules ont été fabriquées. Cette information dépasse les possibilités de la mécanique newtonienne.

forces. Ne serait-il pas bien plus raisonnable d'en déduire que cette loi de force est une loi impossible ?

Il semble qu'il s'agisse là de la première réflexion sérieuse sur de tels sujets dans le contexte de la mécanique newtonienne.

En fait, de nombreux problèmes surgissent lorsque l'on tente d'appliquer la théorie de la gravitation et du mouvement de Newton à l'Univers dans sa totalité. Cette théorie ne peut intégrer l'idée d'un espace *infini* où la matière est répartie : cela conduit à un agrégat infini d'influences gravitationnelles en un point quelconque dû au nombre infini d'attractions gravitationnelles exercées par les autres points. L'Univers newtonien doit donc être de taille finie et, par là même, posséder une limite spatiale. Si nous pensons à un espace newtonien s'étirant dans chaque direction, alors cette limite doit être un bord bien défini. Par exemple, si l'espace est une sphère dont nous occupons le centre, la surface de l'espace est la surface de la sphère. Ou encore, l'Univers spatial pourrait être un cube dont les limites sont formées par les six faces du cube. Cette perspective d'un Univers limité est une représentation plutôt déplaisante parce que nous devons spécifier comment toutes les quantités physiques se comportent aux frontières au début de l'Univers, à un certain moment du passé. Par conséquent, le monde newtonien exige que l'Univers matériel soit une île de matière finie dans un océan d'espace absolu infini.

Pis encore, la théorie de Newton est incomplète. Elle ne contient pas assez d'équations pour nous dire comment toutes les transformations autorisées de l'Univers se sont réellement passées. Si l'Univers se dilate ou se contracte exactement à la même vitesse dans toutes les directions, alors tout est vraiment déterminé, mais lorsque des déviations par rapport à une expansion parfaitement sphérique sont autorisées au départ, le déterminisme s'effondre, car il n'existe pas de loi newtonienne pouvant régir la façon dont la forme du monde changera avec le temps. Manifestement, la théorie newtonienne de l'espace-temps absolu est déficiente. Pour avancer, il fallut considérer une association des notions de temps et d'espace avec le contenu matériel du monde.

La première, mais aussi la plus fascinante spéculation de ce type, fut élaborée par William Clifford, un mathématicien anglais qui porta son attention sur le même genre de situation qu'Einstein devait élaborer dans sa théorie de la relativité générale. Clifford était motivé par les recherches mathématiques de Riemann qui avait formalisé l'étude géométrique des surfaces courbes et des espaces possédant une géométrie non euclidienne (ce qui signifie que la somme des trois angles intérieurs d'un triangle n'est plus égale à 180 degrés là où les trois sommets du triangle sont formés en joignant les lignes les plus courtes qui peuvent être tracées entre eux pour former les côtés du triangle sur la surface courbe). Clifford se rendit compte que l'espace euclidien traditionnel est un espace parmi d'autres et que l'on ne peut plus affirmer que la géométrie du monde réel possède la forme euclidienne simple. Le fait qu'il s'avère plat localement n'est pas convaincant, car la plupart des surfaces courbes semblent plates lorsqu'elles sont vues localement. Après avoir étudié les idées de Riemann, Clifford proposa un programme radical, dans son article de 1876 :

> J'aimerais indiquer ici une manière d'appliquer ces spéculations à la recherche sur les phénomènes physiques. Je prétends que :
>
> 1. les petites portions d'espace *sont*, en fait, analogues à des petites collines sur une surface, en moyenne plate ; c'est-à-dire que les lois ordinaires de la géométrie ne leur sont pas applicables ;
> 2. que cette propriété d'être courbé ou déformé est continuellement transmise d'une portion d'espace à une autre à la manière d'une vague ;
> 3. que cette variation de la courbure de l'espace représente ce qui se passe réellement dans le phénomène que nous dénommons le *mouvement de la matière*, qu'elle soit pondérable ou éthérée ;
> 4. que dans le monde physique, seule se manifeste cette variation, (vraisemblablement) soumise à la loi de continuité.

Cette prescience est assez remarquable. Bien qu'Einstein ne semble pas avoir eu connaissance de ces remarques, l'intuition de Clifford est devenue la pierre angulaire de la théorie de la relativité générale. La géométrie de l'espace et la vitesse d'écoulement du temps ne peuvent plus être fixées dans l'absolu et être indépendantes du contenu matériel de l'espace et du temps. Le contenu matériel et son mouvement déterminent la géométrie et le rythme du temps, et cette géométrie régit, de façon symbiotique, les mouvements de la matière. L'élégante théorie de la gravitation d'Einstein comprend un ensemble d'équations qui décrit les connexions entre le contenu matériel de l'Univers et sa géométrie spatio-temporelle. On les appelle *équations du champ* et elles généralisent l'équation newtonienne du champ, de Poisson, qui subsume la loi en inverse du carré de la gravitation de Newton. Outre cette structure, il existe des équations du mouvement qui nous donnent des équivalents aux lignes droites dans la géométrie courbe. Ces équations généralisent les lois du mouvement de Newton.

La théorie d'Einstein présente une caractéristique qui érode encore le postulat newtonien du temps absolu. Elle fut bâtie sur l'hypothèse de l'inexistence d'observateur privilégié dans l'Univers : il n'existe pas d'ensemble d'observateurs pour qui toutes les lois de la Nature apparaîtraient plus simples qu'à d'autres. Les lois de la physique doivent revêtir la même forme pour tous les observateurs quel que soit l'état de leurs mouvements. En d'autres termes, quelle que soit la façon dont votre laboratoire se meut — qu'il soit en accélération ou en rotation par rapport à celui de votre voisin —, vous devriez tous deux trouver les mêmes lois de la physique. Vous pourriez, chacun, attribuer aux quantités observables des valeurs différentes, mais, néanmoins, vous constaterez qu'elles sont liées par les mêmes relations invariantes.

Dans l'univers einsteinien, il n'existe pas de type particulier d'observateurs pour qui, du fait de leurs mouvements et du réglage de leurs montres, les lois de la Nature sembleraient spécialement simples. Cela n'est pas vrai dans la formulation newtonienne du mouvement. Il s'avère que ses célèbres lois du mouvement fonctionnent seulement pour des expérimentateurs qui se situent dans des laboratoires dont les mouvements sont uniformes et non rotatifs les uns par rapport aux autres et par rapport aux étoiles les plus lointaines, dont il peut se servir pour établir l'état de repos absolu. D'autres observateurs qui subissent une rotation ou qui accélèrent de manière inhabituelle observeraient une forme plus complexe, différente, de lois du mouvement. En particulier, et en violation de la célèbre première loi du mouvement de Newton, ils s'apercevraient que des corps, mus par aucune force, augmentent leur vitesse.

Cette démocratie d'observateurs qu'Einstein instaura dans la formulation de sa théorie de la relativité générale signifie qu'il n'existe pas de temps cosmique privilégié. Alors que, selon sa théorie de la relativité restreinte, il ne peut exister aucune norme absolue du temps — toutes les mesures du temps sont enregistrées relativement à l'état du mouvement de l'observateur —, dans la théorie de la relativité générale, les choses sont différentes. Il y a de nombreux temps absolus. En fait, il s'avère qu'il y a un nombre infini de candidats. Des observateurs planant autour de l'Univers, par exemple, pourraient utiliser la moyenne locale de densité et la vitesse d'expansion de l'Univers pour régler leurs horloges. Malheureusement, aucun de ces temps absolus n'est plus fondamental que les autres.

Une bonne manière de se figurer un Univers spatio-temporel entier (un « espace-temps »), dans la théorie d'Einstein, est d'imaginer un empilement d'espaces (représentez-vous un espace à deux dimensions plutôt que trois pour en faciliter la visualisation), dont chaque tranche représente tout l'Univers spatial à une époque donnée. Le temps est un indice qui identifie chaque couche dans la pile. La discussion du paragraphe précédent signifie que nous pouvons, en fait, découper la totalité de l'espace-temps en un empilement de « tranches de temps », et ce, de multiples façons. Nous pourrions découper la pile sous des angles différents. C'est pourquoi il est toujours plus approprié de parler d'espace-temps plutôt que d'évoquer ces partenaires quelque peu ambigus, l'espace et le temps. Mais le sens du lien entre la matière et la géométrie spatio-temporelle est que ce « temps » peut être défini *de l'intérieur* par une certaine propriété géométrique, comme la courbure, de chaque tranche et donc, en fonction du champ gravitationnel de la matière, sur la tranche qu'elle a déformée (voir figure 3.4 pour une illustration simple). Nous commençons maintenant à entrevoir une petite possibilité d'associer le temps, son début et sa fin compris, avec certaines caractéristiques du contenu de l'Univers et les lois qui régissent leur changement.

La notion nouvelle d'un espace-temps, remplaçant celle d'un espace *et* d'un temps, transforme considérablement notre attitude envers les conditions initiales et le possible commencement de l'Univers. Du fait de l'association qui existe entre la structure de l'espace-temps et la matière, toute singularité dans le contenu matériel de l'espace-temps (par exemple, la densité infinie de la matière qui se manifeste dans la conception traditionnelle du big bang) indique que cet espace-temps est enfin parvenu à son terme.

Nous avons affaire maintenant à des singularités *de* temps et d'espace et pas simplement à des singularités *dans* le temps et l'espace. En outre, l'espace-temps établi par la théorie de la relativité générale d'Einstein recouvre un Univers entier. À l'inverse de la théorie de Newton, elle n'est jamais en mesure de décrire un objet posé sur la scène fixe d'un espace externe. Par conséquent, les singularités de la relativité générale représentent des caractéristiques de l'Univers entier, et pas seulement d'un endroit de cet Univers ou un moment de son histoire.

Si nous étudions l'Univers en expansion selon cette description et établissons son histoire passée, il est possible de le faire émaner

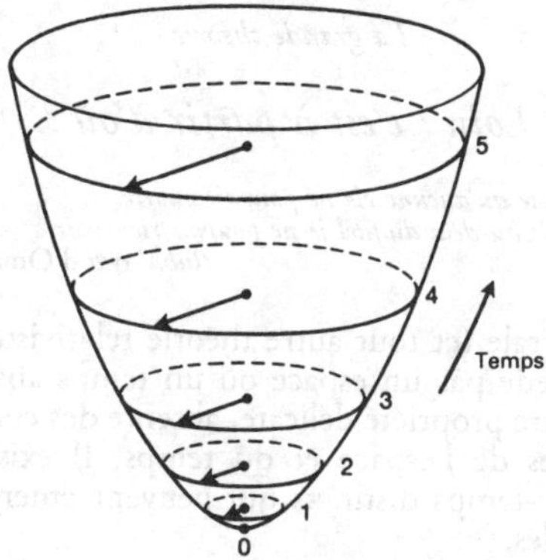

Figure 3.4. — À chacune des tranches d'espace 1, 2, 3, 4 et 5, on peut attribuer un indice « temps » qui est calibré par le rayon du cercle. Au fur et à mesure que nous remontons le long de la surface courbée, l'accroissement en temps est mesuré par les rayons croissants des cercles délimitant les tranches.

d'une telle singularité. Pour beaucoup, cette prédiction prouve que l'Univers a un commencement. Quoi qu'il en soit, comme toute déduction logique, cette conclusion découle de certaines hypothèses dont la véracité doit être soigneusement examinée. La plus mal assurée de ces hypothèses avance que la gravitation est toujours attractive. Les théories modernes des particules élémentaires traitent de nombreux types de particules, de formes de matière, pour lesquels cette hypothèse n'est pas vérifiée. De fait, la description d'un Univers globalement « inflationnaire » que nous avons introduite plus avant est fondée sur l'exigence qu'elle ne soit *pas* vraie, car c'est seulement dans ce cas que la période brève d'expansion « inflationnaire » accélérée se manifeste. Certes, en évitant la singularité, on peut se passer d'un commencement du temps. Mais cela ne nous dispense pas de l'obligation de spécifier des conditions initiales à un certain moment du passé si l'on veut sélectionner notre Univers actuel à partir d'une infinité d'autres mondes possibles tous issus de singularités. Et même s'il existe vraiment une singularité, on doit prendre en compte le fait qu'il y a différents types de singularité. La spécification des propriétés de cette singularité est une condition initiale qui doit être spécifiée à la limite de notre espace et de notre temps. Il nous faut trouver quelque autre élément qui pourrait nous procurer cette spécification.

Loin : c'est à partir d'où ?

Il était une Porte qu'aucune clé ne pouvait ouvrir.
Il était un Voile au-delà duquel je ne pouvais rien voir.
Ruba' iyat d'Omar KHAYYAM

La relativité générale (et tout autre théorie relativiste de la gravitation qui ne possède pas un espace ou un temps absolument fixés) engendre une autre propriété délicate, absente des conceptions newtoniennes simples de l'espace et du temps. Il existe, en fait, de nombreux espace-temps distincts qui peuvent émerger des mêmes conditions initiales.

Admettons qu'un certain espace-temps S possède des conditions initiales à un certain moment de départ zéro que nous étiquetterons t_0. Nous pouvons construire un autre espace-temps en supprimant toute la portion du premier espace-temps qui s'étend au-delà d'un temps t_1 (postérieur à t_0) ainsi que le temps t_1 lui-même. Le nouvel espace S' est identique à S antérieurement au moment t_1, ainsi que l'indique la figure 3.5. Mais S et S', à la fois, émergent du même état initial, et nous aurions pu, en fait, découper des morceaux de S d'un nombre infini de manières différentes pour construire d'autres espace-temps qui commencent avec les mêmes conditions initiales. Encore qu'il y ait quelque chose de très déplaisant au sujet de S' et de ses semblables, les univers amputés. Il s'achève au temps t_1 sans qu'il y ait de raison physique à ce fait. Aucune quantité physique n'est infinie. En effet, nous n'avons pas eu du tout à mentionner le contenu matériel de l'Univers. Les équations qui régissent le comportement de la matière pourraient prédire le futur au-delà de t_1 si vous permettiez qu'il y ait un futur.

Cette amputation arbitraire du futur est considérée comme irréaliste, artificielle, et les cosmologistes ont décidé d'exclure son éventualité, et de spécifier de façon unique son évolution future. Pour ce faire, il est nécessaire d'introduire une autre condition dans la spécification des espace-temps possibles, ou univers, dans les théories comme celle de la relativité générale, en sus de la spécification des conditions initiales et des lois de la Nature. On exige de l'Univers qu'il continue d'exister jusqu'à ce que les lois de la Nature qui régissent la masse et l'énergie signalent que le temps lui-même s'est achevé sur une singularité physique réelle. Sous des conditions raisonnables, il semble qu'il n'y ait qu'un seul « super espace-temps » qui comprenne tous les départs possibles à partir des mêmes conditions initiales et qui est obtenu en laissant le temps s'écouler jusqu'à

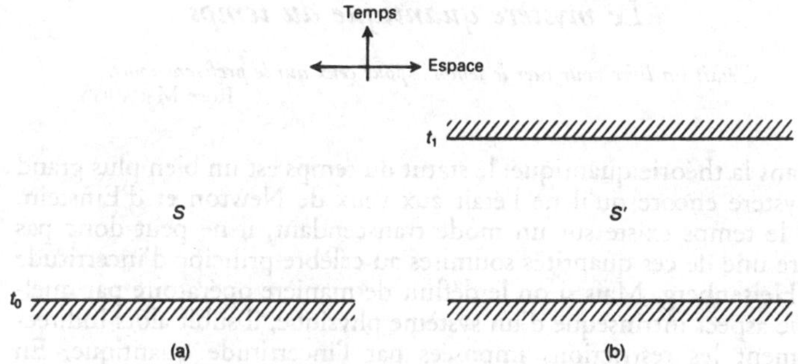

Figure 3.5. — Deux espaces-temps S et S' sont déterminés par des ensembles identiques de conditions initiales spécifiées au temps initial t_0. Dans le cas (a), l'espace-temps S est d'extension maximum, tandis que dans (b), il se terminera arbitrairement au temps futur t_1. Dans ces conditions, aucune infinité physique ou autre défaut dans la structure spatio-temporelle n'intervient ; l'espace-temps S' est ainsi identique à S jusqu'au temps t_1, mais n'existe pas au-delà. En pratique, on suppose toujours qu'un ensemble donné de conditions initiales conduit à un espace-temps d'extension maximum et pas à l'une des innombrables alternatives artificielles, identiques jusqu'à un certain moment fini, et qui cessent, ensuite, d'exister sans qu'aucune raison physique ne l'exige.

ce que les équations prédisent une singularité. Cet univers d'*extension maximum* est le candidat naturel pour constituer l'espace-temps qui apparaît, en fait, à partir d'un ensemble particulier de conditions initiales, quoique nous dussions nous souvenir qu'en principe chacune des autres réalités amputées puisse être celle dont l'existence résulte des conditions initiales de notre Univers. Si cet univers à extension maximum n'est pas l'univers existant, la fin de l'Univers de temps et d'espace pourrait vraiment survenir à n'importe quel moment, « comme un voleur dans la nuit », sans que l'ait annoncée aucun avertissement ni cause observable quelconque

En dépit de toutes ces subtilités concernant la nature du temps, la relativité générale n'a pas réussi à effacer la ligne de partage traditionnelle entre les lois et les conditions initiales. Il y a encore et toujours une strate initiale dans notre empilement d'espace-temps qui détermine l'état des autres couches dans le futur.

Le mystère quantique du temps

C'était un livre pour tuer le temps... pour ceux qui le préfèrent mort.
Rose Macauley

Dans la théorie quantique, le statut du temps est un bien plus grand mystère encore qu'il ne l'était aux yeux de Newton et d'Einstein. Si le temps existe sur un mode transcendant, il ne peut donc pas être une de ces quantités soumises au célèbre principe d'incertitude d'Heisenberg. Mais si on le définit de manière opératoire par quelque aspect intrinsèque d'un système physique, il subit alors indirectement les restrictions imposées par l'incertitude quantique. En conséquence, lorsque l'on tente de produire une description quantique de l'Univers entier, on peut s'attendre à certaines conséquences inhabituelles pour le temps. La plus insolite affirme qu'une cosmologie quantique peut être interprétée comme la description d'un univers créé à partir du néant.

Les modèles cosmologiques non quantiques de la relativité générale prennent leur essor à partir d'un moment précis du passé, moment que l'on définit en utilisant certains types d'horloges. Les conditions initiales, qui dictent la totalité du comportement futur de cet Univers, doivent être spécifiées en ce temps singulier. Cependant, en cosmologie quantique, la notion de temps n'apparaît pas explicitement. Le temps est quelque chose de construit à partir des champs de matière et de leurs configurations. Comme nous sommes en possession d'équations qui nous renseignent sur la façon dont ces configurations changent lorsque nous passons d'une couche d'espace à une autre, il serait superflu d'y ajouter un « temps ». Ceci est comparable à la façon dont une horloge nous renseigne sur l'heure. Les aiguilles de l'horloge indiquent simplement le nombre de mouvements pendulaires. Il n'est nullement nécessaire de faire référence à la notion de « temps ». De même, dans la structure cosmologique, nous étiquetons les couches de notre empilement d'« espace-temps » au moyen de la configuration matérielle qui crée la géométrie intrinsèque de chaque couche. Cette information concernant la configuration matérielle et géométrique ne nous est accessible, dans la théorie quantique, qu'à un niveau probabiliste. Elle est codifiée et est maintenant connue sous le nom de *fonction d'onde de l'Univers*, que dorénavant nous appellerons W.

La généralisation des équations d'Einstein nécessaire à l'incorporation de la théorie quantique constitue l'un des grands défis de la physique moderne. Une des voies possibles réside dans l'utilisation d'une équation découverte par les physiciens américains John A. Wheeler et Bryce De Witt. L'équation de Wheeler-De Witt décrit l'évolution de W. Il s'agit d'une adaptation de la célèbre équation de Schrödinger qui régit la fonction d'onde de la mécanique quantique ordinaire, mais dans laquelle on a incorporé les attributs de l'espace courbe de la relativité générale. Si nous connaissions la forme présente de W, elle nous renseignerait sur la probabilité que l'Univers observé puisse avoir certaines caractéristiques à grande échelle. On peut espérer que ces probabilités seront fortement concentrées autour de certaines valeurs particulières, de la même manière que certains phénomènes quotidiens importants ont des propriétés précises en dépit des incertitudes microscopiques de la mécanique quantique. Si les valeurs privilégiées sont comparables aux valeurs observées, cela explique que ces caractéristiques découlent du fait que notre Univers est l'un des plus « probables » de tous les univers possibles. Toutefois, pour utiliser l'équation de Wheeler-De Witt, certaines conditions initiales sont toujours requises — comme la forme initiale de la fonction d'onde de l'Univers.

La quantité la plus utile qui soit impliquée dans la manipulation et l'étude de W est la fonction de transition T (x_1, t_1, x_2, t_2). Cela nous donne la probabilité de trouver l'Univers dans un état étiqueté par x_2 à un temps t_2 si cet univers était dans un état x_1 à un temps antérieur t_1, où le « temps » peut être spécifié par quelque autre attribut de l'état de l'Univers, par exemple sa densité moyenne (voir figure 3.6).

Bien évidemment, dans la physique non quantique, les lois de la Nature prédisent qu'un état futur bien déterminé naîtra d'un passé particulier et ces notions probabilistes ne nous seraient d'aucune utilité. Cependant, en physique quantique, un état futur est déterminé seulement par une opération appropriée sur tous les chemins logiquement possibles que le système a pu emprunter à travers l'espace et le temps. L'un de ces chemins serait le seul et unique que la description non quantique pourrait emprunter. On l'appelle le *chemin classique*. Dans certaines circonstances, là où existe une situation conventionnelle et déterministe, la description quantique correspondante introduit une fonction de transition qui est déterminée principalement par le chemin classique, laissant les autres chemins se combiner de telle sorte qu'ils s'annulent les uns les autres, un peu comme les sommets et les creux de vagues déphasées. De fait, la question de savoir si toutes les conditions de départ autorisées pour un univers quantique peuvent donner naissance à un univers « classique » lorsqu'elles s'étirent à grande échelle est très importante. Cela pourrait très bien se révéler une exigence très restrictive, nécessaire à l'existence d'observateurs vivants, qui distingueraient notre Univers comme exceptionnel dans l'ensemble des possibilités. Si c'est bien le cas, nous nous trouverions alors devant l'idée intéressante que seule une étude de ses conséquences cosmologiques pourrait conduire à une appréciation complète de la mécanique quantique.

En pratique, W dépend de la configuration de la matière dans l'Univers sur une couche particulière de l'empilement d'espace au travers de quelque propriété géométrique interne de la couche (sa courbure, par exemple), qui permet d'attribuer effectivement un label exclusif à son « temps ». Cette fois encore, il n'existe pas de choix spécifique concernant la quantité géométrique qui se distingue de toutes les autres dans l'étiquetage des couches. Beaucoup en conviendront et l'équation de Wheeler-De Witt nous dira comment évolue la fonction d'onde. Lorsque nous nous rapprochons du chemin classique, ces développements de la fonction d'onde en fonction du temps interne sont suffisamment simples pour être interprétés comme des « corrections quantiques » à la physique classique ordinaire. Mais ce n'est pas toujours le cas, et, quand le chemin le plus probable est éloigné du chemin classique, il devient de plus en plus difficile d'interpréter dans un sens quelconque l'évolution quantique lorsqu'elle se produit « dans » le temps. Ce qui signifie que l'ensemble des couches d'espace que l'équation de Wheeler-De Witt nous offre ne s'empile pas naturellement pour ressembler à un espace-temps. Néanmoins, des fonctions de transition peuvent encore être définies. La question des conditions initiales de la fonction d'onde devient maintenant l'équivalent quantique de la recherche des conditions initiales cosmologiques.

Les conditions initiales quantiques

Il n'est pas d'erreur plus commune que de supposer que, parce que des calculs prolongés et justes ont été effectués, le résultat en est obligatoirement applicable à certains phénomènes naturels. A.N. WHITEHEAD

Nous avons vu que la fonction de transition T nous renseigne sur la transition d'une configuration à géométrie spatiale sur laquelle la matière est disposée de manière particulière à une autre. Présentons le problème sous la forme T $[m_1, g_1 ; m_2, g_2]$, où *m* caractérise la configuration de matière et g représente une certaine caractéristique géométrique de l'espace, la courbure, par exemple, dont nous nous servons comme un temps interne à deux valeurs « 1 » et « 2 ». Nous pouvons envisager des univers commençant en un point unique plutôt que dans un espace initial étendu, de telle sorte que leur développement apparaisse conique plutôt que cylindrique (comme c'était le cas, figure 3.6). Ceci est représenté schématiquement sur la figure 3.7. Cependant, nous n'avons pas beaucoup avancé dans notre tentative de transmutation du concept de conditions initiales, car la singularité des modèles cosmologiques non quantiques resurgit et, en tout cas, il semble que nous en soyons réduits à choisir une condition initiale particulière, qui se trouve décrire la création à partir d'un point initial préexistant. Nous n'avons pas résolu le dualisme entre les lois (représentées ici par l'équation de Wheeler-De Witt) et les conditions initiales.

Il existe une voie radicale qui pourrait maintenant être empruntée. Il faut souligner qu'elle pourrait s'avérer démunie de toute signification physique. Il s'agit là d'un article de foi. Si nous regardons les figures 3.6 et 3.7, nous comprendrons comment la stipulation d'une condition initiale g_1 est reliée à l'état ultérieur du tube ou du cône aboutissant à g_2. Les limites des configurations en g_1 et g_2 pourraient-elles être combinées de façon à décrire un unique espace lissé qui ne contienne pas de singularités déplaisantes ?

Un exemple simple en deux dimensions est offert par la surface d'une sphère, qui est régulière et dépourvue de tout point singulier. Aussi, nous pourrions concevoir que toutes les limites de l'espace-temps quadridimensionnel ne sont pas g_1 et g_2 mais une unique surface tridimensionnelle régulière. Cela pourrait être la surface

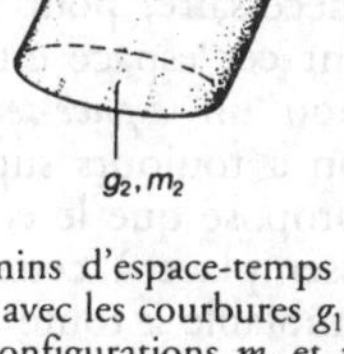

Figure 3.6. — Certains chemins d'espace-temps dont les limites consistent en deux espaces tridimensionnels avec les courbures g_1 et g_2 où les champs de matière sont respectivement dans les configurations m_1 et m_2.

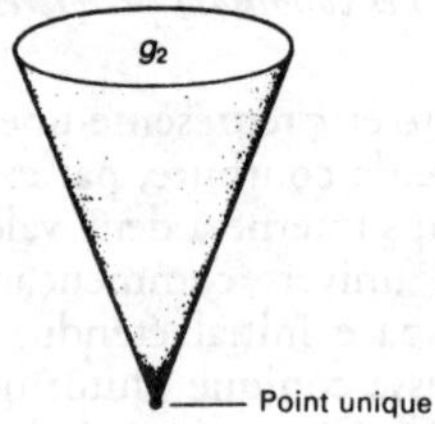

Figure 3.7. — Un chemin d'espace-temps dont les limites consistent en un espace courbe tridimensionnel de courbure g_2 et un unique point initial, plutôt qu'un autre espace tridimensionnel. S'il y a une singularité dans la courbure ou dans la configuration de matière en ce point, il devient impossible de calculer la probabilité de transition T entre ce point et l'état de courbure g_2. Si cela avait été possible, il y aurait une certaine probabilité qu'un type particulier d'univers émerge à partir d'un « point » plutôt que du « néant ».

d'une sphère à quatre dimensions. Une des caractéristiques plaisantes et curieuses de ces surfaces régulières que les mathématiciens considèrent habituellement sans tenir compte de leurs dimensions, que nous pouvons mieux nous représenter en nous référant à la surface bidimensionnelle d'une sphère ordinaire, est que, bien que de taille finie, elles n'ont pas de bords : la surface de la sphère couvre une aire finie (il faudrait seulement une quantité donnée de peinture pour la peindre), mais, de quelque façon que l'on se meuve, on ne rencontre jamais un point exceptionnel comme le sommet d'un cône. D'un point de vue de Terriens occupant sa surface, on pourrait décrire la sphère comme étant dépourvue de limites. Il est intéressant de penser qu'on peut concevoir une telle configuration comme l'état initial de l'Univers (voir figure 3.8). Quoi qu'il en soit — et nous en arrivons maintenant au point critique — la sphère que nous utilisons comme exemple constitue un espace à trois dimensions doté d'une surface bidimensionnelle qui représente ses bords. Mais, pour concevoir notre frontière quantique, nous avons besoin d'une surface tridimensionnelle comme bords. Toutefois, il est nécessaire, pour ce faire, que la quantité quadridimensionnelle dont cet espace est la limite soit un *espace* quadridimensionnel et non un *espace-temps* quadridimensionnel, qui représente ce que l'on a toujours supposé être l'Univers réel. Pour cette raison, on a proposé que le concept habituel de temps soit transcendé pour laisser place à cette structure cosmologique quantique et devienne semblable à toute autre dimension spatiale, de façon à constituer, à partir de « trois-plus-une » dimensions de l'espace et du temps, un espace véritablement quadridimensionnel. Ceci n'a rien de mystique, car les physiciens ont souvent usé d'un tel processus de « transformation du temps en espace » comme d'une astuce très utile pour résoudre certains problèmes de la mécanique quantique ordinaire, quoiqu'ils n'aient jamais pensé que le temps fût *réellement* comparable à l'espace. À la fin de l'opération, ils se contentent de retourner à l'interprétation usuelle selon laquelle il n'existe qu'une dimension du temps et trois autres dimensions qualitativement différentes de ce que nous appelons l'espace.

Le caractère radical de cette approche réside en ce qu'elle considère le temps comme réellement identique à l'espace, dans l'environnement quantique gravitationnel ultime du big bang. Lorsque l'on s'éloigne considérablement du commencement de l'Univers, les effets quantiques commencent à interférer de manière destructive, et, pense-t-on, l'Univers suit le chemin classique avec une précision de plus en plus grande. Lorsque cela se produit, la notion conventionnelle du temps, distincte de celle de l'espace, commence à se cristalliser. Inversement, tandis que l'on s'approche du commencement, la représentation classique du temps disparaît complètement, et le temps devient indistinct de l'espace au fur et à mesure que les effets des conditions aux limites sont ressentis plus intensément.

Cette condition d'« absence de bord » fut proposée par James Hartle et Stephen Hawking pour des raisons esthétiques. Elle permet d'éviter la singularité de l'état initial et réfute le dualisme traditionnel entre les lois et les conditions initiales. Ceci, elle ne peut

Figure 3.8. — Un chemin d'espace-temps dont les limites sont arrondies de manière régulière de sorte à constituer un unique espace tridimensionnel ne comportant à la base aucun « point » conique à l'inverse de la figure 3.7. Cela exige d'interpréter la probabilité de transition comme une création à partir du « néant », car il n'existe pas d'état initial. Ceci ne peut servir à la représentation des limites tridimensionnelles d'un espace-temps quadridimensionnel que si nous supposons que le temps se comporte comme n'importe quelle autre dimension de l'espace.

l'accomplir que si la distinction entre l'espace et le temps est abolie. Plus précisément, le concept d'« absence de bord » stipule que, pour résoudre la fonction d'onde de l'Univers, il faut que nous la calculions comme une collection de chemins bornés par les espaces quadridimensionnels possédant un unique bord régulier, similaire au bord sphérique dont nous venons de parler. La probabilité de transition que cette spécification conduise à la fonction d'onde associée à un autre contenu de matière m_2 dans une configuration géométrique g_2 a seulement la forme T (m_2, g_2). Il n'y a donc pas de place pour un quelconque état « initial », caractérisé par m_1 et g_1. Par conséquent, ce qui précède est souvent décrit comme étant une représentation de la « création à partir du néant », dans laquelle T donne la probabilité qu'un certain type d'univers ait été créé à partir du néant. L'effet de cette proposition sur le « temps qui devient espace » est qu'il n'existe pas de moment défini ou point de création. En termes de mécanique quantique plus conventionnelle, nous dirions que l'Univers est la résultante du processus d'effet tunnel, cet effet ayant son origine dans le néant. Les processus quantiques à effet tunnel, qui sont familiers aux physiciens et observés quotidiennement, correspondent aux transitions qui n'empruntent pas de chemin classique.

La grande ligne de partage

Je me demande parfois pourquoi j'ai développé la théorie de la relativité. La raison en est, je pense, qu'un adulte normal ne cesse jamais de penser aux problèmes de l'espace et du temps. Il y pense depuis son enfance. Quant à moi, mon développement intellectuel fut retardé, ce qui m'amena à m'intéresser à l'espace et au temps seulement à l'âge adulte.

Albert EINSTEIN

La description globale présentée par ce type de commencement quantique nous montre que l'équation de Wheeler-De Witt produit la loi de la Nature décrivant les modes de transformation de la fonction d'onde W. On peut utiliser la géométrie de l'espace comme la mesure d'un temps essentiellement comparable au temps ordinaire de la relativité générale lorsque l'on est éloigné du big bang. Cependant, lorsque l'on porte son regard en arrière vers cet instant que nous aurions pu appeler l'instant zéro, la notion de temps s'évanouit pour finalement cesser d'exister. Ce type d'Univers quantique n'a pas toujours existé ; il accepte la naissance qu'ont pu lui donner les cosmologies classiques, mais il ne prend pas sa source dans un big bang où les quantités physiques sont infinies et où des conditions initiales supplémentaires doivent être spécifiées. En aucun cas, on ne trouve d'information quelconque sur sa source.

Nous devons insister encore sur le fait qu'il s'agit d'une proposition radicale (et nous découvrirons, au chapitre 5, qu'elle peut devenir encore plus radicale). Elle contient deux composantes : la première est la proposition « le temps devient espace » ; la seconde est l'addition du concept « absence de bord » — spécification unique de l'état de l'Univers, qui subsume les rôles respectifs des conditions initiales et des lois de la Nature de la description traditionnelle. Même si l'on souscrit à la première composante, il existe de nombreuses alternatives possibles à la seconde pour spécifier l'état de l'Univers qui émerge du néant. Il faudrait pour cette raison rajouter une spécification informationnelle.

L'étude de la fonction d'onde de l'Univers n'en est qu'à ses débuts. Avant qu'elle n'aboutisse, il lui faudra sans aucun doute subir maintes modifications. La condition « absence de bord » laisse encore beaucoup à désirer. Elle contient probablement trop peu d'informations pour décrire toutes les caractéristiques observables d'un univers réel comportant des irrégularités, telles les galaxies. On doit lui adjoindre une information complémentaire sur les champs de matière dans l'Univers et sur leur distribution. Évidemment, tout cela ne constitue peut-être qu'une absurdité totale. Quelle leçon importante doit-on en tirer ? Il faudrait établir dans quelle mesure notre dualisme traditionnel au regard des conditions initiales et des lois peut être erroné. Notre expérience de la Nature, où les effets quantiques sont minimes, est peut-être à l'origine de ce dualisme. Une théorie de la Nature véritablement unifiée devrait exploiter la possibilité de codifier le temps en terme de contenu matériel de l'Univers de sorte que les constituants de la Nature, les lois régissant leur transformation et la nature du temps lui-même soient unifiés. Toutefois, nous sommes toujours confrontés à un choix douloureux : quelle condition aux limites doit être imposée à une quantité particulière comme la fonction d'onde de l'Univers ? Peu importe l'aspect économique de la spécification de ce fait incontournable : la condition « absence de bord » et ses diverses rivales ont été uniquement choisies pour des raisons esthétiques. La consistance logique interne de l'univers quantique ne l'exige en rien.

La conception dualiste présentant les conditions initiales comme indépendantes des lois de la Nature doit être réexaminée en ce qui concerne les conditions initiales de l'Univers en tant que tout. Si l'Univers est unique — seule possibilité logiquement cohérente —, les conditions initiales sont uniques et deviennent effectivement loi de la Nature. C'est là la motivation de ceux qui recherchent les principes fondamentaux qui pourraient servir à décrire les conditions initiales de l'Univers. Si c'est vraiment le cas, un nouvel élément viendrait enrichir notre conception de l'Univers, laissant supposer qu'entre le passé et le futur, il y aurait une asymétrie fondamentale dans l'élaboration des lois de la Nature. D'autre part, si nous pensons qu'il existe de nombreux univers possibles — il devrait, en effet, exister nombre d'univers possibles « quelque part » —, les conditions initiales n'ont pas besoin, alors, d'un statut spécial. Elles seraient comparables à des problèmes physiques plus banals : l'identification des caractéristiques déterminantes qui spécifient une réalité particulière à partir d'un type général de possibilités.

La conception traditionnelle selon laquelle les conditions initiales intéressent les théologiens et les équations d'évolution les physiciens a été, semble-t-il, réduite à néant, au moins temporairement. Les cosmologistes, aujourd'hui, s'obligent à étudier les conditions initiales pour découvrir s'il existe une « loi » qui les régirait, une loi dont la proposition « absence de bord » ne constituerait qu'un exemple possible. C'est une démarche drastique, en vérité, mais peut-être ne l'est-elle point assez. Que nombre de concepts et d'idées ayant cours dans la description mathématique moderne — « la création à partir du néant », « la contemporanéité du temps et de l'Univers » — soient seulement des représentations raffinées d'intuitions et de types de pensée traditionnels, voilà qui est inquiétant. En vérité, ce sont ces notions traditionnelles, qui sont à la base de la recherche et même de la résolution de nombre de concepts dans le cadre des théories modernes, qui sont élaborées sous une forme mathématique. La proposition « le temps devient l'espace » est le seul élément vraiment radical qui ne peut être rattaché aux concepts des générations passées au regard de la théologie philosophique. Un bon nombre d'autres concepts traditionnels devraient sans doute être remaniés avant qu'une représentation véritable de l'Univers n'émerge.

4
Forces et particules

Le vide est de loin préférable à certaines des substances que l'on trouve dans la nature.
Tennessee WILLIAMS

La substance de l'Univers

Le décor de la pièce était superbe, mais les acteurs occupèrent le devant de la scène.
Alexander WOOLLCOTT

Ordinateurs ou machines-outils ne peuvent agir que sur des objets qui leur conviennent. Si vous concevez une clé sur la base de principes mécaniques généraux, en l'habillant d'une parcelle de symétrie pour l'esthétique, elle n'en sera pas moins inutile si elle ne s'adapte pas à la forme des têtes de boulon. De même une théorie de tout doit-elle s'appliquer aux particules et aux forces qui existent en réalité. La connaissance des lois de la Nature se révèle inutile si l'on ignore ce que ces lois régissent. À cet égard, le contraste entre la physique classique traditionnelle de Newton et le monde des particules élémentaires est révélateur. Newton souligna l'universalité de ses lois du mouvement : elles s'appliquent à « tous les corps » sans exception, indépendamment de leurs autres caractéristiques. Cependant, en raison de cette universalité même, les lois de la physique classique sont impuissantes à nous dire quelles particules ou corps existent en réalité. Elles se concentrent sur certaines propriétés universelles des particules, comme leur masse, à l'exclusion de toutes les autres. Cela semble une approche familière et raisonnable à ceux d'entre nous qui grandirent en apprenant la mécanique newtonienne à l'école, mais combien de difficultés les premiers physiciens ne rencontrèrent-ils pas pour identifier les caractéristiques essentielles d'un objet réel qu'il fallait inscrire dans les lois du mouvement ! Moreau de Maupertuis, homme de science français du XVIIIe siècle, père du principe de moindre action, illustre merveilleusement ce dilemme. Il remarque, à propos des lois de conservation de la quantité de mouvement qui gouvernent la collision entre des objets comme des boules de billard :

> Si quelqu'un, n'ayant jamais touché un corps ni vu comment des objets entrent en collision, mais expérimenté dans le mélange des couleurs, voyait un objet bleu heurter un objet jaune et devait expliquer ce qui se passerait lors de la collision de ces deux objets, il dirait probablement que le corps bleu deviendrait vert aussitôt qu'il se lie à l'objet jaune.

Comprendre pourquoi le nombre de propriétés d'un corps, importantes pour sa dynamique, doit être minimal ne présente aucune difficulté. Des macro-objets, comme des rochers, des ballons de football ou des voitures, possèdent tant de propriétés individuelles que, si les lois régissant les mouvements de ces corps étaient étroitement associées à maintes propriétés les définissant, ne pas avoir de loi du tout ne changerait rien à l'affaire. Chaque automobile ou boule de billard diffère d'une autre sous des myriades d'aspects, chacun réagissant de manière différente à la même loi. De tels exemples sont maintes fois mentionnés dans les écrits des anciens Grecs. Ils ne concevaient pas aisément l'idée d'un Législateur extérieur à la Nature qui en dictait les lois. Au contraire, ils manifestaient une prédilection pour la notion selon laquelle des tendances immanentes aux corps prescrivaient leurs mouvements. Alors que Platon cherchait à comprendre ce que l'on observait dans le monde en termes de copies parfaites d'un monde idéal dont toutes les choses observées n'étaient que d'imparfaites approximations, Aristote croyait que ces « formes » qui réglaient le comportement des choses n'habitaient pas quelque autre monde abstrait mais étaient *intrinsèques* aux choses elles-mêmes. Les idées d'Aristote dominèrent pendant des siècles jusqu'à ce que des considérations religieuses et scientifiques en sonnent le glas. Dans sa correspondance avec Richard Bentley, Newton ne cache pas son mépris pour cette tradition des tendances innées :

> Que la gravité puisse être innée, inhérente et essentielle à la Matière [...] me paraît une telle absurdité que je ne peux concevoir un seul Homme, versé dans les matières philosophiques, pour y accorder foi.

Newton réalisa qu'il convenait d'éliminer cette représentation pour aller de l'avant et séparer le connu de l'inconnu. Aucune loi universelle ne pouvait émerger tant que nous envisagions les lois de la

Nature comme inhérentes aux objets qu'elles régissent. Le cours de la physique jusqu'au début du XXe siècle considérait pour cela le contenu matériel de l'Univers comme logiquement distinct des lois qui le gouvernent. Il fallait découvrir la matière par l'observation, tandis que les lois gouvernant le comportement des choses n'agissant que sur un très petit nombre d'attributs, comme la charge électrique ou la masse, devait révéler leur identité par l'expérience accumulée.

Le principe d'imitation

La seule forme de permanence à laquelle la Nature puisse parvenir est la répétition. George SANTAYANA

Les lois régissant le comportement des particules élémentaires diffèrent précisément parce que les objets qu'elles gouvernent sont semblables. Alors que les roches et les boules de billard de la physique classique offrent toutes un visage distinct, les particules les plus élémentaires de la matière se répartissent en familles de particules *identiques* : les électrons sont tous les mêmes, tout comme les muons, et ainsi de suite à travers le monde des particules élémentaires. Cet univers se compose de clones. Ayant vu un électron, vous les avez tous vus. Mais c'est grâce à ce principe d'imitation que nous pouvons étroitement relier les lois gouvernant le comportement des électrons et des muons à leurs propriétés intrinsèques sans sacrifier l'universalité de ces mêmes lois. Ce principe joue également un rôle crucial dans notre quête de la compréhension de l'Univers, car il étaye notre foi en la possibilité de comprendre l'Univers dans son ensemble en n'en étudiant exhaustivement qu'une petite portion.

Cette répétition des choses distingue les entités les plus fondamentales de la Nature et, par essence, garantit précision et fiabilité dans le monde physique, qu'il s'agisse de la réplication de l'ADN ou de la stabilité des propriétés de la matière. Mais nous verrons que cette reproductibilité peut compromettre, lorsque nous sondons la Nature plus profondément, la séparation stricte entre lois de la Nature et objets sur lesquels elles agissent, tout comme au dernier chapitre nous verrons que la distinction entre lois et conditions initiales peut se brouiller dans une description quantique de l'Univers. Si un réel fossé existe entre les constituants de l'Univers et les lois qui les régentent, alors toute théorie de tout nécessitera des informations supplémentaires afin de restreindre l'identité des particules. Voilà qui semble peu satisfaisant aux bâtisseurs d'univers apprentis que nous sommes. Nous souhaitons que les choses puissent, d'une manière ou d'une autre, être parfaitement unifiées de sorte que lois et particules fondamentales de la Nature s'unissent en une parfaite compatibilité mutuelle. Les lois devraient décréter l'identité de leurs sujets, en plus de leurs comportements.

Cette symbiose des lois, des particules et des forces a commencé de se profiler en physique moderne à la suite de la découverte d'un genre de théorie physique appelée *théorie de jauge*. Les meilleures théories des forces fondamentales de la Nature — gravité, électromagnétisme, forces nucléaires faible et forte — sont des théories de jauge. Examinons comment cette trinité — particules, forces et lois — se réalise sous la juridiction des théories de jauge.

Pour le physicien newtonien, dont les lois gouvernent le comportement des objets dans un espace absolu se mouvant à travers un temps immuable, les forces déplacent les choses de manière mystérieuse. La gravité agit instantanément entre corps massifs par l'entremise d'un processus que Newton ne jugea pas nécessaire d'approfondir. Progressivement, au fil du XXe siècle, se fit sentir la réalité de la limitation de la vitesse de propagation des informations, imposée par la théorie de la relativité restreinte d'Einstein. Des effets gravitationnels instantanés violeraient cette limite en permettant la propagation de signaux à des vitesses supérieures à la vitesse de la lumière dans le vide. En conséquence, notre représentation des forces de la Nature invoque l'échange de particules entre les corps qui interagissent. Donc, la force gravitationnelle est convoyée par les gravitons, la force électromagnétique par les photons, l'interaction faible par les particules massives W et Z, et l'interaction forte par les gluons. Dans certains cas, ces particules médiatrices ressentent en fait la force qu'elles véhiculent. Il en va ainsi de la gravitation et des interactions faible et forte. Par contre, la force électromagnétique qui s'exerce entre particules élémentaires chargées n'affecte pas son messager électriquement neutre, le photon. Nous voyons donc que les forces et les particules élémentaires de la Nature sont étroitement liées. Il est impossible de les considérer indépendamment les unes des autres.

Les autres côtés du triangle d'or, la connexion entre forces et particules et les lois elles-mêmes n'existent que dans ces créations élégantes que l'on nomme théories de jauge. Leur émergence a détrôné un préjugé ancien, concernant les révolutions galiléenne et newtonienne dans la description de la Nature, selon lequel les scientifiques auraient cessé de demander à la Nature « pourquoi », satisfaits de simplement savoir le « comment » des choses. Curieusement, les physiciens des particules modernes se révèlent différents. Les théories de jauge montrent que les physiciens ne se contentent pas de posséder des théories décrivant de manière parfaitement précise « comment » se meuvent et interagissent les particules. Ils cherchent à savoir *pourquoi* ces particules existent et *pourquoi* elles interagissent ainsi qu'ils l'observent.

Les théories physiques fondamentales les plus fructueuses — la relativité générale (théorie de la gravité), la chromodynamique quantique (théorie des forces subnucléaires fortes entre quarks et gluons), et la théorie de Weinberg-Salam (théorie unifiée des interactions électromagnétique et faible) — sont toutes des théories d'un genre particulier appelées *théories de jauge locale.* Nous avons déjà vu au chapitre 2 comment certaines invariances géométriques des lois de la Nature équivalent à l'imposition d'invariances physiques. À chaque symétrie se rattache une quantité conservée. Cette correspondance se maintient même lorsque les symétries impliquées sont plus complexes que de simples rotations ou translations dans l'espace. Ces invariances supplémentaires, appelées symétries internes, correspondent à des invariances par rapport à diverses altérations des caractéristiques des particules concernées, par exemple la permutation des identités de tous les protons et tous les neutrons dans l'Univers. Les symétries de jauge sont, quant à elles, différentes. Elles ne conduisent pas à des quantités conservées dans la Nature ; elles imposent plutôt de puissantes contraintes sur la forme et le champ d'action des lois de la Nature. En particulier, elles prescrivent quelles forces de la Nature existent et les propriétés des particules élémentaires que celles-ci régissent. L'exemple le plus simple est celui de la *symétrie de jauge globale.* Elle requiert une invariance du monde vis-à-vis d'un déplacement identique de tous ses points. Imaginez une telle opération effectuée sur un objet comme votre main. Elle serait déplacée dans l'espace mais demeurerait inchangée. Cependant, il n'est pas naturel de supposer l'identité des changements partout. L'altération d'une particule à cet instant-ci, à l'autre bout de l'Univers, ne peut en rien affecter une particule en ce point-ci tant qu'un signal lumineux n'a pas véhiculé la perturbation de l'une à l'autre. Pour qu'un même état frappe simultanément les deux particules, il faudrait une signalisation instantanée. L'invariance de jauge globale constitue donc une restriction quelque peu déplaisante qui conserve des traces du principe d'action à distance instantanée de Newton. Ceci nous conduit à formuler l'exigence plus réaliste, mais aussi plus contraignante, d'une invariance des choses vis-à-vis d'une *symétrie de jauge locale*, dans laquelle chaque point peut changer différemment des autres.

Dans ce cas pourtant, l'invariance semble impossible. Pour reprendre notre exemple précédent, chaque partie de votre main se déplacerait dans une direction différente. Des transformations générales de ce genre ne peuvent conserver les choses invariantes que s'il existe certaines forces pour contraindre les mouvements possibles. Imaginez des bandes élastiques serrées autour de votre main qui limitent les mouvements possibles de ses parties : le monde des particules élémentaires s'apparente à un réseau infini de contraintes entrelacées de la sorte qui transforment tous les changements possibles en une petite classe de modifications particulières. De cette manière, l'imposition de l'invariance sous une symétrie de jauge locale dicte, en fait, quelles forces de la Nature s'exercent entre les particules impliquées. Elle révèle pourquoi existe l'électromagnétisme et son mode opératoire.

La théorie de la relativité générale d'Einstein est une théorie de jauge locale de ce type. Einstein souhaitait généraliser le principe de relativité restreinte, affirmant l'invariance des lois de la physique pour tous les observateurs en mouvement uniforme, au cas d'observateurs en mouvement accéléré. Cette invariance ne se réalise, pour tous les observateurs en mouvement accéléré, que si un champ gravitationnel existe.

La foi platonicienne en la symétrie et la mise en œuvre de ces symétries en tant que substrat des théories de jauge constituent le fondement de notre connaissance des interactions entre particules élémentaires. Cependant, cela ne nous dit pas tout et, en particulier, combien de particules d'une même espèce sont nécessaires. Pourquoi trois types de neutrino plutôt qu'un seul ? Pourquoi une seule variété de photon ? La Nature semble avoir appliqué un principe d'imitation de deux manières différentes. Elle a créé des populations de particules identiques comme les électrons et les neutrinos électroniques ; mais elle a aussi engendré les muons et les neutrinos muoniques, de même que les particules tau et leurs neutrinos associés. Celles-ci ressemblent à l'électron et à son neutrino sous bien des aspects. Nous voudrions savoir pourquoi existent ces petites variations sur un même thème général et pourquoi il n'y en a pas plus que trois. Les différentes théories de jauge n'ont pu prédire combien de copies devaient exister. De surcroît, pour brosser une image totalement unifiée de l'Univers, nous devons disposer des nombreuses théories de jauge différentes et les unifier en une seule description en scellant les différentes symétries associées aux théories individuelles dans un schéma plus vaste, ou *théorie de grande unification.* La grande unification élimine la difficulté des théories disjointes, mais ne résout toujours pas le problème de ce qui limite le nombre d'espèces de particules similaires.

Les théories de jauge, en vertu de leur nature même, reposent sur le concept de symétrie. Ces symétries sont construites par l'action d'un nombre fini de variations sur un thème unique. Il n'y a qu'un nombre fini de générateurs fondamentaux des schémas possibles qui sous-tendent toutes les possibilités compatibles avec la subsistance d'une symétrie particulière. Plus le nombre de générateurs fondamentaux est élevé, plus vaste est l'éventail des modèles. De plus, les générateurs de base d'un ensemble de modèles compatibles avec une symétrie sous-jacente définissent cette symétrie et correspondent aux messagers des forces de la Nature. De fait, dans la théorie de l'électromagnétisme de Maxwell, ne trouvons-nous qu'un seul générateur de la symétrie, correspondant au photon ; la symétrie gouvernant la force nucléaire faible possède trois générateurs correspondant au boson Z, électriquement neutre, et aux bosons W de charge positive et négative ; la force nucléaire forte entre quarks possède huit générateurs qui correspondent aux huit variétés de gluon transportant les trois variétés de la charge appelée « couleur » que reconnaît la force forte. En conséquence, nous voyons qu'existe un certain élément de *finitude* enraciné dans toutes ces théories. La finitude de la symétrie est associée au nombre fini de particules élémentaires qui constituent les générateurs de base de la symétrie. Un monde qui recèlerait une infinité de particules élémentaires ne serait rien moins qu'anarchique. Ses symétries devraient être si grandes que leurs influences seraient cruellement faibles.

Élémentarité

> *Nous discutâmes des « propriétés des choses », et de la mesure dans laquelle elles pouvaient être étudiées. Une fois le raisonnement poussé à l'extrême, fut posée la question : Supposons que nous puissions découvrir* toutes *les propriétés d'un* grain de sable, *connaîtrions-nous alors complètement* l'entièreté de l'univers *? Ne subsisterait-il pas une composante irrésolue dans notre compréhension de l'univers ?* A. MOSZKOWSKI

Dans le processus d'identification des forces et des particules de la Nature, l'aspect le plus d'actualité consiste à établir l'identité des entités les plus élémentaires de la Nature. Jusqu'il y a encore quelques années, on les imaginait invariablement comme des « points » idéalisés de dimension nulle. Quarks et leptons tombaient sous le coup de cette description puisque aucune expérience de diffusion de particules ne pouvait mettre en évidence une structure interne. Si vous aviez demandé à un physicien des particules combien d'anges pouvaient danser sur un quark, il aurait répondu aucun, sans l'ombre d'une hésitation. Cependant, les théories reposant sur des entités ponctuelles les plus élémentaires — à savoir les théories quantiques des champs — possèdent des propriétés déplaisantes. Elles conduisent à des quantités mathématiques infinies qu'il faut ignorer lors du calcul de grandeurs observables. Cette élimination s'effectue habituellement en ignorant les termes infinis, mais cette procédure est esthétiquement peu attrayante. La pratique la tolère parce que les parties finies qui survivent à l'élimination des infinis fournissent des prédictions de quantités observables correctes avec une précision extraordinaire. En fait, une profonde vérité doit se dissimuler au cœur de cette représentation.

Nous savons maintenant que ces effets disparaissent dans les théories concevant les objets les plus élémentaires comme des lignes ou des boucles (« cordes ») plutôt que comme des points. En outre, contrairement au schème des particules ponctuelles, qui exige de spécifier individuellement toutes les caractéristiques de ces points, comme leur masse, une corde possède un nombre infini de modes de vibration, à l'instar des harmoniques d'une corde de violon, et l'énergie de chaque mode correspond à la masse d'une particule élémentaire différente (grâce au principe d'équivalence entre masse et énergie, $E = mc^2$). Ces masses devraient, pour la plupart, culminer à des énergies très élevées, inobservables, sauf celles qui coïncident avec les particules élémentaires connues. Par ailleurs, le nombre de versions de chaque particule paraît relié à la structure symétrique sous-jacente de ces théories. Elles détiennent la capacité de nous expliquer pourquoi existent trois variétés de neutrino à basse énergie. Tandis que les précédentes théories des particules élémentaires péchaient par impuissance à nous expliquer cet aspect des choses, les théories des cordes l'enchaînent profondément aux lois de la Nature et le transforment en un « pourquoi » susceptible d'obtenir une réponse. En cette potentialité explicative réside le grand espoir des théories des cordes et la raison de leur candidature au titre de théorie de tout. Elles devraient receler le profond rapport entre les symétries ou lois de la Nature et les entités que régentent ces lois, mais à ce jour extraire cette information de la théorie est d'une difficulté insurmontable. Posséder la théorie de tout est une chose, la résoudre en est une autre. Un jour viendra où cette théorie prédira précisément les masses des particules élémentaires de la Nature, prédictions qui seront confrontées aux observations.

Les théories des cordes visent à expliquer toutes les propriétés des particules élémentaires de la Nature. Mais en quels termes ? Quelles sont les propriétés des cordes elles-mêmes ? Les cordes manifestent une propriété singulière : leur tension qui joue un rôle crucial en assurant la continuité de ce formalisme avec les théories quantiques des champs ponctuels expliquant les attributs observés du monde à basse énergie. Car la tension d'une corde varie avec l'énergie ambiante de sorte qu'à basse énergie, la tension élevée contracte les cordes en points, et nous recouvrons les caractéristiques d'un monde peuplé de particules élémentaires ponctuelles. À haute énergie, là où la tension de corde est faible, leur nature filiforme, évidente, engendre un comportement qualitativement différent de celui des théories ponctuelles. Malheureusement, à ce jour, l'habileté mathématique requise pour dévoiler ces propriétés nous fait quelque peu défaut. Pour la première fois, les physiciens modernes ont découvert que les mathématiques d'aujourd'hui ne suffisent pas pour extraire le contenu physique de leurs théories. Mais, à n'en pas douter, des techniques adéquates naîtront à terme, ou peut-être se manifestera une meilleure appréhension de la théorie, conceptuellement et techniquement plus simple.

En résumé, nous avons vu la nécessité de connaître l'identité des forces et des particules de la Nature. Aujourd'hui, nous pensons, peut-être à tort, avoir identifié toutes les forces fondamentales. Nous possédons des théories de jauge fonctionnelles, fondées sur des symétries particulières qui déterminent la structure de ces forces et nous disent, en fait, pourquoi elles doivent exister si les lois de la Nature doivent maintenir certaines symétries. Des schémas unificateurs de ces différentes théories de jauge existent, mais ils sont incapables de limiter le nombre d'espèces de particules susceptibles d'exister. Finalement, seule l'exigence d'autocohérence restreint les options de l'unique suprasymétrie de la Nature, dont toute chose découle. Mais cette voie exige un élément plus radical pour que sa mise en œuvre soit féconde. Ceci nous a conduits à abandonner notre croyance en la quiddité ponctuelle des entités les plus fondamentales de la Nature. Les théories des cordes qui naquirent du désir d'unifier sans défauts se réduisent à celles qui ne recèlent qu'un petit nombre de suprasymétries possibles.

Dans la longue marche vers une description autocohérente unique des forces de la Nature, le point de vue traditionnel selon lequel les théories les plus fondamentales de la physique doivent être des théories quantiques des champs a vacillé devant les théories des cordes et leur promesse d'expliquer les propriétés de toutes les particules élémentaires de la Nature. À présent, les cordes ne sont *que* théoriques. Dans l'avenir, nous espérons pouvoir extraire la multitude de leurs propriétés. Cependant, toute théorie fondée sur le concept de symétrie est menacée par une épée de Damoclès : l'hypothétique existence d'une symétrie plus vaste. Comment pouvons-nous savoir si notre description tout entière, quels que soient sa cohérence interne et son possible succès expérimental, ne s'intègre pas dans un schème des choses bien plus vaste défini par sa cohérence vis-à-vis de propriétés de l'Univers jusqu'ici insoupçonnées, associées à des forces de la Nature si faibles qu'elles sont encore inconnues ?

Atome et tourbillon

Un plagiat anticipatif a lieu lorsque quelqu'un vole votre idée originale et la publie un siècle avant votre naissance. Robert MERTON

L'introduction de la « corde » en tant que fondement de l'explication de la nature des particules élémentaires et de leurs interactions illustre le déploiement de la topologie en physique. La topologie est une branche des mathématiques qui s'intéresse aux configurations des choses, exception faite de leur taille et de leur forme. Deux choses sont dites topologiquement équivalentes si l'une peut-être continûment déformée en l'autre sans une quelconque césure. Donc, un œuf est équivalent à une sphère. Lord Kelvin appliqua pour la première fois, au milieu du XIXe siècle, la topologie à un problème analogue — l'interaction d'atomes au lieu de particules élémentaires. De nombreux parallèles saisissants peuvent être établis avec les objectifs et les attraits de la théorie des cordes.

En 1867, devant la Société royale d'Édimbourg, Kelvin présenta une nouvelle théorie de l'atome, et publia ses idées dans le journal de la Société. Les études menées par Helmoltz sur le comportement des tourbillons en interaction dans les liquides, démontré par Tait dans une série d'ingénieuses expériences au moyen d'anneaux de fumée, impressionnèrent beaucoup Kelvin. Il voulait concevoir les atomes comme une sorte de remous local dans l'état d'un fluide universel baignant l'Univers. Helmoltz avait montré que des filaments turbulents dans un liquide parfait pouvaient demeurer dans un état stable à l'abri de dissipation. Les tourbillons répondent donc à une des conditions nécessaires à toute théorie de la matière. Des démonstrations de Tait, il écrit :

> Une magnifique présentation d'anneaux de fumée, qu'il eut le plaisir de voir récemment dans la classe du professeur Tait, réduisit d'une unité le nombre d'hypothèses requises pour expliquer les propriétés de la matière en supposant que tous les corps se composent d'atomes tourbillonnaires dans un liquide parfait et homogène. Deux anneaux souvent rebondissaient obliquement l'un par rapport à l'autre, tremblant violemment sous l'effet du choc. Le résultat ressemblait à ce que l'on observe dans deux anneaux de caoutchouc qui se heurtent en l'air. L'élasticité de chaque anneau de fumée n'était pas moins parfaite que celle d'un anneau de caoutchouc de même forme, considérant ce que nous savons de la viscosité du caoutchouc. Bien sûr, cette élasticité cinétique de la forme est élasticité parfaite pour des anneaux tourbillonnaires dans un liquide parfait. Il s'agit là d'un début au moins aussi prometteur que la « collision d'atomes » pour expliquer l'élasticité des gaz.

Dans l'image des interactions atomiques que se forgea Kelvin, chaque atome consistait en un tourbillon dans un éther ambiant. La stabilité observée des atomes avait un parallèle dans la stabilité surprenante des anneaux tourbillonnaires qu'il avait observés et qui pouvait se ramener à la découverte, faite par Helmoltz, qu'une mesure de la circulation d'un système tourbillonnaire se conservait lors d'interactions entre eux. Un seul tourbillon ne pouvait surgir du néant. Les tourbillons ne pouvaient apparaître que par paires. Il reconnut également qu'une énorme variété de structures atomiques pouvaient s'expliquer en exploitant la profusion de configurations différentes que pouvaient prendre des tubes de tourbillons emmêlés, et il envisagea « des atomes tourbillonnaires noués ou soudés, dont l'inépuisable variété est infiniment plus que suffisante pour expliquer les variétés et allotropies des corps simples connus et de leurs affinités mutuelles ».

En effet, tous les nœuds possibles sont accessibles aux tourbillons. En fait, ceci amena Tait à entreprendre une étude détaillée de la classification des nœuds. Mais la dernière propriété des tourbillons à laquelle il se référa était la plus frappante. Car l'une des caractéristiques principales de la théorie des cordes veut que chaque corde transporte l'énergie de ses modes naturels de vibration, assimilés aux énergies de masse des particules élémentaires. Kelvin espérait expliquer les raies spectrales des éléments chimiques à l'aide des modes naturels de vibration des tourbillons qui les constituaient. À nouveau, il en appela aux propriétés de stabilité observées de telles vibrations comme base de cette théorie :

> L'atome tourbillonnaire possède des modes très précis de vibration, ne dépendant que du mouvement dont l'existence le constitue. La découverte de ces modes fondamentaux [de vibration] représente un problème éminemment intéressant pour les mathématiques pures.

Ces idées le poussèrent à formuler d'audacieuses spéculations du genre : il peut exister des structures atomiques formées de chaînes de tourbillons entrelacés et les énergies de vibration des tourbillons doivent dépendre de la température, ce qui pourrait conduire au phénomène d'absorption par coïncidence avec les modes de vibration d'une autre substance.

Kelvin et ses collaborateurs travaillèrent ardemment sur cette théorie pendant environ vingt ans, et elle faisait autorité parmi les physiciens les plus éminents de l'époque. Mais en l'absence de succès décisifs, elle fut finalement abandonnée. Réexaminée à la lumière de la théorie des cordes moderne, elle apparaît comme une préfiguration de l'idée selon laquelle la stabilité peut naître de changements purement topologiques et la présence de modes de vibration être la source de configurations énergétiques stables de la matière.

Un monde jaloux de lui-même

Derrière ce tableau, se dissimule une image encore plus radicale. Il se pourrait fort bien que l'Univers ne montre pas, même au cosmologiste le plus fervent, le dessous des cartes. La théorie de la gravitation d'Einstein nous a enseigné que la notion de force peut n'être rien de plus qu'un anthropomorphisme commode. Selon la perception classique, les lois de la physique forment un ensemble de règles qui régissent la réaction des particules à certaines « forces » mutuelles lorsque ces particules occupent un espace de géométrie euclidienne. Avec la théorie de la relativité générale, Einstein nous présenta une image de la gravitation bien plus sophistiquée. La présence des particules matérielles et leur mouvement déterminent la topographie locale de l'espace dans lequel elles baignent. Plus besoin de forces mystérieuses agissant entre corps voisins. Maintenant, chaque corps se meut le long du chemin le plus économique dans l'espace ondulant engendré par toutes les particules de l'Univers. Ainsi, le Soleil creuse, dans le voisinage de la Terre, une douve et la Terre se déplace le long de la surface interne de ce fossé. Nous appelons ce chemin une orbite. Aucune « force » gravitationnelle n'agit entre objets distants. Toute chose reçoit son ordre de marche de la topographie spatiale dans son voisinage immédiat.

Donc, les étudiants qui apprennent la théorie de la gravitation d'Einstein ne parlent de « forces gravitationnelles » que par commodité linguistique. L'idée plus élégante et plus puissante d'une géométrie spatio-temporelle dynamique a englobé le concept de force. Nous pourrions suspecter, pour cela, que toute prétendante au titre de théorie globale vraiment fondamentale, comme la théorie des cordes, qui enveloppe l'image einsteinienne de la gravitation et l'unit aux autres forces de la Nature, doit conduire également à la dissolution de ces forces. Peut-être la recherche de la théorie globale nous révélera-t-elle que ces forces fondamentales de la Nature, que nous avons tenté d'unifier avec acharnement, sont, comme les habitants de l'île de Prospero,

> [...] des esprits [qui] se sont fondus en air, en air impalpable [...] de même que la structure sans fondement de cette vision [...] se dissoudront sans laisser de brume à l'horizon [...] [1]

La théorie des cordes promet d'aller un pas plus loin que celui franchi grâce à l'image einsteinienne d'une force enchâssée dans une géométrie spatio-temporelle voûtée. En effet, la théorie des cordes contient la théorie de la gravitation d'Einstein. Les boucles agissent comme les messagers des forces gravitationnelles, appelés « gravitons » dans le langage des particules ponctuelles. Mais il a été dit que nous devions pouvoir extraire la géométrie de l'espace-temps des caractéristiques des cordes et de leurs propriétés topologiques. À ce jour, ce programme relève du vœu, et nous nous limitons à comprendre le comportement des cordes tressant l'espace-temps. Mais l'image filandreuse de ces forces gravitationnelles, que nous avons déjà étroitement mariée à la nature de l'espace et du temps, promet d'ouvrir nombre de nouvelles perspectives. Par exemple, si l'on conçoit que dans l'avenir l'Univers se contractera, accroissant sans cesse sa densité et sa température, quel en sera le résultat final ? La vision conventionnelle des particules ponctuelles prédit que l'ef-

1. Shakespeare, *La Tempête*, trad. F.-V. Hugo.

fondrement aboutira à une vraie singularité de densité infinie en un temps fini. Mais dans le langage des cordes, nous pourrions envisager que l'énergie, restituée par l'effondrement, soit engloutie dans l'excitation de tous les modes possibles de vibration des cordes, et la contraction pourrait donc prendre fin. Les cordes agissent comme des amortisseurs cosmiques absorbant les chocs. Inversement, peut-être l'état initial de l'Univers tout entier correspond-il à un état filandreux inhabituel qui libère son énergie vibrationnelle interne en force motrice entraînant l'expansion.

Par l'étude des régimes de très haute densité, où gravité et mécanique quantique conspirent pour influencer les événements, la théorie des cordes projette de modeler radicalement notre vision du monde en nous fournissant une théorie quantique de la gravitation. À ce propos, elle affiche des lettres de créance très prometteuses, car, alors que d'autres théories des phénomènes quantiques développent toujours des incohérences lorsqu'on tente d'y inclure la gravité, la théorie des cordes requiert la gravité pour être cohérente. Afin d'illustrer comment une représentation filandreuse pourrait saisir l'essence des phénomènes graviquantiques, reportons-nous à la situation dépeinte dans la figure 4.1. Considérons une boucle en mouvement dans l'espace et le temps. Elle délimite le tube d'univers esquissé dans la figure 4.1 (a). Mais les fluctuations et les incertitudes quantiques flétrissent la surface de ce tube, ainsi que l'illustre la figure 4.1 (b). Pratiquons ensuite des coupes dans ce tube à divers instants ; la figure 4.1 (c) expose le résultat. L'image obtenue montre la présence de plusieurs boucles interagissantes alors que la boucle constituait l'état non fluctuant de la figure 4.1 (a). Cette image simple montre qu'une théorie des cordes, contenant des interactions de boucles simples, peut inclure les effets des fluctuations graviquantiques.

L'existence de quatre forces fondamentales, desquelles tous les phénomènes naturels découlent, constitue un autre aspect de l'Univers, très important aux yeux des physiciens. D'autres forces, très faibles, dont nous n'avons aucune expérience manifeste, peuvent exister, et s'il en est ainsi, la tâche de construire une théorie unifiée de toutes ces forces n'en sera que bien plus ardue. Une autre caractéristique importante des forces de la Nature réside dans leurs différences. Elles agissent sur des sous-ensembles différents de particules et possèdent différentes intensités. La force gravitationnelle, la force nucléaire forte, la force électromagnétique et la force faible diffèrent en intensité relative *grosso modo* comme 10^{-39}, 1, 10^{-2} et 10^{-5}. Cette vaste gamme de rapports de force joue un rôle important dans notre quête de la compréhension de l'Univers. Si les forces agissaient sur toutes les particules avec une intensité semblable, un monde beaucoup plus compliqué s'ouvrirait à nos yeux. Toutes les forces importeraient dans presque chaque situation. La hiérarchie des intensités des forces assure que cela ne se produit pas. Les structures que nous observons dans l'Univers résultent d'un équilibre entre paires de forces naturelles, les autres jouant un rôle négligeable.

La Nature n'autorise-t-elle que les *quatre* forces connues ? Récemment, la question de la réalité de la « cinquième force » a fait l'objet d'âpres débats. Le bruit a couru que la loi de la gravitation de Newton, en inverse du carré de la distance, ne rend pas compte du comportement réel de la force entre masses quand la gravité est faible. Cette loi subirait plutôt une petite modification qui revient à ajouter une nouvelle force. Il convient d'interpréter cette composante, appelé « cinquième » force, comme l'hypothèse d'un comportement légèrement différent de la force de gravité connue. La plupart des physiciens doutent de l'existence de la « cinquième » force, et les expériences les plus récentes et les plus précises n'ont pas confirmé les affirmations originelles des premiers expérimentateurs. Plutôt que d'insister sur cette dispute, arrêtons-nous sur la raison pour laquelle elle a pu éclater. La gravité nous interpelle par son extraordinaire faiblesse. À l'échelle des atomes et des objets quotidiens, elle est 10^{37} fois plus faible que les autres forces de la Nature. Ce qui la rend donc très difficile à détecter. Les autres forces masquent ses effets : les aimants empêchent la chute de pièces métalliques ; les forces subatomiques de la Nature empêchent les particules élémentaires de s'entasser sur le sol. De surcroît, la gravité agit sur tout : on ne peut la supprimer ni l'écranter, contrairement aux autres forces. Car, tandis que l'électricité et le magnétisme existent sous forme positive et négative qui s'annulent mutuellement, la « charge » gravitationnelle, c'est-à-dire la masse, n'apparaît que sous forme positive. Ce qui permet à la gravité de dominer le monde du très grand. Quand des corps massifs à l'échelle astronomique s'accumulent, l'effet net des autres forces de la Nature est nul en raison de la bipolarité de leurs « charges ». La masse, par contre, ne fait que croître et finit par triompher de sa faiblesse intrinsèque. En raison de la petitesse de la gravité à l'échelle du laboratoire, il y est très difficile de déterminer la forme de la loi de l'attraction gravitationnelle, alors qu'à l'échelle du système solaire, les incertitudes laisseraient leur empreinte bien plus clairement. Lorsque vous consultez l'appendice d'un manuel de physique donnant les valeurs numériques des constantes fondamentales de la

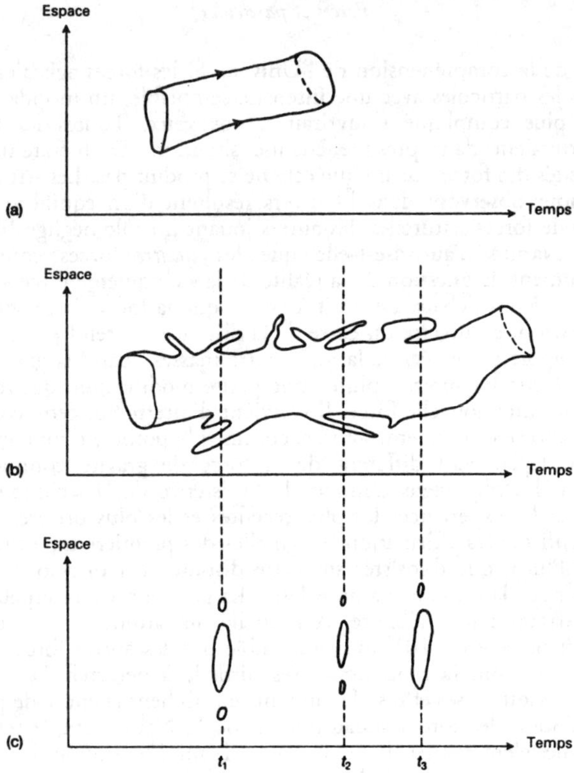

Figure 4.1. — (a) Une boucle en mouvement dans l'espace et le temps délimite un « tube d'univers » dans l'espace-temps ; (b) les fluctuations graviquantiques déforment le « tube d'univers » lisse présenté en (a) ; (c) sections à travers (b) à trois instants t_1, t_2, et t_3. À chaque instant, les effets des perturbations représentées en (b) sur le « tube d'univers » originel de la figure (a) équivalent à des interactions entre boucles.

Nature, vous remarquez que la constante de gravitation de Newton comporte moins de chiffres significatifs que n'importe quelle autre constante. Nous pourrions très bien avoir manqué une nouvelle force de la Nature dont les effets les plus manifestes se marqueraient aux distances intermédiaires, plus grandes que l'échelle atomique mais plus petites que les dimensions planétaires. Bien sûr, il est assez mystérieux, quoique pas impossible, que des effets inhabituels puissent se produire seulement à cette échelle qui, par coïncidence, se trouve très proche de l'échelle de l'expérience humaine.

Le scénario de la « cinquième » force nous rappelle que pourraient exister d'autres forces fondamentales de la Nature dont nous avons encore à reconnaître les effets. Devrions-nous considérer comme suspect ou simplement fortuit le fait que toutes les forces de la Nature soient suffisamment intenses pour que nous soyons en mesure de les détecter après quelques millénaires d'étude ? N'est-il pas plus probable que d'autres forces de la Nature, intrinsèquement très faibles, ou hautement sélectives quant aux objets sur lesquels elles agissent, ou de portée minuscule, existent ? De telles forces pourraient exister. Elles ne jouent pas nécessairement un grand rôle dans la structure du monde de tous les jours, ni même dans le monde actuel du physicien des hautes énergies, mais leur présence détermine totalement la forme de l'ultime théorie de tout que nous recherchons. Le nombre et la nature de ces forces fantomatiques déterminent la taille et la forme des symétries fondamentales de la Nature. Afin de complètement les unifier aux forces connues, il faudra à la théorie une contrainte sur le comportement des forces connues que nous ne soupçonnons pas encore. Un scénario dans lequel un tel problème surgit équivaut au problème de la suprasymétrie ; en d'autres termes, chaque fois que l'on découvre une symétrie « ultime » qui rend compte de toutes les interactions et particules connues dans la Nature, il est toujours possible de l'inclure dans un schème plus vaste, plus grandiose, peuplé de particules additionnelles gouvernées par de nouvelles forces de la Nature. Il s'agit là d'un type de régression infinie forçant à trouver de plus en plus de particules élémentaires à chaque niveau de la matière que l'on sonde.

Une version édulcorée de ce problème de la force fantôme surgit dans certaines théories des cordes introduites précédemment. Des deux symétries particulières que ces théories choisissent pour le monde, l'une ressemble au produit de deux schémas identiques. Quand l'Univers se refroidit, les forces connues de la Nature peuvent émerger naturellement de l'une des deux copies du schéma. Mais qu'advient-il de l'autre copie ? Il n'y a pas de raison qu'elle se scinde aussi en un ensemble de forces différentes, bien qu'elle soit en mesure de le faire. Au contraire, il semble plus naturel qu'elle subsiste sous forme d'un monde fantôme, dans lequel des fantômes de toutes les particules connues interagissent très faiblement, comme si elles ne ressentaient qu'une faible version de la force de gravité. Une telle matière fantôme pourrait se faufiler parmi nous en permanence. Sa présence et son influence sont assez peu contraintes, et ceci démontre la vulnérabilité de notre vision ordonnée du monde aux influences qui ne tombent pas dans l'étroit domaine d'intensité et de portée que nous pouvons détecter directement ou indirectement.

5
Les constantes de la Nature

L'importance de la permanence

À la lecture de la description, par des sociologues, de la démarche scientifique, je me demande souvent ce qu'éprouverait un atome s'il pouvait lire un manuel de mécanique quantique. James TREFIL

La permanence est séduisante. Nous sentons instinctivement que des choses qui demeurent depuis des siècles ne peuvent être parées que d'attributs intrinsèquement bons. Elles ont passé l'épreuve du temps. Nos croyances religieuses sont traditionnellement ancrées dans la « confiance » en un Être suprême immanent dont l'invariabilité « hier, aujourd'hui et à jamais » représente une garantie pour l'avenir. Et, malgré le flot constant des événements changeants, nous percevons dans le monde une assise dont l'aspect général demeure le même. Les physiciens aiment à le croire également. Les équations qu'ils utilisent pour synthétiser les lois de la Nature contiennent certains nombres invariants connus sous le nom de « constantes de la Nature ». Affubler une quantité de l'épithète « constante naturelle » lui confère un statut enviable dans le grand schème des choses.

Les équations qui étayent l'étude scientifique de la Nature ont cette merveilleuse propriété qu'elles peuvent être utilisées afin de prédire le futur, sans nécessité de comprendre pourquoi les nombres constants possèdent les valeurs particulières qui les caractérisent. Nous pouvons nous limiter à les mesurer. Si des mesures plus précises entraînent une légère révision de leurs valeurs, la forme générale des solutions des équations ne subira pas de grande modification. De même, ces valeurs ne dépendent pas de la nature des conditions initiales. Nous devons, bien sûr, faire preuve de circonspection devant cette heureuse situation. Si les constantes de la Nature apparaissent comme des facteurs de proportionnalité dans une représentation théorique particulière, quoique utile, du monde, ces constantes pourraient n'être alors que des artefacts du type de représentation choisie. Peut-être des représentations alternatives du monde physique existent-elles qui conduisent à d'autres grandeurs invariantes ? Sans doute, l'histoire des sciences fut-elle le témoin d'un constant progrès à rendre de plus en plus inéluctable et simple ce qui fut un jour arbitraire et compliqué dans notre description des choses. La plupart du temps, cette simplification résulte de la découverte que des grandeurs précédemment considérées comme des constantes disjointes de la Nature apparaissent reliées entre elles ou même formées de combinaisons d'autres constantes de la Nature plus fondamentales encore. Chaque véritable percée dans les sciences physiques va de pair avec une révision ou un approfondissement de notre compréhension d'une constante de la Nature. La découverte par Newton, voilà plus de trois cents ans, d'une loi universelle de la gravité s'accompagna de l'introduction d'une constante qui, aujourd'hui, porte son nom et qui spécifie l'intensité intrinsèque de la force de gravité dans l'Univers. Pour Newton et ses successeurs, la grande nouveauté de cette quantité provenait du fait que la mesure de l'intensité intrinsèque de la gravité devait être constante partout et à tout moment. Elle reliait des phénomènes aussi superficiellement divers que la chute des pommes et le mouvement des planètes.

La constante de la gravitation de Newton fut la première des constantes modernes de la Nature à être identifiée. Les ramifications de sa découverte s'étendirent à d'autres domaines de la philosophie et de la théologie. Certains contemporains de Newton tenaient son universalité même comme preuve de l'existence d'un Créateur unique de l'Univers physique. Ce lien fut, en général, le plus fermement défendu par les adeptes d'une confession religieuse unitaire, comme Newton lui-même.

La science progressant et approfondissant les questions qu'elle pose au monde réel, il ne suffit plus de considérer ces constantes de la Nature comme des étalons que nous pouvons seulement mesurer. Même les négativistes qui, au début du siècle, pensaient achevé le travail de la physique, mis à part la mesure de plus en plus précise des constantes de la Nature, n'avaient pas envisagé la possibilité de calculer leurs valeurs. Un tel programme ne figurait pas dans leur agenda. Les chercheurs modernes en quête de la théorie de tout croient en l'existence d'un principe profond de cohérence logique qui, au bout du compte, permettra de déterminer ces constantes de la Nature par de simples comptages. Pour ces enquêteurs et leurs précurseurs, présents à chaque étape du développement de la physique au XXe siècle, la capacité de prédire ces nombres purs constitue la vraie pierre de touche d'une théorie de tout. Une théorie qui prédirait avec succès ou expliquerait la valeur de toute constante de la Nature comblerait la communauté des physiciens. La véracité de cette affirmation peut être appréciée par les scientifiques qui reçoivent un abondant courrier émanant d'un public désorienté relatant la découverte de leur nouvelle « Théorie de l'Univers » (l'auteur en a reçu deux exemples rien que la semaine dernière). De telles thèses présentent deux facteurs communs (en dehors du fait curieux qu'à ma connaissance, elles n'ont jamais été proférées que par des hommes et non par des femmes) : elles visent à montrer qu'Einstein était dans l'erreur et elles se consacrent toutes à la déduction des valeurs numériques des constantes de la Nature à partir d'une quelconque séquence de jongleries combinatoires qui, de temps à autre, inclut des considérations aussi obscures que les dimensions de la Grande Pyramide ou l'interprétation de la kabbale. Le premier de ces facteurs relève d'une évidente motivation psychologique. Einstein est perçu comme l'homme de science du XXe siècle *par excellence*[1], et par conséquent, certains imaginent naïvement qu'en le prenant en défaut sur un certain point, ils passeront pour de nouveaux messies scientifiques, plus grands qu'Einstein lui-même. Mais le second facteur est le plus révélateur. En se focalisant sur le calcul des constantes de la Nature, le travail de ces excentriques montre à quel point cette quête constitue l'objectif ultime de la physique moderne. Mais d'où la perception populaire d'une explication des constantes de la physique comme le Saint-Graal des physiciens vient-elle ? Je crois que la réponse se trouve dans certains travaux des scientifiques de la première moitié du XXe siècle qui, à l'époque, furent très populaires.

1. En français dans le texte.

Fondamentalisme

> *Le grand Arthur Eddington donna une conférence concernant sa prétendue détermination de la constante de structure fine à partir des principes premiers. Goudsmit et Kramers y assistaient tous deux. Goudsmit n'y comprit pas grand-chose, et la considéra comme une réelle absurdité. Après la discussion, Goudsmit demanda à son ami et mentor Kramers : « Tous les physiciens s'embarquent-ils dans d'aussi folles spéculations en vieillissant ? Cela m'effraye. » Kramers répondit : « Non Sam, ne crains rien. Un génie comme Eddington peut probablement devenir fou, mais quelqu'un comme toi devient seulement de plus en plus bête. »* M. DRESDEN

Pour bien comprendre ce qui s'est passé dans la première moitié du XXe siècle, il faut avoir présent à l'esprit qu'à la fin du XIXe siècle le centre de gravité de la physique se situait en Allemagne. Or, les physiciens allemands étaient les héritiers spirituels de la philosophie de Kant, laquelle imprégnait nombre de leurs espérances concernant la finalité de l'investigation scientifique humaine. Il était recommandé de distinguer les lois de la physique connues à l'époque, créations de l'esprit humain, de la vraie nature des choses. La plupart des manuels commençaient par une discussion introductive sur la philosophie de la science qui soulignait la perspective de l'idéalisme kantien. Dans ce climat émergèrent diverses idées concernant la tentative d'explication de la totalité du monde physique et les constantes de la Nature qui définissent sa forme globale. D'un côté se trouvaient ceux qui, comme Einstein, croyaient que le processus de description de la Nature par les lois de la physique était convergent. Il y aurait toujours des éléments de la description inadéquats, des pièces du puzzle omises. Ce processus continu de révision que nous appelons « découverte scientifique » pourrait, cependant, ne pas avoir de fin, puisque Einstein a conçu la théorie de la relativité générale comme une itération supplémentaire vers la vérité absolue vers laquelle on tend asymptotiquement, car

> quelle que soit la manière de sélectionner un ensemble [de phénomènes] de la Nature en utilisant le critère de simplicité, sa description théorique n'apparaîtra jamais complètement appropriée [...] Mais je ne doute pas que viendra le jour où cette description [la théorie de la relativité générale], aussi, cédera le pas à une autre, pour des raisons qu'à présent nous ne soupçonnons pas encore. Je crois ce processus d'approfondissement de la théorie sans limites.

Peu de temps après avoir écrit ces mots, Einstein commença à travailler sur sa peu glorieuse « théorie du champ unifié », sa vision d'une théorie de tout unifiant sa théorie de la gravitation avec les lois de l'électromagnétisme. Si ces « deux réalités complètement séparées l'une de l'autre conceptuellement » pouvaient être jointes en « une structure unifiée », alors « la physique tout entière avait des chances de devenir un système de pensée ». Plus tard, il concentra toute son énergie intellectuelle sur la recherche de « théories dont l'objet est la totalité des aspects physiques ». Outre l'obtention d'une description plus profonde du monde d'une manière unifiée, Einstein croyait que le bénéfice d'une théorie de cette ampleur était de réduire les incertitudes de la théorie quantique qui lui pesaient tant et de résoudre, de surcroît, l'incongruité de la prédiction d'une naissance de l'Univers, issue de sa théorie de la relativité générale. Cette croyance en l'unité de la Nature signifiait qu'Einstein pensait qu'aucune des constantes de la Nature dont la valeur ne s'expliquait pas précisément par la cohérence interne d'une théorie de tout ne pouvait subsister :

> Je ne puis imaginer une théorie unifiée et raisonnable qui contient explicitement un nombre que le Créateur, par caprice, aurait pu choisir différent, et qui aurait donné pour résultat une légitimité du monde qualitativement différente [...] Une théorie qui contient explicitement dans ses équations fondamentales une constante [de la Nature] devrait d'une certaine manière être construite à partir d'éléments logiquement indépendants les uns des autres ; mais je suis certain que ce monde n'est pas tel qu'une construction aussi laide soit requise pour sa compréhension théorique.

Einstein conçoit la valeur de toute constante non spécifiée de la Nature comme une donnée divine transcendant les lois de la Nature et les conditions initiales de l'Univers, de sorte à assurer l'unicité de celui-ci. Il n'est pas facile d'imaginer cela. On peut, à la rigueur, envisager de fondre toutes les constantes de la Nature en un ensemble irréductible d'un ou deux nombres purs qui caractérisent la dimension de l'Univers et quelque chose comme la tension de corde qui nous renseigne sur la symétrie gouvernant toutes les forces de la Nature, mais nous n'avons, à ce jour, aucun indice sur la façon de réduire ce nombre à zéro. Pour ce faire, les constantes de la Nature devraient être uniquement et complètement prescrites par la forme des lois de la Nature elles-mêmes.

Les contemporains d'Einstein ne partageaient pas tous cette vision d'une description définitive de la Nature sans constantes.

Certains, comme Max Planck, considéraient la science physique comme une entreprise inductive qui ne pourrait jamais céder le pas à une théorie de tout établie par pure déduction. Pour lui, donc, ne pouvait exister de théorie globale qui expliquerait les valeurs de toutes les constantes de la Nature. Planck n'avait rien d'un idéaliste kantien et le signe du progrès scientifique était, à ses yeux, le progrès systématique « vers une séparation aussi complète que possible des phénomènes du monde extérieur de ceux de la conscience humaine ». Il identifia la recherche d'une théorie de tout à la quête d'une « formule unique du monde ». D'autres, comme les instrumentalistes Pierre Duhem et Percy Bridgman, tenaient pour irréalisable en principe la séparation planckienne de la description scientifique des conventions humaines, puisqu'ils considéraient les constantes de la Nature comme résultant entièrement de l'imposition d'un cadre particulier d'explication humaine sur une réalité inconnaissable.

Le plus grand astrophysicien d'avant-guerre, Arthur Eddington, développa l'étude systématique de la structure des étoiles, étendit significativement notre compréhension de leur mouvement dans la Voie lactée, et donna à ses contemporains le meilleur exposé de la nouvelle théorie de la gravitation d'Einstein, tout en jouant un rôle fondamental dans sa confirmation expérimentale. Eddington était également un quaker de profonde conviction, et il est intéressant de se demander quelle influence la notion quaker de « lumière intérieure » a pu avoir sur sa pensée scientifique. Quoique timide et parlant à contrecœur et de façon hésitante en public, Eddington possédait une plume alerte. Ses ouvrages sur la science pour les professionnels et le grand public sont parmi les plus beaux jamais écrits et ils sont encore très appréciés aujourd'hui. Le charme et la lucidité de son écriture firent de ses livres des succès inégalés dans le domaine de la vulgarisation scientifique. Ils exercèrent une très grande influence sur les philosophes et tous ceux qui découvrirent les développements de la science physique par le biais de ses écrits. Les lecteurs d'Eddington découvrirent, intimement liée à son exposé éloquent des faits, une philosophie de la science qui différait radicalement de celle des autres éminents hommes de science de son temps (et plus encore de tout scientifique anglais, à quelque époque que ce soit). Eddington était presque kantien. Il considérait comme fondamentalement irréductible la part jouée par l'esprit humain dans la construction de notre représentation du monde physique. Certains idéalistes auraient invoqué cette excuse pour ne pas sonder plus profondément la nature des choses, mais Eddington, situant l'origine des lois de la Nature dans l'esprit humain, y voyait la garantie de leur rationalité ultime. Il est pensable « que des lois naissant hors de l'esprit puissent être irrationnelles » dans la mesure où « nous ne pouvons jamais réussir à les formuler ». Motivé par la réduction monumentale des mathématiques aux propositions les plus élémentaires de la logique effectuée par Russell et Whitehead, Eddington chercha à réduire la physique à ses termes les plus élémentaires et à découvrir par là si le succès de nos schémas d'explication des œuvres de la Nature doit tout à une simplicité intrinsèque de la Nature ou s'ils sont des créations de nos esprits. Tout au long de la dernière partie de sa vie, jusqu'à sa mort en 1944, Eddington travailla à ce qu'il appelait sa *théorie fondamentale*. Seuls des fragments de sa théorie furent publiés de son vivant. Il s'agissait d'une tentative d'élaboration d'une théorie de tout dont le but principal consistait à expliquer les valeurs numériques de toutes les constantes de la Nature en termes d'arguments comptables élaborés. Pour Whittaker (l'un de ses biographes scientifiques), la philosophie de cette interprétation est que

> toutes les propositions quantitatives de la physique, c'est-à-dire les valeurs exactes des nombres purs qui sont des constantes de la science, peuvent être déduites par raisonnement logique à partir d'assertions qualitatives sans utiliser aucune des données quantitatives déduites d'observations.

Ceci, vous en conviendrez, s'oppose diamétralement à la conception de Planck sur le sujet. En pur idéaliste, Eddington croit que la composante subjective de la représentation nous permet d'espérer une description totalement cohérente du monde sans devoir déterminer une quelconque quantité extérieure par l'observation.

Aux yeux des autres physiciens, les tentatives d'Eddington pour expliquer les valeurs des constantes fondamentales de la Nature échouèrent complètement. Selon eux, ce travail, séparé de la vraie physique, ne représentait guère plus qu'une manipulation de nombres pour obtenir les résultats qu'il désirait. Il faut bien reconnaître que le manuscrit posthume d'Eddington consacré au problème, examiné pendant plus de quarante ans, n'a rien livré de très utile à la science sauf un appel pressant à rendre compte des valeurs des constantes de la Nature. Les curieux arguments d'Eddington, exposés dans ses merveilleux livres, incitèrent nombre de scientifiques amateurs à se fourvoyer en expliquant les valeurs des constantes de la Nature par une gymnastique arithmétique. Mais le plus curieux, pour un physicien moderne lisant Eddington, est que la logique suivie n'a aucun point de contact avec aucune autre branche de la science. En effet, déjà de son vivant, Eddington n'arrivait pas à convaincre les autres scientifiques du sérieux de son travail. De nombreux articles mystificateurs furent écrits parodiant son approche et il fut très souvent accusé d'obscurantisme et d'inintelligibilité. Cela l'exaspérait, d'autant que les travaux de ses collègues de Cambridge, comme Dirac, atteignaient la notoriété. À propos de ses propres tentatives d'expliquer les constantes de la Nature, il écrivit à un ami :

> J'essaie constamment de comprendre pourquoi les gens trouvent cette procédure obscure [...] Je ne puis sérieusement prétendre avoir atteint l'obscurité de Dirac.

Le programme de recherches d'Eddington échoua. Comme celui d'Einstein, il était prématuré. Nous n'en savions simplement pas assez sur les composantes indispensables à l'élaboration d'une théorie de tout pour nous lancer dans sa construction. Pourtant, plus que tout autre, il mit en évidence le défi d'expliquer les constantes de la Nature. Un peu comme l'argument du Grand Dessein propre au XIXe siècle, qui mit en évidence les faits que Darwin expliqua par le processus de sélection naturelle, Eddington mit en lumière les constantes de la Nature et les désigna comme objectif des recherches à venir.

Le message des constantes

> *Ces choses mathématiques, d'une merveilleuse neutralité, s'inscrivent dans une étrange participation à la relation entre les choses surnaturelles, immortelles, intellectuelles, simples et indivisibles, et les choses naturelles, mortelles, sensibles, composées et divisibles.*
> John DEE

Nous avons considéré l'importance que les physiciens ont traditionnellement attachée aux valeurs des constantes de la Nature, mais quel rôle ces constantes jouent-elles dans l'Univers ? Pourquoi les considère-t-on comme si importantes ? Nous pouvons découvrir certains éléments de réponse en nous concentrant d'abord sur le monde des atomes et des molécules. Ces entités ne sont pas des particules élémentaires ; elles se composent plutôt de nombreuses particules maintenues en équilibre par des forces antagonistes. Les dimensions de ces structures déterminent la densité de la matière et l'arrangement des électrons dans les atomes confère à la matière l'ensemble de ses propriétés chimiques. Pourtant, malgré la grande complexité de tout ce qui est formé d'atomes et de molécules, ainsi que l'immense diversité des propriétés qui caractérise les états de la matière, depuis les gaz jusqu'aux solides en passant par les liquides, les caractéristiques globales de tout ce monde de matériaux sont déterminées par les valeurs de deux nombres seulement. Les nombres en question sont, d'une part, la masse du proton (ou noyau de l'atome d'hydrogène) divisée par la masse de l'électron,

$$\frac{\text{masse du proton}}{\text{masse de l'électron}} = 1836{,}104...$$

et, d'autre part, une quantité connue sous le nom de « constante de structure fine ». Elle s'écrit comme le carré de la charge de l'électron divisé par le produit de la vitesse de la lumière et de la constante de Planck, émanant de la théorie quantique. Cette obscure combinaison donne un nombre pur. Sa valeur particulière de 1/137,036... s'obtient en combinant les valeurs mesurées des trois constantes qui la composent. Nous ne savons pas pourquoi ces deux nombres prennent les valeurs précises susmentionnées. Si elles étaient différentes, notre Univers serait différent, peut-être même inimaginablement différent.

Considérant, par-delà la Terre, la structure du système solaire, il apparaît que la force de gravité s'ajoute aux forces chimiques pour déterminer les caractéristiques globales des choses. L'intensité de la gravité se mesure par la constante gravitationnelle de Newton, avec laquelle nous pouvons former un autre nombre pur, du genre de la constante de structure fine, mais en remplaçant le carré de la charge électrique par le produit de la constante de Newton et du carré de la masse du proton. Ce nombre, la constante de structure gravitationnelle, possède une valeur infime égale à $5{,}9041183... \times 10^{-39}$. Sa petitesse comparée à 1/137 nous dit que les forces chimiques, d'origine électromagnétique, sont bien plus intenses que celles de la gravité. En effet, la gravité ne joue aucun rôle dans la structure des atomes. Elle est là, mais ses effets sont si minuscules par rapport aux forces électriques entre protons et électrons, qu'à toute fin pratique, nous pouvons les négliger au niveau de la chimie et de la physique nucléaire. Les tailles de tous les corps célestes, des astéroïdes aux étoiles, sont essentiellement déterminées par les constantes de structures fine et gravitationnelle uniquement. La figure 5.1 illustre les effets d'un changement de valeur des constantes de structures fine et gravitationnelle. Les dimensions des planètes et des étoiles ne constituent pas des accidents aléatoires ni le résultat préprogrammé de conditions initiales particulières au big bang. Elles résultent plutôt d'états d'équilibre entre forces antagonistes de la Nature. Ces forces ne se compensent que lorsque l'agrégat de particules considéré atteint une certaine taille. Dans les corps froids, comme la Terre, un effet quantique appelé principe d'exclusion s'oppose à la compression gravitationnelle tendant à contracter les objets et à accroître leur densité. Les particules telles que les protons et les électrons occupent de microscopiques cellules dans lesquelles une seule particule peut prendre place. Toute tentative de comprimer la matière de sorte que plus d'une particule occuperait une cellule se heurte à une force de résistance. L'équilibre entre cette force et l'attraction de la gravité permet l'existence des gros corps froids et stables que nous observons dans le système solaire.

Bien différentes sont les étoiles. L'étoile possède une masse suffisante pour que la compression gravitationnelle en son centre produise une température assez élevée pour que s'amorcent spontanément des réactions nucléaires. Cette température d'allumage atteinte, les réactions nucléaires dans le cœur produiront un flux d'énergie qui sera rayonné par la surface de l'étoile sous forme de chaleur et de lumière. L'étoile se maintient en équilibrant pression interne et gravité. Cet équilibre est stable, car une légère augmentation de la force gravitationnelle se solderait par une petite compression supplémentaire des régions centrales de l'étoile, laquelle accroîtrait le taux de réactions nucléaires et, par là même, engendrerait une surpression dirigée vers l'extérieur. L'équilibre serait donc rapidement restauré.

Le fait que tant d'objets, parmi les plus importants de la Nature, doivent leur taille et leur structure globale aux mystérieuses valeurs des constantes de la Nature éclaire notre propre existence d'une lumière nouvelle. Il semble que les conditions nécessaires à notre propre existence soient dépendantes des valeurs qu'adoptent les constantes. À première vue, on pourrait imaginer qu'une modification de la valeur d'une constante ne ferait que changer légèrement la dimension de toute chose, mais qu'étoiles et atomes, néanmoins, perdureraient. Ce raisonnement se révèle cependant trop naïf. Un certain nombre de coïncidences exceptionnelles concernant les valeurs de combinaisons particulières de ces constantes de la Nature semblent caractériser les conditions nécessaires à notre propre être. Si la constante de structure fine différait seulement d'un pour cent de sa valeur réelle, la structure des étoiles en serait dramatiquement affectée. Il y a tout lieu de croire, en effet, que nous ne serions pas ici pour en discuter. Car les éléments biologiques tels le carbone, l'azote, l'oxygène et le phosphore naissent dans les affres des combustions stellaires. Éjectés dans l'espace, ces éléments se retrouvent dans les planètes et, finalement, dans les êtres humains. Mais le carbone, cet élément biologique crucial que nous croyons indispensable à l'évolution spontanée de la vie, si l'on s'en réfère à la relative lenteur avec laquelle les réactions nucléaires explosives le synthétisent lors des phases terminales de l'évolution stellaire, n'existerait qu'à l'état de trace infinitésimale, contrairement à ce que l'on observe. C'est à une remarquable coïncidence de la Nature que le carbone doit son abondance.

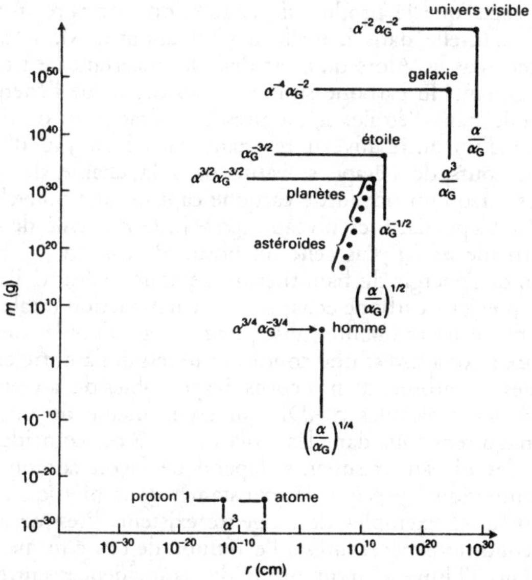

Figure 5.1. — Masses (en grammes) et tailles moyennes (en centimètres) d'un large éventail d'objets existant dans l'Univers. Les structures composées sont des états d'équilibre entre différentes forces de la Nature et leurs tailles approximatives sont déterminées par la constante de structure fine $\alpha = 1/137$ et la constante de structure gravitationnelle $\alpha_G = 5{,}9 \times 10^{-19}$, que nous avons introduites dans le texte ; la masse et la dimension sont indiquées pour chaque objet, du proton à l'univers visible.

Dans l'Univers, le carbone tire son origine d'un processus en deux étapes mettant en jeu des noyaux d'hélium, encore appelés particules *alpha* par les physiciens. Dans certains environnements stellaires, deux particules *alpha* se combinent pour former un noyau de l'élément béryllium, lequel est fortement instable. L'adjonction d'une autre particule *alpha* est requise pour transformer celui-ci en un noyau de carbone. On aurait pu s'attendre à ce que ce processus en deux temps soit extrêmement improbable, mais la dernière étape possède une rare propriété appelée « résonance » qui lui permet de se dérouler à un taux bien supérieur à notre naïve prévision. En effet, les énergies de masse des particules réagissantes et l'énergie thermique ambiante de l'étoile s'ajoutent et atteignent une valeur qui se situe juste au-dessus d'un niveau d'énergie du noyau de carbone de sorte que le produit de la réaction nucléaire trouve une structure naturelle dans laquelle il peut aboutir. Mais les choses n'en restent pas là. Alors qu'il est déjà déconcertant de trouver un niveau résonant du carbone situé juste au-dessus de l'énergie incidente totale dans l'étoile, il est presque miraculeux de découvrir l'existence d'un autre niveau résonant dans le noyau d'oxygène, formé au cours de l'étape suivante dans la chaîne de réactions nucléaires lorsqu'un noyau de carbone capture une nouvelle particule *alpha*. Cependant, ce niveau repose juste *au-dessus* de l'énergie de la particule *alpha* plus celle du noyau de carbone, si bien que l'addition de l'énergie du bain thermique nous en écarte. Par conséquent, le précieux carbone échappe à une destruction totale par une réaction nucléaire résonante subséquente. Cette double coïncidence de niveaux résonants est une condition nécessaire à notre existence. Les atomes de carbone de nos corps, responsables de la merveilleuse flexibilité des molécules d'ADN au cœur même de notre complexité, naquirent tous dans les étoiles grâce à ces coïncidences. La position des niveaux résonants dépend de façon compliquée des valeurs numériques précises des constantes de la physique.

Bien d'autres exemples de ce genre existent. Presque à chaque fois, les conditions nécessaires à l'évolution de toute forme de complexité dans l'Univers tirent profit des coïncidences entre valeurs des constantes de la Nature. Certains y ont attaché une importante signification théologique, les considérant comme une sorte de subtile syntonisation divine de l'Univers ayant pour fin de rendre inévitable l'évolution de la vie. De tels arguments rappellent le Grand Dessein des théologiens du passé. Nous nous bornerons à affirmer la nécessité de ces coïncidences à l'évolution de la vie telle que nous la connaissons.

À chaque étape de l'évolution de la vie et de l'esprit s'ouvrent des voies sans issue. Tant de facteurs peuvent empêcher la vie d'évoluer dans un environnement complexe et hostile qu'il serait absurde de supposer qu'avec suffisamment de carbone et de temps, tout est possible. En outre, imaginer que la vie doive résulter du mélange idoine d'agents chimiques procède simplement d'une sorte d'attitude téléologique que décrient avec raison les biologistes. Rien ne contraint la vie à évoluer. Des processus aussi complexes ne peuvent faire l'objet de prédictions parce qu'ils dépendent de manière sensible des conditions initiales et des délicates interactions entre l'état évoluant et le milieu ambiant. Nous ne pouvons avancer qu'une proposition négative : si les constantes de la Nature différaient de plus d'un pour cent de leurs valeurs mesurées, les constituants de base de la vie n'existeraient pas en abondance suffisante dans l'Univers. De plus, des changements de cet ordre affecteraient la stabilité même des éléments et préviendraient leur existence indispensable au lieu d'affecter simplement leur proportion [1].

Cette situation ne s'interprète pas aisément. Admettons qu'existent des coïncidences vitales entre les valeurs des constantes de la Nature dont l'existence est indispensable à la nôtre. Allons un peu plus loin et supposons, pour le plaisir d'argumenter, que ces coïncidences soient requises pour qu'évolue une forme de complexité autoréférentielle comme celle que nous appelons « vie consciente ». Nous pouvons nous demander quel serait l'impact d'une théorie de tout qui expliquerait avec succès les valeurs de toutes les constantes de la Nature. Si cette théorie était unique et ne permettait qu'un seul jeu des constantes, nous pourrions, pour le moins, nous déclarer chanceux. Toute conclusion plus approfondie de nature métaphysique serait spéculative et très probablement impossible à exclure. Mais si la théorie de tout montrait que les valeurs des constantes (ou, du moins, de certaines d'entre elles) possèdent un certain élément aléatoire qui dépend des événements particuliers se déroulant localement ou que les quantités que nous prenons pour des constantes peuvent toutes, en principe (et peut-être aussi en pratique), varier aléatoirement dans l'espace, alors apparaîtraient nécessairement dans un Univers infini des régions de toutes tailles, possédant des combinaisons de constantes propres à l'évolution subséquente de la complexité. Nous devons, bien sûr, habiter l'une de ces oasis cosmiques de vie.

1. Les lecteurs désireux de connaître tous les détails de ces coïncidences et leurs conséquences peuvent consulter J. Barrow et F.J. Tipler, *L'Homme et le Cosmos.*

Les considérations ci-dessus montrent pourquoi les scientifiques aimeraient pouvoir expliquer les valeurs des constantes de la Nature. Elles expliquent pourquoi presque tout ce qui existe peut exister. Cependant, nous pouvons également apprécier à nouveau pourquoi le concept de constante de la Nature s'est révélé aussi fructueux. Notre incapacité à expliquer pourquoi la constante de structure fine a une valeur proche de 1/137 au lieu de 1/145, par exemple, ne nous interdit pas d'utiliser le concept de constante de structure fine ni de comprendre comment sa valeur détermine d'autres choses. Il s'agit là de la manifestation d'une propriété générale du monde qui aide à nous le rendre relativement intelligible. Il existe dans la Nature une forme de structure hiérarchique qui nous permet de comprendre de quelle façon se comportent des agrégats de matière sans devoir connaître la microstructure ultime de la matière jusque dans ses plus infimes dimensions. Si la profonde logique de ce qui détermine la valeur de la constante de structure fine jouait également un rôle important dans notre compréhension de tous les processus physiques dans lesquels entre la constante de structure fine, nous serions dans une impasse. Heureusement, nous n'avons pas à tout savoir avant de savoir quelque chose.

Mais nous ne devons pas faire appel aux mondes ésotériques des particules élémentaires ou de l'astronomie pour apprécier l'importance des constantes de la Nature. Le fonctionnement de la technologie moderne et les communications reposent sur des étalons précis de la mesure du temps. Par conséquent, la plupart des pays développés abritent des « laboratoires nationaux » spéciaux dont une partie du travail consiste à maintenir des mesures rigoureuses du temps, de la longueur et de la masse, ainsi que d'autres étalons de mesure. Au Royaume-Uni, ce travail incombe au Laboratoire national de Physique, tandis qu'aux États-Unis, il revient au Bureau national des Étalons à Washington. Ces institutions requièrent, dans un but d'indexation, une référence de temps absolument immuable. Un tel standard peut alors servir de base à une calibration de toutes les mesures secondaires du temps. Supposons un instant, comme les Anciens, qu'un sablier fasse l'affaire. Cet instrument utilise la force de gravité pour compter le temps. Il exploite le fait que, sous l'action de la force du champ gravitationnel terrestre, tout corps chute avec la même accélération. Mais cet outil est manifestement un piètre étalon terrestre, et encore moins universel. La dimension de l'orifice par lequel s'écoule le sable sera toujours légèrement différente d'un instrument à l'autre ; la granularité du sable différera d'un échantillon à l'autre ; la texture de la surface le long de laquelle glisse le sable et l'angle de son inclinaison différeront : tous ces facteurs rendent chaque sablier différent de ses rivaux. Il n'y a pas de relation unique entre un changement dans la chute du sable et le passage du temps. Nous pourrions essayer de surmonter cela en employant un pendule. À nouveau, cet ustensile tire profit de la force locale de gravité pour dicter la période de chaque oscillation du pendule. Mais la période de chaque balancement du pendule dépend aussi de sa longueur. Chaque pendule sera donc légèrement différent d'un autre. En outre, l'attraction effective de la gravité à la surface de la Terre varie entre l'équateur et les pôles à cause de la rotation de la Terre sur son axe et du léger applatissement qu'elle induit. Si l'on transportait l'horloge sur une autre planète, l'intensité de la gravité à sa surface différerait de celle sur la Terre et l'horloge battrait la mesure à un rythme totalement différent. À masse donnée, plus la planète est grande, plus rapidement oscille un pendule de même longueur sous l'action de la gravité (car elle augmente comme la racine carrée du rayon de la planète). Nous pourrions alors nous tourner vers une horloge électrique comme on en trouve dans la plupart des foyers. Celle-ci est bien plus précise qu'un pendule et emprunte sa périodicité précise au cycle alternatif de l'électricité domestique. Cependant, bien que l'alimentation électrique maintienne une fréquence relativement stable proche de cinquante cycles par seconde, elle est sujette à des variations imprévisibles qui changent d'un endroit à l'autre et d'un moment à l'autre. Un tel étalon ne peut être considéré comme vraiment universel bien qu'il soit parfaitement adéquat pour la plupart des besoins quotidiens. L'obtention d'un authentique standard nous oblige à préciser ce que nous entendons par unité de temps identique pour tous quels que soient le lieu et le moment de la mesure. Ce désir d'universalité nous amène naturellement à chercher un étalon de temps déterminé seulement par les constantes de la Nature. Et c'est ainsi, en effet, que les étalons de temps absolus sont définis par nos contemporains. Ils évitent l'usage de toute caractéristique de la Terre ou de son champ gravitationnel et se concentrent plutôt sur les fréquences d'oscillation naturelles de certaines transitions atomiques entre états d'énergie différente. Le temps que s'accomplisse une de ces transitions dans un atome de césium est déterminé par la vitesse de la lumière dans le vide, les masses de l'électron et du proton, la constante de Planck et la charge de l'électron. Toutes ces quantités sont considérées comme des constantes de la Nature. Un intervalle d'une seconde est alors défini comme un certain nombre de ces oscillations. La nature ésotérique de cette définition du temps n'en masque pas la puissance. Elle devrait nous permettre de communiquer précisément de quel laps de temps nous parlons aux habitants d'une galaxie lointaine. Les Andromédiens n'ont probablement aucune notion du jour ou de l'année, parce que ces unités sont liées au mouvement dans notre système solaire particulier (le jour est le temps nécessaire à une rotation complète de la Terre et l'année, le temps que met la Terre pour parcourir une orbite complète autour du Soleil, et ni l'un ni l'autre ne sont en fait constants). Ils devraient, s'ils voulaient nous parler au moyen de signaux radio, en toute logique, se familiariser avec les concepts impliqués dans la définition des constantes de la Nature. L'inévitabilité de leur connaissance de ces quantités, pourrions-nous dire, assurerait que nous aurons beaucoup en commun. N'est-ce pas ?

En variant les constantes

Rien en ce monde n'est constant hormis l'inconstance. Jonathan SWIFT

Il y a deux « si ». Des civilisations extra-terrestres auraient-elles découvert les mêmes constantes de la Nature ? Et ces « constantes » sont-elles réellement constantes ? La première question relève, à la fois, de la philosophie et de la sociologie. Si on adopte une vue réaliste de la science, alors, nous maintenons qu'existe une structure unique de l'Univers physique que les scientifiques découvrent plutôt qu'ils ne l'inventent. Les constantes de la Nature existent indépendamment de notre esprit, qui ne les a point créées afin de donner un sens aux faits. De cette façon, pourrions-nous avancer que toute civilisation technologique aurait à découvrir la même réalité et les mêmes concepts fondamentaux ? Elle pourrait utiliser d'autres symboles, ou employer des constantes définies de façon légèrement différente par souci de commodité, mais elle reconnaîtrait néanmoins nos constantes comme fondamentales et traduirait facilement ses propres constantes de la Nature en les nôtres. Cette conception plutôt optimiste règne au cœur de plusieurs propositions de recherche d'une vie extra-terrestre. Les messages aux extra-terrestres emportés par nos satellites quittant le système solaire après avoir accompli leur mission, de même que les fréquences des signaux radio envoyés dans l'espace à l'intention d'auditeurs potentiels, utilisent des étalons fondamentaux dictés par les constantes de la physique. Nous supposons implicitement que toute société technologique peut les reconnaître. Mais, peut-être, cette manière de penser nous induit-elle en erreur. Si nos mathématiques et physique sont inventées pour décrire une réalité immensément plus profonde, la réalité humaine, nous ne nous attendons pas du tout à ce que des extra-terrestres aient suivi le même chemin. Nos concepts scientifiques pourraient s'être développés en réponse aux problèmes sociaux et pratiques qui nécessitaient une solution sur la Terre. Les notions mathématiques apparemment fondamentales qui forment le substrat sur lequel est bâtie notre science peuvent devoir beaucoup aux concepts primordiaux auxquels nos esprits semblent s'adapter le plus facilement. Ces attributs mentaux résultent, au moins partiellement, d'un processus évolutif stimulé par les caractéristiques environnementales terrestres. Sur d'autres mondes, ce développement aurait été différent, de même que les résultats. Nous ne serions assurés que de ceci : l'image qu'une créature accomplie se fait de la réalité doit correspondre étroitement à la vraie nature des aspects de la réalité indispensables à sa survie. Une sérieuse discordance en ce domaine entre image et réalité empêcherait toute possibilité de succès dans l'évolution. Cette thèse fait une grande place à la divergence. Par exemple, sur notre planète, existe une atmosphère assez transparente qui nous permet de voir la nuit des multitudes d'étoiles. Si une planète était obscurcie par des nuages denses, le son aurait été un bien meilleur moyen de communication que la lumière. Un tel argument pourrait bien conduire une civilisation avancée à favoriser l'étude des phénomènes acoustiques plutôt qu'électromagnétiques. Un aspect encore plus général de cette question concerne le statut du langage mathématique dans lequel toutes nos déductions sur les constantes de la Nature sont moulées. Est-ce unc facette de l'Univers inventée ou découverte ? Nous rediscuterons plus en détail de ce très vaste sujet dans le dernier chapitre.

Qu'en est-il de notre seconde question ? Les constantes sont-elles vraiment immuables ? Jusqu'ici, nous avons supposé, comme la plupart des physiciens, que des quantités comme la constante gravitationnelle de Newton, la charge de l'électron ou la constante de structure fine demeurent réellement invariables. Cela n'a rien d'un vœu pieux. Nous pouvons tester cette hypothèse de diverses manières. En observant des objets astronomiques lointains comme les quasars, nous les découvrons dans l'état où ils étaient voici des milliards d'années à cause de l'intervalle de temps immense qui s'écoule avant que les signaux lumineux n'atteignent nos télescopes sur la Terre. Ce retard nous permet de vérifier si les constantes de la physique qui dictent les propriétés relatives des différents types de lumière émis par les sources distantes sont identiques à leurs consœurs sur notre planète aujourd'hui. Si certaines constantes de la physique possédaient des valeurs différentes dans le passé, les écarts se seraient déjà manifestés sauf s'ils étaient inférieurs à une partie sur cent milliards. Nous savons aussi que si des quantités, comme la constante de structure fine ou la constante de structure gravitationnelle, variaient dans le passé, le comportement des événements dans les premières phases de l'Univers aurait alors été très différent. En particulier, le bel accord entre les abondances observées des éléments hydrogène, hélium, deutérium et lithium dans l'Univers et celles prédites par le modèle du big bang, lorsque l'Univers n'avait que quelques minutes d'âge, aurait été détruit. Afin que les abondances observées ne subissent pas de substantielles modifications, les valeurs des constantes de la Nature intervenant dans ces processus ne peuvent varier de plus d'un dixième à un millième de milliardième par rapport à leurs valeurs connues.

Dans certaines circonstances, cependant, ces quantités que nous appelons constantes de la Nature pourraient fluctuer dans le temps et dans l'espace. Nous observons qu'il existe trois dimensions d'espace, mais les physiciens des particules ont découvert que les théories les plus élégantes et les plus complètes des particules élémentaires, en particulier les théories des cordes que nous évoquions précédent, prédisent bien plus de trois dimensions spatiales (peut-être six supplémentaires, ou même vingt-deux autres dans certains cas). Pour concilier ces prédictions avec nos observations, il faudrait que toutes les dimensions d'espace sauf trois soient microscopiquement réduites. Supposons qu'il en soit ainsi. Alors les vraies constantes de la physique sont celles qui déterminent la nature de l'espace entier, pas seulement une tranche tridimensionnelle. De plus, il en résulte que si nous examinons ces quantités que, dans notre sous-ensemble tridimensionnel du monde, nous avons appelées constantes de la Nature, nous découvrirons alors qu'elles changent au même taux que la taille moyenne de toute dimension d'espace additionnelle. Les observations de constantes invariables nous disent que si des dimensions supplémentaires d'espace existent, elles sont aujourd'hui contraintes à une fantastique petitesse.

La supposition de l'existence de dimensions spatiales supplémentaires représente plus qu'une spéculation échevelée, parce que les théories des cordes nécessitent, en effet, l'existence de nombreuses dimensions additionnelles. En fait, les propriétés mathématiques miraculeuses qui leur permettent de remédier aux infinis des théories des particules ponctuelles semblent requérir l'existence soit de neuf, soit de vingt-cinq dimensions d'espace. Dans un contexte cosmologique, elles nécessitent que nous envisagions les premiers instants de l'Univers, quand le caractère filiforme des choses domine, comme une époque où toutes les dimensions coexistent sur un pied d'égalité. Alors, pour une raison inconnue, les voies ont dû se séparer. Trois des dimensions spatiales se développèrent pour devenir l'Univers visible actuel, s'étendant sur quinze milliards d'années de lumière. Les autres demeurèrent statiques à une échelle microscopique. Comment cela s'est produit, et pourquoi seulement trois dimensions d'espace ont échappé à cet emprisonnement perpétuel demeure un mystère.

Une intéressante question de principe se pose ici. L'hypothétique existence de dimensions spatiales supplémentaires implique une définition des vraies constantes de la Nature sur l'ensemble des dimensions d'espace. Celles que nous connaissons à trois dimensions pourraient par conséquent ne pas s'avérer vraiment fondamentales. Peut-être ne sont-elles pas les constantes que l'ultime théorie de tout nous délivrerait. S'il en est ainsi, nous devrions démêler le processus entier par lequel trois des dimensions ne sont pas seulement considérables mais s'agrandissent, ainsi que le montrent nos observations de l'expansion cosmique, tandis que les autres restent statiques et petites. Il se peut que les lois de la Nature ne déterminent pas ce processus qui pourrait posséder intrinsèquement des éléments aléatoires au niveau de la gravitation quantique, capables même de le faire varier d'un endroit à l'autre de l'Univers. Si c'était le cas, les valeurs des constantes qui demeurent dans les trois grandes dimensions d'espace s'habillent de valeurs qui sont, au moins partiellement, aléatoires à l'origine.

Galeries dans l'espace-temps

> ***Rien.** Rien est un concept effrayant, encore essentiellement mal assimilé, hautement estimé par les auteurs de tendance mystique ou existentialiste, mais considéré par la plupart des autres avec anxiété, nausée ou panique.*
>
> ENCYCLOPÉDIE DE PHILOSOPHIE

Comme nous pouvions nous y attendre, les candidates modernes au titre de théorie de tout cherchent à statuer sur les constantes de la Nature et leurs valeurs. La première candidate, la théorie des cordes, avec sa nouvelle notion de l'élémentarité filiforme, et la puissance de sa cohérence mathématique à restreindre les candidates à la grande symétrie qui gouverne tout, maintient que la théorie contient les valeurs des constantes de la Nature. Malheureusement, il n'a pas encore été possible, à ce jour, d'extraire cette information de la théorie. En effet, ainsi que nous l'avons vu, cette déduction pourrait ne constituer que la première étape d'une difficile quête, parce que découvrir ce que la théorie de tout dévoile à propos des constantes dans un espace à neuf ou vingt-cinq dimensions est une chose, mais trouver comment cette information filtre pour déterminer les valeurs des constantes dans notre monde tridimensionnel en est une tout autre. Un autre problème que nous devons conserver à l'esprit est le fait que ce qui émerge comme constante fondamentale d'une théorie de tout peut n'avoir aucune ressemblance avec ce que nous appelons communément une constante de la Nature. La distance qui nous sépare des constantes ultimes de la Nature résulte peut-être de la façon selon laquelle nous avons acquis notre compréhension du monde physique dans un environnement relativement peu énergétique, condition indispensable à l'évolution et la survie des êtres vivants. Cependant la physique moderne, pour répondre à nos questions les plus profondes, s'envole vers des énergies toujours plus élevées et des environnements qui ne peuvent être plus éloignés de notre propre intuition et de notre expérience. Par exemple, la tension représente, en théorie des cordes, la quantité la plus fondamentale plutôt que l'une des constantes conventionnelles de la Nature. Au premier abord, nous pourrions qualifier cette situation d'inconvénient mineur. Supposons que nous puissions élucider le processus par lequel de nombreuses dimensions se scindent en trois qui se dilatent démesurément, les autres demeurant microscopiques, et imaginons que nous puissions calculer les valeurs numériques des constantes sous-jacentes de la théorie de tout. Qu'est-ce qui nous arrêterait ? Pour le savoir, nous devons nous rendre compte qu'il y a constantes de la Nature et constantes de la Nature. Alors que nous tendons à toutes les regrouper dans la même catégorie pour faciliter la discussion, certaines semblent plus fondamentales que d'autres. Nous nous attendrions à ce que les plus fondamentales soient totalement déterminées par la logique interne à la théorie de tout, les autres s'affubleraient de valeurs contingentes et des processus particuliers se déroulant dans l'Univers pourraient les altérer de façon parfois imprévisible. La théorie de tout serait alors dans l'incapacité de prédire toutes les valeurs des constantes observées de la Nature.

En dépit de cette possible complication, on serait heureux qu'une candidate à la théorie de tout puisse prédire correctement ne fût-ce qu'une constante de la Nature. Jusqu'à très récemment, on espérait que la théorie des cordes y parviendrait et qu'il suffirait de comparer la prédiction à l'observation pour tester la théorie. Mais, au cours des dernières années, une théorie de (presque) tout rivale a émergé, qui a remis en question l'existence de constantes fondamentales véritablement immuables, insensibles aux événements spatio-temporels. C'est vers cette rivale que nous nous tournons maintenant.

Il est une sorte de constante un peu plus facile à expliquer que toutes les autres, celle qui prend une valeur nulle. En 1916, Einstein appliqua pour la première fois sa nouvelle théorie de la gravitation à l'Univers tout entier, sous l'influence pressante de préjugés philosophiques du passé, selon lesquels devait exister un espace absolu statique dans lequel se déroulaient tous les mouvements locaux observés. Dans ce cadre de pensée, l'idée même d'une expansion globale de l'Univers aurait été des plus déplacées. Einstein découvrit que cette expansion découlait immédiatement de sa théorie, et chercha donc à la modifier afin de supprimer la possibilité d'univers en expansion (ou en contraction). Il réalisa que cela pouvait se faire simplement en incluant dans la théorie une nouvelle constante de la Nature, permise mais non requise par son développement mathématique. Cette nouvelle constante, appelée *constante cosmologique*, agissait comme une force à longue portée s'opposant à la force de gravité. Les deux forces pouvaient s'équilibrer, et il en résultait un univers statique immuable, impossible à réaliser sans la constante cosmologique. Cependant, il fut plus tard démontré que, alors qu'un tel univers statique pouvait en principe exister, il ne pourrait perdurer en pratique en raison de la nature instable de l'équilibre entre l'attraction de la gravité et la répulsion liée à la constante cosmologique. À l'instar d'un crayon en équilibre sur sa pointe, la plus légère perturbation dans une direction ou l'autre conduit à un changement unidirectionnel. Si l'univers statique d'Einstein n'était pas parfaitement équilibré (et dans le monde réel, il ne le pourrait jamais, à cause des fluctuations et des non-uniformités, comme nous-mêmes, que nous savons exister dans l'Univers), alors il se mettrait rapidement à se contracter ou à s'étendre. Dès que cette situation fut connue, l'intérêt se porta vers l'univers en expansion. Il atteignit son summum avec la découverte monumentale de Hubble, en 1929, qui accréditait enfin le processus.

L'univers statique d'Einstein était un canard boiteux et son inventeur regretta, plus tard, l'introduction de la constante cosmologique pour maintenir l'univers statique, l'appelant « la plus grande erreur de ma vie », parce qu'il manqua l'occasion de faire la plus grande prédiction scientifique de tous les temps : l'expansion de l'Univers. Mais la constante cosmologique refusa de quitter la scène de bonne grâce. Son utilisation ne se justifiait plus, c'était une cause entendue, mais il n'y avait pas vraiment de bonne raison de l'exclure des équations d'Einstein. Beaucoup la considéraient comme une excroissance de la nouvelle théorie de la gravitation d'Einstein, que l'on pouvait éliminer étant donné qu'aucun équivalent n'existait dans la théorie classique de la gravité de Newton. Car, si on la retenait, alors la théorie de Newton, à laquelle celle d'Einstein se réduit dans le cas de très faibles champs gravitationnels et lorsque les mouvements s'effectuent à des vitesses beaucoup plus petites que celle de la lumière, n'était plus recouvrée. Au lieu de la fameuse loi de Newton en inverse du carré de la distance, qui affirme que la force de gravité entre deux masses dont les centres sont séparés d'une distance *d* est

$$\text{Force} \propto \frac{1}{d^2}, \qquad (*)$$

on trouve que la loi de force prend la forme

$$\text{Force} \propto \frac{1}{d^2} + \Lambda d \qquad (**)$$

où Λ est la constante cosmologique.

Il est intéressant, sur le plan historique, de faire valoir que Newton aurait, en effet, pu déduire cette loi voici trois cents ans. L'un des problèmes qui le préoccupa beaucoup et retarda la publication de son *magnum opus*, les *Principia*, de plusieurs années, consistait à justifier l'hypothèse qu'il faisait habituellement selon laquelle l'attraction gravitationnelle exercée par une masse sphérique est identique à celle exercée par une « masse ponctuelle » équivalente, de dimension nulle, localisée en son centre. Cette hypothèse est qualifiée de « propriété sphérique ». Finalement, Newton établit la véracité de cette hypothèse pour la loi (*) qui constitue sa loi de la gravité, mais pas pour d'autres forces hypothétiques comme l'inverse du cube ou de la quatrième puissance de la distance.

Mais si Newton s'était demandé : « Quelle loi générale de force entraîne la réalisation de la propriété sphérique ? », comme le fit finalement le mathématicien français Pierre Simon de Laplace, il aurait trouvé la loi (**) comme réponse. Ainsi, si la gravité newtonienne avait été formulée avec la propriété sphérique comme principe fondamental, la constante cosmologique aurait alors été permise mais non requise, situation devant laquelle se trouva Einstein en fondant la théorie de la relativité générale.

Qu'en est-il de la constante cosmologique aujourd'hui ? Nous savons, par les effets qu'elle aurait sur le taux d'expansion des galaxies lointaines, que si elle existe, sa valeur numérique doit être infinitésimale, moins de 10^{-55} par cm^2. De telles unités ne sont pas très parlantes. Il est bien plus éclairant de comparer sa valeur avec celle de l'unité de longueur fondamentale du monde des particules élémentaires et de la gravitation. Cette « longueur de Planck » est la seule quantité, ayant la dimension d'une longueur, que nous pouvons construire à partir des trois constantes les plus fondamentales de la Nature : la vitesse de la lumière *c*, la constante de Planck *h* et la constante gravitationnelle de Newton *G*. Elle est donnée par

$$l\text{p} = (Gh/c^3)^{1/2} = 4 \times 10^{-33} \text{ cm.}$$

Cette microscopique construction renferme les attributs d'un monde à la fois relativiste (*c*) , quantique (*h*) et gravitationnel (*G*). C'est un étalon de longueur qui ne fait référence à aucun artefact humain ni même aux forces chimique et nucléaire de la Nature. Par rapport à cette unité de longueur, la dimension de l'Univers tout entier aujourd'hui vaut à peu près 10^{60} longueurs de Planck, mais la constante cosmologique doit valoir moins de 10^{-118} lorsqu'on l'exprime en unités de longueur de Planck plutôt qu'en centimètres. Un tel degré de miniaturisation est sans précédent dans toute l'histoire de la science. Toute quantité qui, par l'observation, se révèle aussi proche de zéro, doit sûrement, en réalité, valoir précisément zéro. Voilà ce que croient de nombreux cosmologistes. Mais pourquoi ?

Pendant de nombreuses années, les cosmologistes ont recherché, sans beaucoup de succès, un principe fondamental qui révélerait pourquoi la constante cosmologique doit valoir zéro. Les physiciens des particules élémentaires également, mais loin de trouver une réponse au problème, ils l'ont encore compliqué en montrant que, même s'il existe un principe qui attribuerait une valeur nulle à la constante cosmologique au moment du big bang, des processus complexes au niveau des particules élémentaires apparaissent, produisant des réajustements équivalents à l'effet d'une constante cosmologique d'une valeur inacceptablement grande, des milliards et des milliards de fois plus grande que ne le permet l'observation.

La nécessité se fait sentir soit d'un principe qui dote la constante cosmologique d'une valeur petite initialement, de manière à ce qu'elle reste petite, ou une nouvelle espèce de principe qui garantisse une constante cosmologique infiniment petite quand l'Univers atteint une taille comparable à ses dimensions actuelles de quinze milliards d'années de lumière. Une possibilité séduisante est apparue dans le cadre d'une théorie quantique décrivant l'Univers tout entier. Nous avons présenté cette cosmologie quantique lors de notre discussion des conditions initiales dans un chapitre précédent. On a découvert que si la procédure de calcul de la fonction d'onde de l'Univers est étendue pour inclure une nouvelle possibilité, toute spéculative, elle permet alors de dire quelque chose de précis, à la fois, sur la valeur de la constante cosmologique et sur l'origine de toutes les autres constantes de la Nature.

Les chemins empruntés par les particules ou les ondes se déplaçant selon une certaine loi du mouvement peuvent être trouvés par un principe élégant, découvert par le Français Moreau de Maupertuis en 1748. Considérons, en l'absence de toute « loi » contraignant le mouvement, tous les chemins possibles que pourrait suivre un corps se mouvant entre deux points A et B. Maupertuis montra qu'il existe une certaine grandeur, appelée « action », prenant toujours une valeur minimale le long du chemin dicté par les lois du mouvement de Newton. Ce principe peut donc être utilisé pour découvrir les lois du mouvement. En fait, son application ne se restreint pas seulement aux lois du mouvement de Newton ; on peut construire diverses actions en suivant une recette générale déterminée et les utiliser pour déduire toutes les autres lois du mouvement que l'on obtient sous l'influence d'autres forces de la Nature[1].

1. Au cours du XIXᵉ siècle, la puissance des principes d'action fixant la forme de nombreuses lois de la Nature différentes impressionna Helmoltz à tel point qu'il songea à la possibilité de parvenir à une description unifiée de la Nature grâce à cette représentation des lois. Il rechercha, mais en vain, une action totale dont la minimisation engendrerait toutes les lois de la Nature.

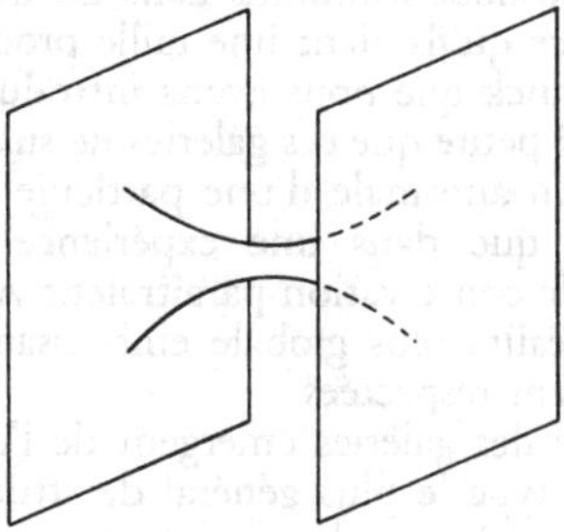

Figure 5.2. — Une galerie joignant deux régions plates de l'espace-temps non déformé par la présence de masse-énergie.

La mécanique quantique peut être formulée de cette manière, dès lors qu'on considère un système (dans ce cas, l'Univers tout entier) empruntant tous les chemins évolutifs possibles entre son état initial et un état ultérieur. Tous ces chemins sont pondérés entre eux de manière particulière pour donner la probabilité qu'une histoire particulière soit suivie. Cette représentation fut introduite au chapitre 3, lors de notre discussion des conditions initiales et de la fonction d'onde de l'Univers. Le physicien américain Sidney Coleman a proposé que la classe des chemins inclus dans cet ensemble d'histoires possibles devait être élargie pour englober une classe plutôt inhabituelle, probablement plus familière aux lecteurs de science-fiction qu'aux physiciens. Il s'agit des chemins impliquant ces étrangetés appelées « galeries dans l'espace-temps [1] ».

Nous pouvons nous représenter ces galeries comme des tubes reliant des parties distantes de l'espace et du temps. Certaines des ramifications d'une telle structure sont illustrées par la figure 5.2. Elles fournissent de nouveaux moyens de connexion non locale dans l'espace et le temps qui pourraient avoir des conséquences imprévisibles. Si des particules émergent localement d'une galerie, des observateurs seraient alors les témoins de ce qu'ils pourraient interpréter comme une violation de certaines lois de conservation de la physique. Masse et énergie pourraient apparemment émerger du néant. La charge électrique pourrait apparaître et disparaître. Il

1. *N.d.T.* : En anglais, *wormhole*, c'est-à-dire, comme on traduit parfois littéralement, *trou de ver*. Nous avons préféré quant à nous ce terme de *galerie* qui nous semble plus approprié.

est peu probable que nous tombions dans un de ces abîmes parce que l'on s'attend à ce qu'ils aient une taille proche de la longueur fondamentale de Planck que nous avons introduite ci-dessus. Leur section serait donc si petite que ces galeries ne susciteraient l'apparition ou la disparition anormale d'une particule élémentaire ponctuelle ou filiforme que dans une expérience de physique des particules. Les lois de conservation paraîtraient violées en un point, bien que, dans la réalité plus globale embrassant tous les univers connexes, elles seraient respectées.

La possibilité que des galeries émergent de l'espace-temps nous incite à imaginer le type le plus général de structure que pourrait posséder notre Univers à ses débuts comme un volume compliqué, muni de nombreuses poignées et branches qui en jaillissent. Certaines de ces branches reviendraient vers leur univers géniteur, tandis que d'autres s'étendraient vers d'autres « univers-enfants » plus petits ou même vers des régions aussi grandes que notre Univers. Notre univers-mère [1], d'autres univers-mères et les univers-enfants peuvent tous interagir par l'entremise de galeries. Certaines de ces possibilités apparaissent sur la figure 5.3.

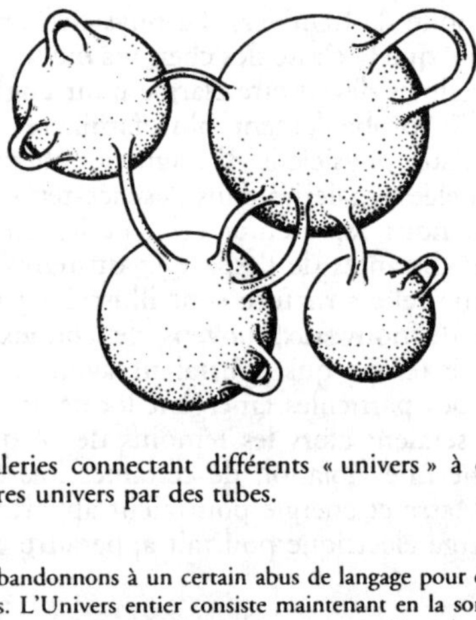

Figure 5.3. — Galeries connectant différents « univers » à eux-mêmes par des poignées et à d'autres univers par des tubes.

1. Ici nous nous abandonnons à un certain abus de langage pour éviter une trop grande multiplicité de termes. L'Univers entier consiste maintenant en la somme de ses parties, et nous ferons référence à notre portion du système comme à l'univers-mère. De plus petites émanations, jointes par des galeries à l'univers-mère, seront appelées « univers-enfants ».

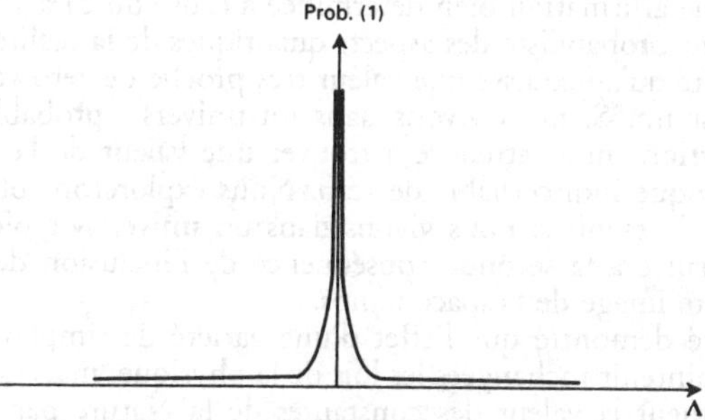

Figure 5.4. — Probabilité que, mesurée dans un monde de basse énergie comme le nôtre, la constante cosmologique apparaisse avec une valeur Λ résultant d'interactions de galeries avec des univers-enfants voisins. Elle est très centrée sur zéro.

Ceci constitue un vaste saut spéculatif dans notre représentation de la structure globale de l'espace et du temps. Au lieu de le considérer comme un ballon uniment connecté, nous devons l'envisager comme une surface multi-connectée, portant crénelures et branches qui le relient à d'autres mini-mondes de durée de vie plus ou moins longue. De fait, nous ne connaissons aucun principe fondamental qui nous interdise, à l'échelle de Planck, que l'Univers ne soit pas ainsi. Et, en effet, quelque chose comme un flou dans la structure de l'espace et du temps semble inévitable quand l'indétermination de la théorie quantique est mariée à l'espace et au temps dynamique de la relativité générale. Mais la véritable raison de sa prise en compte est le gain théorique qu'elle procure.

Si l'ensemble des chemins conduisant de l'état initial de l'Univers à un état postérieur, parmi lesquels le chemin d'action optimale doit être choisi, est supposé contenir les galeries, alors deux choses remarquables semblent se produire. La première est qu'ils conspirent de manière à supprimer la constante cosmologique quand l'Univers est grand. Plus spécifiquement, si nous imaginons que la constante cosmologique existe, alors elle induit des interactions *via* les galeries dont l'effet est presque exactement égal et opposé à la constante cosmologique originelle. Le résultat net est de l'annuler avec une très grande probabilité. Pour un univers qui devient aussi vaste que le nôtre, on prédit que la constante cosmologique possède une valeur résiduelle très fortement centrée sur zéro, comme le montre la figure 5.4.

La réponse est donnée sous forme probabiliste plutôt que sous celle d'une affirmation bien déterminée à cause du caractère intrinsèquement probabiliste des aspects quantiques de la réalité. Ainsi la probabilité qu'apparaisse une valeur très proche de zéro vaut essentiellement un. Si nous vivons dans un univers « probable », alors nous devrions nous attendre à trouver une valeur de la constante cosmologique indiscernable de zéro. Nous explorerons plus loin la question de savoir si nous vivons dans un univers « typique », car elle se heurte à la seconde conséquence de l'inclusion des galeries dans notre image de l'espace-temps.

Il a été démontré que l'effet d'une variété de simples pontages est de maintenir inchangées les lois de la physique, mais de déplacer aléatoirement la valeur des constantes de la Nature par rapport à celles qu'elles auraient en l'absence de galeries. Ceci change profondément notre perspective quant aux capacités des théories de tout. Nous sommes avertis que, même s'il existe une certaine théorie de tout de la variété filiforme, par exemple, qui dicte uniquement et complètement les valeurs des constantes de la Nature, ces prédictions spécifieront la situation dans l'état initial de l'Univers uniquement. Par la suite, ces valeurs primitives seront affectées de perturbations stochastiques dues aux effets des galeries connectant notre Univers à d'autres univers-enfants ou reliant des régions éloignées de notre propre Univers. Chaque univers-mère ou enfant sera doté d'un ensemble de constantes déterminées par les effets quasi aléatoires de son réseau de connexions tubulaires. Les valeurs qui en résultent dans notre Univers-mère ne nous semblent pas prédictibles parce que nous ne pouvons pas suivre le réseau de galeries jusqu'à l'échelle de longueur de Planck où la structure de l'espace et du temps ressemble à une écume tourmentée. Un facteur dominant dans la détermination de la structure observée de notre Univers se perd à jamais dans les galeries de l'espace-temps. Nous pouvons seulement espérer que quelques cas, comme celui de la constante cosmologique, existent pour lesquels, bien que les galeries induisent des variations de la valeur initiale de sorte que la valeur finale prenne un aspect stochastique, la probabilité résultante est si centrée sur une valeur (zéro dans ce cas-ci) que les perturbations aléatoires ne donnent pas lieu à une sérieuse indétermination, à condition, bien sûr, que nous habitions réellement l'un des univers les plus probables qui puisse émerger de l'ère quantique.

Que penser de ces dramatiques développements qui ont couvert les pages des revues de physique au cours des dernières années ? Ils sont extrêmement spéculatifs et peuvent, bien sûr, être incorrects, dans les détails techniques ou dans le schéma global. Ils reposent sur l'image euclidienne du comportement du temps et supposent la véracité de l'hypothèse de l'*absence de conditions aux limites* que nous avons esquissée lors de notre discussion du rôle des conditions initiales au chapitre 3.

Si nous avions à adopter une prescription différente de l'état quantique initial de l'Univers, alors, il serait possible d'obtenir une prédiction différente de la valeur probable de la constante cosmologique, mais beaucoup des choix possibles seraient encore centrés sur zéro. Bien entendu, il est loisible de supposer que l'inclusion de galeries est une étape trop radicale dans l'élargissement de notre conception de l'espace et du temps, mais il se peut également qu'elle ne le soit pas assez. Nous pourrions imaginer qu'existent d'autres possibilités exotiques, jusqu'ici ignorées, qui submergent complètement les galeries et produisent... qui sait quoi ?

Jusqu'ici, les calculs de l'effet de galeries n'ont été effectués que moyennant un certain nombre d'hypothèses simplificatrices aptes à rendre possible un traitement mathématique. L'une d'elles est appelée l'*approximation de dilution.* Il s'agit d'une hypothèse analogue à l'approximation des gaz dilués utilisée dans l'étude de systèmes physiques comme les gaz constitués de plusieurs composantes subissant des interactions mutuelles occasionnelles. Dans un gaz dilué, chaque interaction n'affectera sensiblement que les deux molécules en collision au moment de l'impact. Ceci est une simplification importante dans l'étude des gaz. Mais, dans certaines situations, dites « critiques », quand un gaz change d'état pour devenir liquide, par exemple, cette hypothèse n'a plus cours et de nombreuses composantes du gaz interagissent simultanément, les effets se faisant sentir à longue portée dans le système. Cette situation très compliquée est difficile à analyser. En effet, la distance moyenne couverte par l'une des molécules du gaz avant qu'elle n'interagisse à nouveau est inférieure à l'espacement typique entre les molécules du gaz. Quand le gaz est dilué, une molécule voyage sur plusieurs distances intermoléculaires avant d'interagir à nouveau. Le concept de gaz dilué suscite l'image d'une promenade à travers un village à la population clairsemée, avec des arrêts occasionnels pour passer le temps ; un gaz non dilué ressemble à une bousculade aux heures de pointe dans le métro (l'interaction est continue, inévitable et très forte). L'approximation de dilution appliquée aux galeries suppose que celles-ci sont largement séparées, de sorte que nous pouvons considérer l'effet d'une galerie sur son univers géniteur indépendamment des effets de toutes les autres. De plus, on suppose que les galeries ne raccordent que les univers aux univers-enfants ou les univers à eux-mêmes ; il n'y a pas de galeries reliant différents univers-enfants dans cette approximation, pas plus que n'est admise une division des galeries en deux ou plusieurs autres galeries (voir figure 5.5)

L'approximation de dilution nous permet de montrer que la situation d'un univers ainsi connecté aux univers-enfants et à lui-même ressemble, au bout du compte, à un ensemble d'univers distincts, caractérisé par des constantes de la Nature variées (voir figure 5.6). Bien qu'il soit parfaitement sensé d'utiliser cette approximation — résolvons le problème simple d'abord —, il n'est pas réaliste

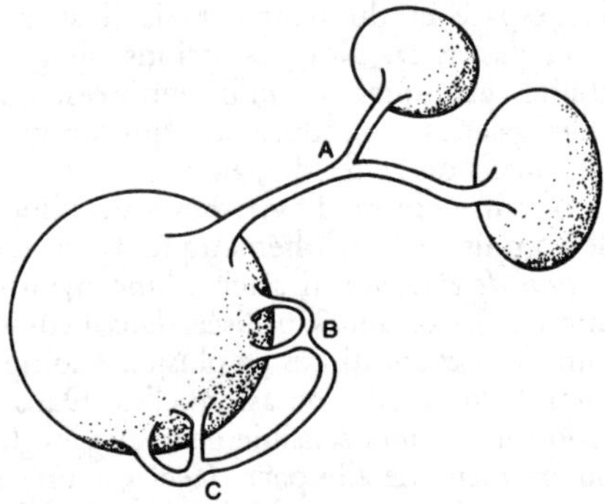

Figure 5.5. — Interconnexions concevables impliquant des galeries et des univers-enfants interdites par l'*approximation de dilution* qui rend possible aujourd'hui les calculs des constantes de la Nature induites par les galeries. En A, B et C nous voyons les galeries se diviser, tandis qu'en B et C, nous voyons des galeries ne rejoignant pas de grandes régions plates. Par contraste, les configurations présentées aux figures 5.2 et 5.3 étaient en complet accord avec l'*approximation de dilution.*

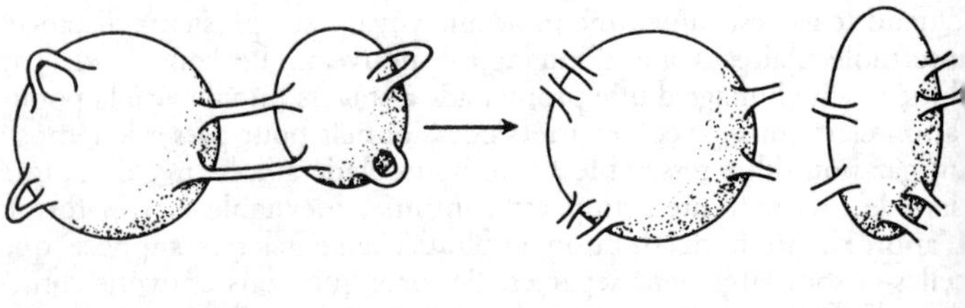

Figure 5.6. — Dans l'*approximation de dilution,* les effets des connexions tubulaires peuvent être représentés comme la somme des effets des parties connectées après coupure des galeries.

de l'appliquer aux premiers instants de l'Univers. Dans cette situation, nous devrions nous attendre à ce que les interactions soient aussi compliquées et générales qu'elles puissent l'être. On pourrait tout aussi sûrement dire que cette approximation ne s'applique pas plus que celle des gaz dilués au contenu matériel de l'Univers durant les premiers moments. Cependant, l'ingéniosité de la physique mathématique étant ce qu'elle est, ainsi que son expérience des gaz non dilués, il y a tout lieu de croire que sera finalement découverte une technique qui permettra de supplanter l'approximation de dilution appliquée aux galeries. Néanmoins, dans ce cas, le décalage des constantes de la Nature ne sera probablement pas une chose limpide : il dépendra d'une certaine façon de la configuration initiale des galeries. Très probablement, cela ne permettra pas de faire de simples prédictions mais aura la conséquence heureuse de relier des concepts, antérieurement disjoints, de constantes de la Nature et de conditions initiales. Dans le contexte supplémentaire de l'*absence de conditions aux limites* de la fonction d'onde de l'Univers, apparaîtrait une triple alliance des lois, des conditions initiales et des constantes. Cependant, nous pouvons émettre une autre hypothèse. Ainsi que notre expérience dans d'autres domaines de la physique nous l'enseigne, il existe des gaz dilués simples, et aussi des liquides et des solides et de grandes structures auto-organisées complexes, pour lesquels l'approximation des gaz dilués ne convient pas. Ne pourrait-il pas en être de même dans le cas des univers ? Peut-être y a-t-il des agrégats complexes d'univers et d'univers-enfants couplés, analogues aux « liquides universels » ou aux « solides universels » avec leurs effets organisateurs à longue portée qui ne résultent pas immédiatement de lois de la physique ou de phases initiales mais sont une manifestation de l'accomplissement d'un niveau critique de complexité. S'il en est ainsi, des structures spatio-temporelles, illimitées dans leur complexité potentielle, peuvent-elles exister et les valeurs correspondantes des constantes de la Nature être voilées par l'incertitude ?

La dernière difficulté que nous devons affronter concerne l'application des résultats qui peuvent éventuellement découler de cette approche de la structure de l'univers observé. Les études que nous avons poursuivies reposent sur l'idée que nous vivons dans un univers *probable*. Ainsi, si la cosmologie quantique nous dit que les interactions de galeries conduisent à associer chaque valeur particulière d'une constante de la Nature à une probabilité, nous devrions alors comparer la valeur la plus probable avec celle que l'on observe. Dans le cas de la constante cosmologique, la valeur la plus probable

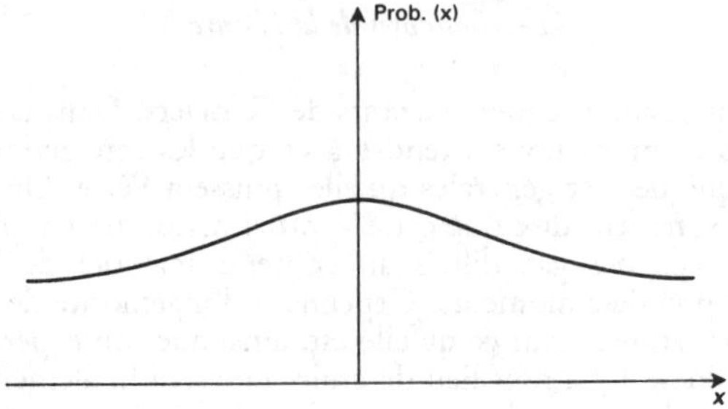

Figure 5.7. — Distribution de probabilité dans laquelle la probabilité n'est pas fortement centrée sur une valeur particulière. Si les interactions tubulaires prédisaient la probabilité qu'une constante de la Nature, *x*, dans notre Univers apparaisse comme ceci, alors il serait difficile de prendre la valeur la plus probable (zéro ici) comme celle qui correspondrait à la réalité. Si un certain domaine de valeurs possibles de *x* devait donner naissance à des univers qui ne permettraient pas l'évolution d'êtres intelligents, elles ne pourraient être observées. Nous devrions comparer l'observation avec la probabilité que la constante prenne la valeur *x* à la condition que cette valeur permette l'évolution de la vie, et ceci pourrait être une quantité très différente de la probabilité inconditionnelle qu'elle prenne la valeur *x*.

l'est incommensurablement plus que toutes les valeurs alternatives, et ainsi on se sent raisonnablement satisfait de constater que notre Univers est l'un de ceux qui possèdent une valeur de la constante cosmologique infiniment proche de zéro. Mais que se passerait-il si une autre constante, par exemple la constante gravitationnelle de Newton, possédait une distribution de probabilité étalée plus ou moins uniformément sur tout l'éventail des valeurs numériques, comme l'illustre la figure 5.7 ? Que conclurions-nous ? Dans une telle situation, nous devons inévitablement faire appel à la considération qu'il n'y a pas de raison de penser que notre Univers est le *plus probable* vis-à-vis des valeurs de ses constantes. Au contraire, nous avons déjà vu que notre propre existence, et celle de tout observateur concevable, est rendue possible seulement par le fait que nombre de ces constantes sont proches de celles qui sont observées. Les changer légèrement revient à éliminer les observateurs. D'où nous voyons que nous devons comparer les valeurs observées des constantes de la Nature non avec l'ensemble le plus probable de valeurs résultant des interactions de galeries, mais avec *les valeurs les plus probables soumises à la condition d'être telles que l'évolution future des observateurs est permise.* Et ce dernier ensemble de valeurs pourrait bien être différent des valeurs les plus probables en l'absence de cette condition. Le fait même de notre propre existence, pour ne pas dire le formidable écheveau par lequel les constantes de la Nature influencent les conditions cosmologiques et biochimiques nécessaires à notre existence et celle d'autres observateurs, est un élément fondamental dans l'interprétation et l'évaluation des prédictions des valeurs des constantes de la Nature dans tout espace-temps peuplé de galeries. Il nous appartient de connaître toutes les constantes de la Nature dont les valeurs fournissent les conditions nécessaires à l'existence d'observateurs. Ceci crée un dilemme embarrassant, parce que nombre de ces constantes, sinon toutes, seront liées les unes aux autres par la structure d'une théorie de tout. Nous devons bâtir cette théorie avant de pouvoir complètement évaluer ce que seront les probabilités conditionnelles de l'évolution d'observateurs complexes. Les prédictions de toute théorie de tout pourraient donc bien être repoussées d'au moins à deux pas d'une explication de l'Univers visible. Les produits de son unicité logique se trouvent atténués par les perturbations imprévisibles des galeries, et ensuite filtrés selon qu'ils permettent ou non à terme l'évolution d'organismes biochimiques complexes. La détermination des constantes de la Nature apparaît, finalement, poser un défi bien plus grand aux théories de tout qu'elles n'en posaient avant que la recherche de ces théories commençât.

6

Symétries brisées

Qu'y a-t-il en dehors de ce chaos pierreux ? Enfant d'Homme, tu ne peux le dire ni même le supposer, car tu ne connais qu'une brassée d'images en éclats. T.S. ELIOT

Une histoire sans fin

La recherche d'une théorie de tout est la quête d'une banalisation universelle — un « rien que » universel. Jean-Carlo ROTA

Malgré l'idée reçue selon laquelle découvrir constitue le travail de l'homme de science — concevoir de nouvelles idées et déceler de nouveaux faits concernant l'Univers —, les scientifiques publient de nombreux articles et livres consacrés à une autre entreprise : l'affinement d'idées existantes en formes plus simples, intuitives et compréhensibles, l'abolition du complexe au profit du trivial.

Une idée profonde et nouvelle, divulguée pour la première fois, apparaît souvent dans un langage qui paraît obscur parce qu'il tente d'exprimer un ensemble entièrement différent d'idées. Peu à peu, d'autres reconsidéreront la découverte et élaboreront des représentations plus succinctes qui l'intègrent plus naturellement aux idées existantes. Cette nouvelle relation peut être une simple progression logique à partir d'idées connues, ou elle peut être marquée de heurts entre alternatives concurrentes parmi lesquelles s'impose un choix radical. La réduction du savoir existant, pour rendre les choses plus simples et plus claires, pour séparer l'or pur de la vérité profonde de sa gangue de scories, est une part continue et vitale de l'entreprise scientifique. Certains hommes de science, particulièrement habiles à cet ouvrage, consacrent toute leur énergie à remplir cette tâche plutôt qu'à repousser les frontières de la découverte.

Nous sommes confrontés aux conséquences de ce processus d'affinement de bien des manières. Il agit sur l'histoire de la science pour dévier son cours en voies artificielles conduisant d'un passé imaginaire d'ignorance et de malentendus à un présent éclairé de pensée orthodoxe. Il arrondit les angles et invente des motivations. Il place des individus disparates dans une communauté imaginaire de chercheurs de la vérité pareillement disposés. Tout cela avec les meilleures intentions du monde. N'est-il pas plus efficace d'enseigner une matière logiquement plutôt qu'historiquement ? Que des chercheurs, dans le passé, se fourvoyèrent dans des voies sans issue ne justifie pas d'y en envoyer d'autres avant de leur révéler le meilleur chemin. Le résultat de cette réduction historique est indubitablement de faire apparaître à notre esprit les lois de la Nature de plus en plus simples, inéluctables, et, somme toute, inévitables. Au cours des dernières décennies, le fait de découvrir que la symétrie est la clé qui déverrouillera la porte secrète des structures fondamentales de la Nature stimula cette quête incessante d'une image toujours plus élémentaire des choses. La théorie de tout si attendue promet de fournir la découverte ultime après laquelle la physique ne deviendra que raffinement de son contenu, simplification de son explication. La *théorie* ne sera d'abord intelligible qu'aux *aficionados*, puis, plus tard, à un cercle plus large de physiciens théoriciens. Elle sera ensuite présentée sous des formes qui la rendront accessible aux scientifiques d'autres disciplines, aux étudiants et, finalement, au public éclairé. Éventuellement même, elle ornera des T-shirts. À toutes les étapes de ce développement, la voie menant du complexe vers la clarté évidente apparaîtra comme une allée vers une image « exacte » de la Nature [1].

1. Ce processus est partagé par les mathématiques et les sciences physiques. La majeure partie de la littérature de recherche en mathématique est consacrée à réduire des résultats connus de sorte que l'incompréhensible devienne « évident » ou « trivial » au sens où il s'agit simplement d'une autre manifestation de principes bien connus. Le *théorème des nombres premiers* (TNP) constitue un cas historique particulièrement frappant. Le TNP résulte d'une conjecture de Gauss et Legendre, au XVIIIe siècle, et donne une approximation soigneusement définie de la proportion de nombres, en dessous d'une quelconque valeur donnée, dits *nombres premiers* (c'est-à-dire ceux, comme 5, 7 ou 29, qui ne sont divisibles que par eux-mêmes et par 1). Le théorème, démontré pour la première fois par Jacques Hadamard et Charles de La Vallée-Poussin en 1896, montre que, dans tous les cas pratiques, il n'y aura virtuellement aucune différence entre la vraie fraction de nombres premiers et celle donnée par la formule proposée. Le théorème affirme que la proportion de nombres premiers à trouver parmi les n premiers entiers, pour n grand, est approximativement égale à l'inverse du logarithme naturel de n. Les premières démonstrations furent remarquables et difficiles, car elles en appelaient à l'analyse complexe (une branche des mathématiques apparemment très éloignée de la théorie des nombres). Puis Edmund Landau et Norbert Wiener produisirent des démonstrations plus transparentes en utilisant des concepts plus simples. Mais il fallut attendre plus de trente ans après la démonstration originale pour qu'Erdös et Selberg donnent, en 1948, une démonstration qui pouvait être qualifiée d'*élémentaire*, en utilisant les idées conventionnelles de la théorie des nombres (cette démonstration, loin d'être simple, couvrait plus de cinquante pages). Vingt ans plus tard, au début des années 1960, Norman Levinson rendit cette

Malgré ce désir toujours présent, nous sommes conscients du fait que bien que les scientifiques nous répètent à satiété que les lois de la Nature sont simples, symétriques et élégantes, le monde réel ne se présente pas ainsi à nous. Il est désordonné et compliqué. La plupart des choses que nous observons ne sont pas symétriques et ne se comportent pas conformément à une loi simple de la Nature. D'une certaine manière, le monde inanimé qui s'offre à nos yeux semble très loin des lois intemporelles de la Nature qui gouvernent les particules élémentaires et les forces naturelles. Pourquoi ? Parce que nous n'observons pas les lois de la Nature : nous contemplons leurs conséquences. Du fait que ces lois trouvent leur représentation la plus puissante sous forme d'équations mathématiques, nous pourrions dire que seules se dévoilent les solutions de ces équations et non les équations elles-mêmes. Voilà le secret qui réconcilie la complexité apparente de la Nature avec la simplicité affirmée de ses lois. Les aboutissements sont beaucoup plus compliqués que les lois ; les solutions bien plus subtiles que les équations. Car, bien qu'une loi de la Nature puisse se draper d'une certaine symétrie, cela ne signifie pas que toutes les conséquences de cette loi doivent se parer de la même symétrie. Que nos cœurs occupent tous la partie gauche de nos corps ne démontre en rien un caractère lévogyre des lois de la Nature.

La subtile distinction entre lois et conséquences, équations et solutions, se manifeste aussi aux confins de la mécanique classique et de la physique quantique. Depuis l'invention du formalisme moderne de la mécanique quantique, nous avons appris à « quantifier » un problème particulier de physique classique de manière à étendre notre compréhension du problème dans le domaine microscopique où l'action d'observer affecte l'état du système étudié. Mais tout ce que cette procédure peut faire est de nous montrer comment engendrer un ensemble d'équations (ou lois) quantiques à partir des équivalents classiques. Nous ne connaissons aucune méthode pour générer les *solutions* quantiques directement à partir des solutions classiques. Et, en effet, aucun principe de ce type ne saurait exister, parce que certaines solutions (comme celles décrivant l'effet tunnel), d'un caractère intrinsèquement quantique, n'ont absolument aucune contrepartie classique.

démonstration réellement simple en utilisant des mathématiques élémentaires. Ainsi évoluent très souvent les mathématiques. Des idées vraiment originales comme l'argument diagonal de Cantor ou la démonstration de Gödel de l'indécidabilité sont, en fait, très rares et ne surgissent que quelques fois par siècle.

Symétrie brisée

Tout comme la station de ski pleine de jeunes femmes cherchant un mari et de maris recherchant une jeune fille, la situation n'est pas aussi symétrique qu'elle paraît.
Alan MACKAY

Lorsque les conséquences d'une loi rompent sa symétrie, nous parlons de « brisure de symétrie ». Connu depuis des millénaires, ce phénomène n'a cependant pas été complètement apprécié jusqu'à ce siècle. Et il est responsable de la vaste diversité et de la complexité du monde réel.

Chez Aristote et ses commentateurs, nous trouvons le problème classique de la créature affamée, perdue à mi-chemin entre deux réserves de nourriture. L'âne de Buridan fut la version la plus mémorable de ce problème de décision inventé pour illustrer la notion que tout choix doit avoir une raison suffisante. Leibniz le contra en arguant que les deux choix ne sont jamais identiques. Un certain déséquilibre conduit toujours à un choix plutôt que l'autre. En physique moderne, cette question surgit dans de nombreuses situations où une symétrie sous-jacente rend tout un ensemble de conséquences également probables. En pratique, il doit exister une issue particulière, et donc une rupture de la symétrie sous-jacente par son accomplissement. Par exemple, un bâton en équilibre vertical tombera d'un côté ou de l'autre, mais cela ne signifie pas que les lois de la Nature préfèrent une direction particulière de l'Univers. Le phénomène de magnétisation fournit un exemple plus élaboré. Au sein d'une barre métallique chauffée au-dessus d'une certaine température, l'agitation thermique des atomes est suffisante pour détruire toute tendance à s'aligner et définir une direction de magnétisation privilégiée. Dans cet état chaud, la barre ne possède pas de magnétisation globale. Mais quand la température de la tige diminue, l'agitation thermique perd de son intensité et est incapable de désorienter les atomes. Il devient énergétiquement défavorable que la barre demeure dans un état de magnétisation nulle, et elle évolue vers un ou deux états parfaitement symétriques, ainsi que l'illustre la figure 6.1. Ces états se caractérisent par un alignement des molécules de la tige métallique dans une direction ou son opposé. Dans le premier cas, nous obtenons un aimant avec les pôles nord et sud comme indiqués sur l'illustration, tandis que, dans l'autre cas, les pôles s'orientent dans le sens opposé. Donc l'état final est asymétrique. Il possède une orientation caractéristique. La symétrie originelle est reléguée à l'arrière-plan du fait qu'à

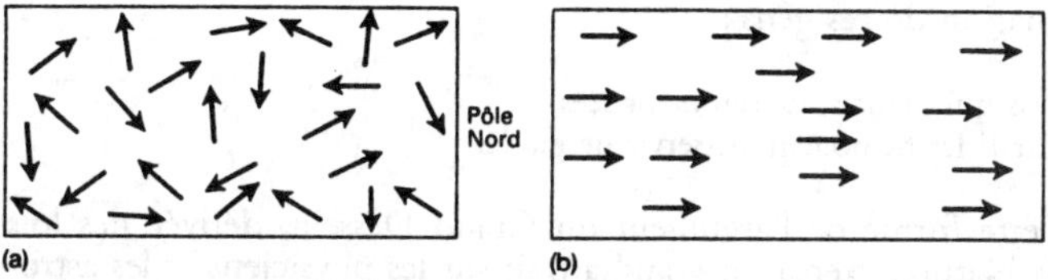

Figure 6.1. — Magnétisation. (a) Quand la température dépasse une valeur critique, les forces agissant sur les atomes dans la tige de métal ne distinguent pas de direction privilégiée ; elles sont distribuées symétriquement parce que l'agitation thermique est suffisamment grande pour rendre aléatoire toute tendance à pointer dans une direction préférentielle. (b) Quand la température chute sous le niveau critique, il devient énergétiquement favorable aux atomes de s'orienter dans la même direction ; toute direction peut être choisie au hasard, mais aussitôt ce choix établi, la symétrie directionnelle de (a) est brisée et les pôles nord et sud de la tige aimantée sont établis.

priori, les magnétisations nord-sud et sud-nord sont également probables.

Ces exemples nous enseignent en quoi la science est une entreprise aussi difficile. Nous observons les symétries brisées dans les détails du monde et nous devons en déduire les symétries cachées qui caractérisent les lois de la Nature. De la tapisserie de la Nature, de sa trame harmonieuse, nous voyons l'envers. Nous devons, à partir de fils lâches, créer une image du motif caché derrière elle.

Théologie naturelle : un conte dual

La vérité entre parfois dans l'histoire en chevauchant l'erreur.

Reinhold NIEBUHR

Avant d'approfondir davantage les conséquences de cette dichotomie entre lois et issues, il est intéressant de discuter comment, en nous concentrant sur cette distinction, nous pouvons comprendre l'histoire d'une certaine théologie naturelle.

Après la révolution newtonienne, l'argument traditionnel du Grand Dessein, plaidant pour l'existence de Dieu, a donné naissance à deux courants. D'un côté, se rangent ceux qui, comme l'apologiste Richard Bentley, contemporain de Newton, s'appuyèrent sur l'universalité et la précision mathématique des lois de la Nature elles-mêmes pour faire valoir l'existence d'un Auteur de ces lois. Nos recueils de cantiques rendent un éloquent hommage à la persuasion de ces gens :

> Lois qui, jamais, ne seront brisées
> Car Il les fit pour nous servir de guide.

Cette forme de l'argument du Grand Dessein, dérivée des lois de la Nature, exerça un grand attrait sur les physiciens et les astronomes. Rien de surprenant à cela puisque leurs travaux concernaient plus directement sur les symétries et les harmonies premières dont les lois de la Nature donnent l'exemple. Sans le concours du savoir d'un spécialiste, cet argument, d'une logique simple, se laisse difficilement appréhender. Le profane intéressé ne l'adopta donc pas tout de suite. Par contre, coexistait une autre forme de Grand Dessein téléologique qui tirait ses exemples de merveilleuses adaptations visibles dans le monde naturel. Son élément central reposait sur la réalité d'incontestables instruments comme l'œil humain et la main, ou la façon selon laquelle l'environnement naturel était ajusté aux créatures qui l'habitaient. Malgré une logique déficiente, cet argument, aisément visualisable et facile à saisir, convainquit le non-spécialiste. Il régna chez les naturalistes et autres observateurs attentifs aux infimes détails de la flore et de la faune. Ce raisonnement se focalise sur les manifestations des lois de la Nature — les symétries brisées — plutôt que sur les lois elles-mêmes. Il promeut certains des innombrables détails de la Nature et met en exergue leurs corrélations à d'autres particularités qui sont, en fait, totalement indépendantes les unes des autres et qui, pourtant, s'enchevêtrent harmonieusement d'une manière singulièrement appropriée.

Avec l'hypothèse darwinienne de la sélection naturelle fut proposée une explication simple et générale des transformations du monde naturel — les symétries brisées — mais elle n'avait aucune conséquence pour l'autre forme de l'argument du Grand Dessein fondée sur les lois de la Nature elles-mêmes. Car elles sont considérées comme des invariants de l'Univers. Dans un ouvrage classique de théologie naturelle comme le *Natural Theology* de William Paley, nous trouvons les deux courants du Grand Dessein présentés par un auteur diplômé en mathématiques mais aussi naturaliste averti. Il expose maints exemples des merveilleuses adaptations de la Nature — l'œil, l'attraction des abeilles par les fleurs, l'adroit camouflage des animaux — et exalte aussi le fait que la loi particulière de la gravitation que révéla Newton possède une multitude de propriétés spéciales, autant de conditions nécessaires à l'existence et à la stabilité du système solaire et, par là même, de notre propre existence. Cependant, chaque fois qu'on lit une critique de Paley, elle ne cite son livre *Natural Theology* que comme un paradigme du précédent type — à présent — naïf d'argument du Grand Dessein reposant sur une adaptation biologique spéciale. Aucune mention n'est faite de la deuxième moitié de son étude qui concerne les propriétés des lois newtoniennes du mouvement et de la gravitation. Il est intéressant de noter que Paley, lui-même, préféra les exemples biologiques, car plus solidement ancrés dans l'observation, et détesta les exemples astronomiques parce qu'il y avait là divorce avec son outil rhétorique favori — l'analogie. Les propres expériences et intérêts de Paley s'équilibraient très bien entre ces deux pôles. Bien qu'il fût mathématicien avant de rejoindre l'Église, il était un fin naturaliste amateur.

L'autre fil de cet argument nous intéresse parce qu'il fournit un lien entre ces deux formes d'argument qui s'insinuèrent dans le travail des théologiens naturels durant les XVIIe et XVIIIe siècles. À cette époque, existait une forte croyance en la notion d'une Divinité toute-puissante contrôlant le comportement d'issues qui, superficiellement, sont le fruit du hasard parce qu'aucune cause ne peut être identifiée. Ce contrôle se manifeste par le maintien de valeurs *moyennes* stables des quantités physiques importantes. Cette notion présente un intérêt particulier, car elle se mêle aux premiers tâtonnements d'une étude systématique des probabilités et statistiques. Newton, ainsi que nous l'avons dit, promouvait un argument du Grand Dessein fondé sur la précision et l'universalité des lois du mouvement et de la gravitation qu'il avait découvertes. Mais il était également impressionné par l'arrangement particulier du système solaire, une propriété qu'il reconnaissait ne pas pouvoir expliquer en utilisant ses lois de la Nature. Une combinaison de conditions initiales et de *hasard*, qui, en pratique, se ramène à un ensemble de processus chaotiques briseurs de symétries, était requise. Dans son ouvrage *Opticks* de 1704, il pose la question :

> D'où vient-il que les planètes se déplacent toutes de la même manière sur des orbites concentriques, tandis que les comètes se meuvent de différentes façons en orbites très excentriques [...] Le Destin aveugle ne pourrait jamais entraîner toutes les planètes sur des orbites concentriques identiques, certaines irrégularités insignifiantes exceptées, qui peuvent résulter des actions mutuelles des comètes et des planètes les unes sur les autres, et qui seront susceptibles de s'accroître, jusqu'à une réforme de ce système. Une aussi merveilleuse

> uniformité du système planétaire doit être reconnue comme le résultat d'un choix. Et de même pour l'uniformité des corps des animaux.

William Derham, auteur de deux travaux de théologie naturelle extrêmement connus, intitulés *Physico-theology* (1713) et *Astro-theology* (1715), écrivit à John Conduitt en juillet 1733 à propos d'une

> sorte particulière de preuve de [l'existence de] Dieu que Sir Isaac [Newton] mentionna au cours d'une conversation que lui et moi eûmes après la publication de mon *Astro-Théologie*. Il déclara qu'existaient trois choses dans le mouvement des corps célestes qui prouvaient une omnipotence et un Dessein avisé. 1. Que le mouvement imprimé à ces globes était latéral, ou dans une direction perpendiculaire à leurs rayons, non pas le long de ceux-ci ou parallèles à eux. 2. Que leurs mouvements vont dans le même sens. 3. Que leurs orbites ont toutes la même inclinaison.

La reconnaissance par Newton de l'état singulier du système solaire motiva de manière déterminante les études mathématiques ultérieures, par Laplace et Bernouilli, de la *probabilité* que la structure du système solaire soit l'effet du hasard, et dans toute la sphère de la science newtonienne par Abraham de Moivre qui dédia son œuvre *Doctrine of Chances* à Newton, avec le but avoué de fournir une

> méthode pour calculer les effets du Hasard [...] et ainsi fixer certaines règles, pour estimer dans quelle mesure certaines sortes d'événements résultent d'un projet [i.e. de causes déterminées] plutôt que du Hasard [...] de manière à susciter chez les autres le désir [...] d'apprendre de votre philosophie [celle de Newton] comment collecter, par un juste calcul, les preuves d'une sagesse et d'un projet exquis, qui apparaissent dans les phénomènes de la Nature dans tout l'Univers.

Laplace, bien sûr, devint célèbre pour avoir expliqué tous les mouvements connus dans le système solaire par les lois de Newton de la gravitation et du mouvement, et ainsi fut en mesure de se passer de l'intervention d'une Divinité pour effectuer les « réformes » périodiques de ses mouvements comme le proposa Newton. La stabilité séculaire de la structure générale du système solaire s'expliquait donc par les propriétés des lois de la gravitation et du mouvement, mais l'agencement particulier du système solaire demeurait inexpliqué en absence d'une théorie détaillée de la formation du système solaire. Plus tard, un processus similaire influença l'interprétation de nombre de preuves spéciales d'un soi-disant dessein dans le monde naturel. La théorie darwinienne de l'évolution par la sélection naturelle est, en pratique, une théorie statistique parce que nous ne sommes pas capables de reconstituer tous les liens de causalité dans le processus historique. D'où la considération de l'uniformité dans la structure d'espèces particulières comme conséquence de la stabilité des valeurs moyennes d'un tel développement, plutôt que comme résultat d'un choix spécial de l'état initial. En 1901, parut dans *Biometrika*, la nouvelle revue consacrée à l'étude statistique des problèmes biologiques, un éditorial justifiant sa création et qui illustre bien la différence de point de vue entre les physiciens de l'époque victorienne, préoccupés par les lois de la Nature et leurs conséquences exactes, et le monde compliqué des issues aléatoires qui préoccupait les spécialistes des sciences de la vie :

> Le problème de l'évolution est un problème de statistique [...] nous devons nous tourner vers les mathématiques des grands nombres, vers la théorie des phénomènes de masse, pour interpréter sans dommage nos observations [...] La disposition d'esprit caractéristique de Darwin le mena à établir la théorie de l'évolution sans conceptions mathématiques ; de même travailla l'esprit de Faraday dans le cas de l'électromagnétisme. Mais comme chaque idée de Faraday souffre une définition mathématique et demande une analyse mathématique [...], ainsi toute idée de Darwin — variation, sélection naturelle... — semble se prêter elle-même à une définition mathématique et demander une analyse statistique.

Les imperfections de la Nature

> *Il est impossible de réduire toutes les lois à une seule loi* [...] *aucun moyen* a priori *d'exclure du monde l'unique.* Josiah Royce

Nous ne pouvons pas tout attendre d'une théorie de tout. Elle peut nous donner toutes les lois de la Nature, mais ce cadeau seul ne nous permet pas d'expliquer ou de déduire tout ce que nous observons dans l'Univers en termes des principes inhérents à la théorie de tout. Examinons plus en détail le contenu de cette affirmation.

Dans nos précédents exemples de brisure de symétrie, existe un état parfaitement symétrique qui bascule dans un sens ou dans l'autre à cause de la rupture d'une symétrie. En pratique, cela signifiera généralement qu'une fluctuation microscopique a fait pencher la balance d'un côté ou de l'autre. Si cette fluctuation est d'origine quantique, nous ne pouvons la relier à une cause locale bien définie et elle est donc intrinsèquement stochastique, au lieu d'être effectivement aléatoire, tout bonnement parce que nous sommes incapables d'identifier sa cause particulière. Ainsi la brisure de symétrie peut être attribuée à des processus aléatoires au niveau quantique. Si nous devions expliquer la structure et le comportement d'un aimant en termes des lois de la Nature données par une théorie de tout, notre intuition nous dirait que nous devrions nous attendre à ne pas pouvoir rendre compte de certains aspects des phénomènes par la théorie de tout. En particulier, nous n'expliquerions pas pourquoi une des extrémités de la tige, et non l'autre, est le pôle nord, ou pourquoi l'aimant mesurait une telle longueur. De même, dans toute la gamme de la physique de laboratoire, trouvons-nous des aspects de phénomènes dont la nature quasi aléatoire résulte de la brisure spontanée d'une symétrie. Dans les études du système solaire, nous ne chercherions pas à expliquer la raison du nombre particulier de planètes dans le système solaire. Cette question est trop spécifique pour une théorie générale de la formation planétaire dans laquelle beaucoup de facettes adviennent d'une manière plutôt que d'une autre à cause de conditions initiales particulières ou de fluctuations. Dans le cas du système solaire, nous n'avons pas trop de mal à isoler les particularités que nous ne tenterions pas d'expliquer en termes des lois de la Nature seules. Mais, quand nous abordons les problèmes de la structure à grande échelle de l'Univers, nous ne savons pas faire aussi facilement la distinction. En effet, dans l'état actuel de nos connaissances, cela ne se peut.

Le phénomène de brisure de symétrie introduit un élément essentiellement aléatoire dans l'évolution de l'Univers. Certaines qualités de l'Univers, par exemple l'équilibre entre matière et antimatière, peuvent être déterminées localement par la manière particulière selon laquelle les événements s'y déroulèrent. Au laboratoire, nous discernons, en général clairement, les aspects d'une situation physique attribuables aux brisures de symétries aléatoires, et ainsi n'en recherchons-nous jamais une explication complète en termes de lois fondamentales de la Nature. Cette situation typique caractérise notre compréhension du monde intermédiaire des formes condensées de la matière qui n'est de dimension ni submoléculaire ni astronomique. Au contraire, en cosmologie, par exemple, nous ne savons toujours pas quelles facettes de la structure à grande échelle de l'Univers devraient être imputées aux lois de la Nature et lesquelles aux manifestations de ces lois qui incluent des symétries sous-jacentes brisées. Voilà une distinction vitale, car si une particularité de l'Univers découle de lois ou même de conditions initiales, il faut qu'elle soit alors considérée comme une caractéristique nécessaire de l'Univers qui n'aurait pu en aucun cas être différente. Si, par contre, la particularité résulte d'une brisure de symétrie, elle aurait pu être autre et ne devrait donc pas revendiquer le rôle d'indicateur clé de la structure de la Nature. Par exemple, nous ne savons pas si les dimensions des grands amas de galaxies sont des conséquences inévitables des lois de la Nature, des conditions initiales qui prévalaient au big bang, ou le résultat de brisures aléatoires de symétrie à l'aube de l'Univers.

Donc, même si nous détenons des informations sur les lois de la Nature, les conditions initiales, et sur les forces, particules et constantes de la Nature, mais ne comprenons pas comment la hiérarchie des brisures aléatoires de symétries, qui se déroulèrent tout au long de l'histoire de l'Univers, camoufla les symétries des lois de la Nature et les conditions initiales, notre connaissance demeurera alors sérieusement incomplète.

Chaos

Et la guerre régna au Ciel. Les Visions prophétiques de saint Jean

Une brisure de symétrie particulière, connue sous le vocable *chaos*, présente de nos jours un intérêt bien plus considérable que prévu. L'évolution des phénomènes chaotiques montre une extrême sensibilité à l'état initial. La plus légère modification de l'état de départ conduit à d'énormes différences dans les états ultérieurs. La majorité des phénomènes compliqués et désordonnés, comme la turbulence ou le climat, possèdent cette propriété. L'importance d'un tel comportement fut reconnue pour la première fois par James Clerk Maxwell dans la seconde moitié du XIXe siècle. Invité à donner une conférence sur le problème du libre arbitre dans son collège de Cambridge, il attira l'attention de ses collègues sur les systèmes dans lesquels une infime incertitude sur leur état présent nous empêche de prédire avec certitude leur état ultérieur. Les équations déterministes ne pourraient s'appliquer que si nous connaissions l'état initial avec une parfaite précision (ce qui ne se peut). La négligence de ces systèmes, qui forment la règle plutôt que l'exception dans la Nature, a subtilement mené à un biais en faveur du déterminisme en philosophie naturelle. Le traditionnel engouement pour les seuls phénomènes simples, stables et insensibles a engendré un excès de confiance en l'influence omniprésente des lois de la Nature. Maxwell suggère au contraire que

> la lumière peut être faite sur ces questions en considérant la stabilité et l'instabilité. Quand l'état des choses est tel qu'une infime variation de l'état présent ne modifiera qu'infinitésimalement l'état en un temps futur, la condition du système, au repos ou en mouvement, est dite stable ; mais lorsqu'une infime variation de l'état actuel peut entraîner une différence finie de l'état du système en un temps fini, la condition du système est dite instable.
>
> Il va de soi que l'existence de conditions instables rend impossible la prédiction des événements futurs, si notre connaissance de l'état présent n'est qu'approximative et non précise [...] Que les mêmes antécédents donnent lieu aux mêmes conséquences est une doctrine métaphysique. Personne ne peut le démentir. Mais cela ne sert pas à grand-chose dans un monde comme celui-ci, dans lequel les mêmes antécédents ne se reproduisent jamais, et rien ne se déroule deux fois [...] L'axiome physique un tant soit peu similaire s'énonce : « D'antécédents semblables suivent des conséquences semblables ». Mais, de ce fait, nous sommes passés de l'identité à la similitude, de la précision absolue à une approximation plus ou moins grossière. Certaines classes de phénomènes existent, comme je l'ai dit, dans lesquels une petite erreur des données n'introduit qu'une petite erreur dans les résultats [...] Le cours des événements dans ces cas est stable.
>
> D'autres classes de phénomènes sont plus compliquées, et dans ces cas une instabilité peut se développer [...]

Maxwell fut le premier physicien de renom de l'ère post-newtonienne à concentrer son attention sur les issues des lois de la Nature de préférence aux formes des lois de la Nature. Newton avait bâti son succès sur la reconnaissance de lois générales simples qui donnaient un sens à un vaste ensemble de phénomènes célestes et terrestres en apparence disparates. Son influence sur le cours du développement scientifique était si grande, particulièrement en Angleterre, que là où les sociétés primitives furent si préoccupées par les événements particuliers de la Nature, les newtoniens ne s'intéressaient qu'aux aspects licites de la Nature. La doctrine newtonienne constituait plus qu'une méthode scientifique : c'était une attitude qui imprégnait toutes les branches de la pensée humaine.

Rétrospectivement, il est curieux que la reconnaissance de l'extrême sensibilité de nombreux phénomènes à leur état initial fut aussi tardive, car, dans beaucoup de circonstances de la vie, l'effet d'une cause est disproportionné et évident. Une première affirmation fascinante de cette sensibilité apparaît dans les écrits médicaux de Galien, au IIe siècle après J.-C., dans lesquels il reconnaît les conséquences du hasard dans le traitement médical :

> Pour ceux qui sont sains [...] le corps ne s'altère pas même sous l'effet de causes extrêmes ; mais chez les gens âgés, même les plus petites causes produisent les plus grands changements.

En fait, Galien croyait qu'une bonne santé résultait d'un équilibre entre deux extrêmes où « la moyenne exacte de tous les extrêmes » est la même « dans toutes les parties du corps ». En conséquence, il estime que toute déviation hasardeuse de cet équilibre sous l'effet de facteurs extérieurs doit être très petite :

> La santé est une sorte d'harmonie [...] toute l'harmonie est accomplie et se manifeste de manière duale, d'abord en atteignant la perfection [...] et ensuite en ne déviant que très légèrement de la perfection absolue [...]

L'étude des phénomènes chaotiques se déroula selon une méthodologie qui diffère substantiellement de celle employée dans des applications traditionnelles des mathématiques au monde physique. Dans le passé, un phénomène physique compliqué comme la turbulence dans un fluide aurait été modélisé en tentant de produire une équation aussi précise que possible pour décrire ces mouvements. Cependant, l'extrême sensibilité de ce type de phénomène à son état initial signifie aussi qu'il sera très sensible à la forme de cette équation. Si l'équation que nous utilisons contient la plus petite imprécision ou omission, alors, très vite, le comportement représenté déviera dramatiquement de celui qui se déroulerait dans le monde réel. À cause de cette sensibilité, l'intérêt s'est porté vers l'élucidation des caractéristiques générales partagées par presque toutes les équations possibles.

Strictement parlant, il ne peut y avoir de propriétés communes à *toutes* les équations possibles parce que toute propriété que l'on prend soin d'énumérer sera exprimée par quelque équation. Cependant, si l'on se restreint aux propriétés de *presque toute* équation, c'est-à-dire excluant seulement un ensemble de cas très particuliers hautement irréalistes ou improbables, alors existent des propriétés générales communes à toutes les équations restantes. Leur découverte fut l'un des succès les plus évidents des mathématiques modernes.

Ces études des équations en général plutôt que des équations en particulier nous ont révélé que le comportement chaotique est la règle plutôt que l'exception. Nous en sommes arrivés à penser que les phénomènes linéaires, prédictibles et simples, prévalent dans la Nature parce que nous sommes prédisposés à les cerner pour étude. Ils sont les plus faciles à comprendre. Mais nous devons maintenant faire volte-face et considérer comme un mystère l'existence de tant de phénomènes simples et linéaires dans la Nature. À la base, c'est pour cette raison que le monde nous est intelligible. Nous pouvons analyser les phénomènes linéaires par parties. Le tout n'est rien d'autre que la somme de ses parties. Nous pouvons donc comprendre quelque chose d'un système sans devoir tout comprendre à son propos. Les systèmes chaotiques non linéaires diffèrent des précédents. Ils requièrent une connaissance de l'ensemble afin de comprendre les parties parce que le tout est bien plus que simplement la somme des parties. Nous reviendrons sur ce sujet au chapitre 9.

Certains des modèles présentés par la théorie d'Einstein de la gravitation comme descriptions possibles des premiers instants de l'expansion de l'Univers montrent cette sensibilité chaotique aux conditions initiales. Si, comme nous en discutions au chapitre précédent, dans le contexte des représentations de son évolution primitive inspirées des supercordes, l'Univers subit une certaine transition au cours de laquelle certaines dimensions d'espaces sont réduites à une étendue infinitésimale, alors le nombre de dimensions qui échappe à ce destin peut être déterminé chaotiquement par les conditions qui règnent au tout début de l'Univers. À tout le moins, devrait-on s'attendre à ce qu'elles varient de place en place. L'étendue de ce que nous sommes capables de déduire à propos de l'Univers par des principes logiques ou physiques dépend donc précairement de la délicatesse de la sensibilité aux conditions initiales qui peuvent avoir existé.

Hasard

La statistique est la physique des nombres. P. DIACONIS

L'étude moderne des processus chaotiques considère ceux-ci comme typiques de la plupart des types de changement. L'insensibilité aux conditions initiales ne devient règle plutôt qu'exception que si une situation impose des restrictions très particulières. La très délicate sensibilité aux conditions initiales précises, souvent affichée par les types les plus généraux de transformation continue, produit des phénomènes observables aux comportements très compliqués. Un tumultueux torrent de liquide turbulent peut, en amont, présenter un flot relativement uniforme, ses diverses parties étant animées de vitesses similaires se déplaçant dans la même direction. Cependant, une fois la cataracte franchie, les petites différences initiales entre lignes de courant voisines s'amplifient beaucoup. Avant que la notion de chaos ne devienne bien établie, les scientifiques approchaient ces processus compliqués principalement sous un angle statistique. C'est-à-dire qu'ils considéraient le processus en cours d'analyse comme étant, à toute fin pratique, « aléatoire ».

L'une des curiosités de l'histoire est que les sujets maintenant fructueux des probabilités et des statistiques n'existaient pas avant le milieu du XVIIe siècle. Ceci nous surprend d'autant plus que leur apparition comme partie des mathématiques fut inspirée par des considérations de problèmes de jeux, dés, cartes, et toutes sortes de jeux de hasard. Ces jeux se pratiquaient partout dans le monde depuis des millénaires. En effet, le mot « hasard » dérive de l'arabe *al-zahr*, signifiant « dé », un jeu pratiqué aussi bien dans l'Égypte ancienne qu'en Grèce, à Rome et dans tout le Moyen-Orient. Pourquoi, dès lors, le sujet des probabilités — la quantification du hasard — ne s'est-il pas développé dans ces cultures au même titre que la géométrie, l'arithmétique et l'algèbre ? Malheureusement, cette simple question ne semble pas avoir de réponse évidente. Les gens étaient conscients de ces imprévisibilités que nous appellerons « hasard », et ils les distinguaient clairement d'autres événements attendus. Ils ne les étudièrent simplement pas comme une branche de la science ou des mathématiques. Bien souvent, ils utilisèrent la distinction pour bannir ce qui était illicite et indigne d'étude scientifique.

Dans certaines sociétés, cette négligence du hasard peut être associée à des croyances religieuses. Fréquemment, des phénomènes hasardeux, comme le tirage au sort, étaient traités comme des moyens de communication directs avec Dieu (ou les dieux). Rappelons que le prophète juif Jonas fut jeté par-dessus bord après que les autres membres de l'équipage l'eurent tiré au sort, et que le choix de Mathias par les onze Apôtres pour remplacer Judas Iscariote se fit de la même manière. Nous pouvons aussi trouver des références bibliques sur la rhabdomancie, un mode divinatoire qui consiste à jeter des baguettes en l'air de sorte que des augures puissent être prononcés d'après la direction de leur chute. L'Ancien Testament parle aussi à plusieurs reprises des mystérieux Urim et Tummim, conservés dans ou sur la robe de lin du grand prêtre. Consultés à de très nombreuses occasions quand le peuple attendait une décision, ils semblaient ne répondre que par « oui » ou « non », ce qui suggère une sorte de tirage au sort par le grand prêtre. Une autre proposition plus convaincante est qu'il s'agissait de deux objets plats, portant chacun sur une face l'*Urim* — dérivé de l'hébreu *'arar*, signifiant « maudire » — et sur l'autre face le *Tummim* — de *tamam*, « être parfait ». Ainsi, un double Tummim signalait « oui », un double Urim « non », et une face de chaque se lisait « pas de réponse ». Dans tous ces exemples, et il y en a bien d'autres de ce genre, on met l'accent sur l'utilisation de procédés comme porte-parole de la divinité pour révéler une cause inconnue mais très spécifique, que les hommes ne peuvent entrevoir. Donc, le tirage au sort pour identifier Jonas comme la cause de la tempête ne reconnaît pas un élément intrinsèquement aléatoire dans la Nature ou un processus mystérieux appelé « hasard » qui opère indépendamment de ses actions habituellement ordonnées. Au contraire, il cherche à répartir le blâme et à découvrir des informations seulement disponibles à Dieu dans ce contexte, parce que, comme l'illustre le cas de Jonas, c'était un acte contre Dieu que les marins considéraient comme suffisamment sérieux pour encourir une punition sous la forme d'une tempête. Ici, et ailleurs dans les écrits de l'Ancien Testament, l'introduction du processus confondant visait principalement à exclure la possibilité qu'un élément humain influence la décision. Le plus près que l'on puisse aller d'une reconnaissance de la notion d'événements « aléatoires » non dirigés par Dieu se retrouve dans l'histoire de Gédéon répandant des brins de laine sur le sol. Il s'exécuta à deux reprises. La première nuit, il rechercha de la rosée sur la laine et non sur le sol, tandis que la seconde nuit, il fit l'inverse. Le deuxième essai visait probablement à éliminer toute possibilité que le premier signe puisse être dû au « hasard », et la modification recherchée dans le second état devait permettre d'éliminer ce que nous appelons, aujourd'hui, un effet de sélection systématique.

Ces exemples nous conduisent à penser que s'occuper de systèmes aléatoires confinait à la théologie et ne constituait pas une vétille ou un simple plaisir. De plus, les résultats n'étaient aléatoires en aucun sens qui aurait été accepté par leurs témoins. Il ne s'agissait pas de phénomènes naturels, mais plutôt de réponses de Dieu inaccessibles par d'autres moyens de révélation. Donc, quoique maints commentateurs voient dans les histoires de l'Ancien Testament les premiers exemples d'une familiarité bien établie avec notre notion moderne du hasard, elles ne sont, en fait, rien de la sorte.

Dans d'autres cultures ancestrales, nous trouvons une association directe du hasard avec le chaos et les ténèbres, aspects indésirables du côté obscur de l'Univers dont le monde visible ne s'est échappé que grâce aux actes héroïques des dieux. Phénomènes naturels occasionnels et désastres nous donnent des aperçus de la face cachée des choses. Pour ces cultures, le hasard, associé à incertitude et imprédictabilité — donc au danger —, est fondamentalement indésirable. Si les événements ne sont pas certains — si les récoltes et les pluies ne viennent pas —, de sérieuses conséquences, immédiatement identifiées comme une punition divine, s'ensuivent.

Ces idées primitives du hasard nous amènent aussi à croire qu'il ne deviendra pas simplement un sujet d'étude comme les autres. Il n'est pas séculier. Bien sûr, existeront toujours des événements qui, par ignorance, apparaissent désordonnés mais qui, plus tard, entreront dans le canon des choses ordonnées. En effet, nous pourrions envisager ceci comme l'histoire du progrès scientifique humain. De prime abord, tout semble aléatoire, occulte et attribuable aux caprices des dieux. Quand des régularités apparaissent, les personnalités de certains dieux doivent évoluer pour s'accorder aux nouvelles régularités reconnues, tandis que d'autres dieux sont contraints de hanter les coulisses et de fournir une explication des irrégularités. Au cours du temps, de plus en plus de régularités sont découvertes et évaluées. Elles se révèlent si bénéfiques que l'attention se concentre presque exclusivement sur elles et l'idée de hasard, comme l'étude des événements sans causes discernables, disparaît tout simplement.

Malgré les tabous religieux et sociaux qui s'élèvent contre l'étude des phénomènes se produisant par « hasard », on pourrait avancer qu'il existe, dans de nombreuses sociétés, un tel éventail de croyances qu'il se trouvera toujours certains groupes d'individus impies capables de se consacrer à des activités aussi illicites que de réfléchir à la manière de gagner au jeu avec certitude [1]. Nombre de ces peuples étaient nantis et éduqués. On pourrait croire que la motivation d'une étude détaillée des systèmes aléatoires eût été très grande. Ces systèmes auraient finalement conféré à leur détenteur un considérable avantage financier. Il se peut que cela ait été simplement trop difficile à réaliser quand on songe que la plupart des accessoires ludiques anciens consistaient en objets, tels que des os ou des baguettes irrégulièrement taillées, qui ne possèdent pas un nombre d'issues également probables. En effet, l'usage d'un « dé » aussi irrégulier peut avoir, au bout du compte, suffi à son propriétaire pour l'exploiter à son profit, simplement par expérience. Observer ses tendances sur un grand nombre d'essais permet d'apprendre quelque chose sur ses biais. En possédant beaucoup de ces systèmes et en jouant contre différents adversaires à tour de rôle, on pourrait exploiter ce savoir assez efficacement. Il n'y a donc pas de réel besoin d'une théorie générale de ces subterfuges ; en fait, étant donné que chaque système aléatoire différerait de tous les autres, il semble qu'il ne pourrait exister, de toute manière, pas de théorie générale.

Pourtant, en dépit de l'inexistence d'une théorie mathématique générale du hasard dans les temps reculés, les appréciations du concept de chance ne manquent pas et le débat est toujours très animé quant à la manière d'interpréter l'existence d'événements sans causes identifiables. Un trait fréquent des stoïciens, implicite dans la vision biblique que nous avons mentionnée plus haut, est de reconnaître le hasard comme un anthropomorphisme qui n'apparaît qu'en raison d'un manque de connaissance des causes cachées mais précises. Cette conception fut exposée, à la lumière des vues strictement déterministes des stoïciens, par Cicéron de la manière suivante :

> Rien ne se produit qui ne devait point se produire, et, de plus, rien ne se passera qui ne trouvera pas dans la nature la cause efficiente de sa réalisation [...] S'il existait un homme dont l'âme pouvait discerner les liens qui joignent chaque cause à toute autre cause, alors certainement il ne commettrait jamais d'erreur dans ses prédictions.

1. Il est intéressant de réfléchir sur les attitudes générales envers de nombreuses formes de jeu dans la société. Le jeu est considéré comme plus ou moins indésirable : un vice contre lequel il faut protéger les gens. La motivation n'est, somme toute, pas la crainte de déplaisantes conséquences financières puisque des formes acceptables de jeu furent créées pour recueillir une certaine approbation générale.

Car celui qui connaît les causes des événements futurs nécessairement sait ce que sera chaque événement à venir.

Cette conception fataliste résonne dans les couloirs de l'histoire, usqu'aux célèbres écrits de Laplace qui expriment sa notion du déterminisme et sa croyance en la capacité d'un Être omniscient à prédire le comportement futur de l'Univers dans un monde complètement déterministe, gouverné par les lois du mouvement de Newton. Pour cette intelligence, « rien n'est incertain ».

L'Être omniscient caché sous les pensées de Laplace joua un rôle bien plus important dans un autre courant de pensée sur les probabilités et le hasard. La théologie naturelle constituait une composante importante de la philosophie naturelle jusqu'au milieu du XIXe siècle. Un courant, comme nous l'avons expliqué précédemment, s'attachait aux lois de la Nature, l'autre aux issues fortuites de ces lois. L'étude de ces deux aspects entraîna un nombre imposant d'avis favorables à l'idée que notre Univers était improbable. Selon Newton, les apologistes considéraient souvent les conséquences déplaisantes qui résulteraient au cas où les résultats des lois de a Nature différaient, ou si les lois elles-mêmes étaient légèrement altérées. Invariablement, ces arguments avaient pour conclusion 'extrême improbabilité de notre Univers, moyennant l'hypothèse mplicite que toutes les alternatives étaient à peu près également probables. Donc notre ensemble particulier de lois et leurs manifestations spéciales requéraient une explication supplémentaire. L'explication la plus souvent donnée était qu'elles furent choisies afin de permettre l'éclosion de la vie humaine. Ceci constituait une partie ndispensable du plan divin.

L'imprédictabilité du sexe

La reductio ad absurdum *est l'argument favori de Dieu.*

Holbrook JACKSON

De nombreux théologiens naturels s'intéressèrent au sexe ou, du moins, à un aspect particulier de ce sujet : l'égalité moyenne, à long erme, des taux de naissance des hommes et des femmes (en fait, le rès léger excès d'hommes par rapport aux femmes avait également été remarqué). Un adepte naïf du Grand Dessein téléologique comme William Derham n'attribuait pas la régularité générale du éger excès masculin à une quelconque tendance mathématique à longue échéance, mais plutôt à une cause providentielle des plus particulières, parce que

> un surplus de mâles est très utile pour les besoins de la guerre, de la navigation et autres charges des hommes sur les femmes. Que cela soit l'œuvre de la divine Providence et non du hasard est bien établi par les lois du hasard.

L'auteur en appelle donc à l'argument du Grand Dessein. Plus tard apparaîtront diverses explications statistiques des faits. Bernouilli montra que le petit excès observé d'hommes par rapport aux femmes se produirait si la probabilité d'une naissance masculine valait, en fait, $\frac{18}{35}$ au lieu de un demi.

Aucune de ces études théologiques naturelles n'impliquait le concept de hasard, qui aurait été considéré comme l'antithèse du dessein accompli par la main de Dieu. Le hasard personnifiait un type de cause qui symbolisait tout ce qui s'opposait à l'image chrétienne de l'origine et de la conduite du monde matériel. Il fallut attendre Maxwell pour que l'on apprécie les attributs positifs de processus apparemment aléatoires comme générateurs de nombreux types différents de comportement [1].

Les théologiens naturels qui étudièrent le monde vivant désiraient insérer dans le monde la moindre petite chose qui devait se produire. Ils ne se souciaient pas de doter le monde d'une logique qui pouvait répondre à chaque éventualité : Darwin fut celui qui, finalement, nous en persuada. L'intéressante découverte que nous avons faite progressivement au cours du dernier siècle est que les processus aléatoires possèdent une faculté de réaction. Ils ne requièrent pas que les systèmes vivants soient préprogrammés pour s'accommoder de toute éventualité possible. Une telle situation les rendrait sûrement non viables, simplement en raison de leurs tailles et de leurs complexités internes.

Ces arguments de théologie naturelle à propos d'un « dessein » salutaire garantissant un équilibre sain des moyennes statistiques étaient soutenus par une grande diversité de sectateurs, parmi les-

1. Le travail de Maxwell incluait l'étude du comportement des molécules dans les gaz quand le nombre véritable de collisions engendre une situation générale qui défie toute description exacte. Chaque collision est individuellement chaotique ; pourtant, du fait que chacune ne dépend effectivement pas des autres, un modèle statistique stable des vitesses moléculaires émerge. Ces systèmes incarnent des exemples classiques de chaos microscopique créant un ordre stable à grande échelle. Plus le nombre de molécules du système est grand, plus les fluctuations occasionnelles par rapport au comportement moyen stable seront petites.

quels Florence Nightingale qui appela ce projet « la pensée de Dieu ». Selon leur opinion, l'équilibre entre naissances et décès ainsi que la balance des sexes étaient des équilibres divinement maintenus. Très impressionnée par les tendances stables manifestées par des événements individuellement imprévisibles, Florence Nightingale fut parmi les premières à les employer comme argument du Grand Dessein en faveur de l'intervention secourable de Dieu. Aussi étudia-t-elle les statistiques, ce qui fit écrire à un commentateur historique :

> [Car] les statistiques représentaient plus qu'une étude, elles constituaient une religion. Pour elle, Quetelet était le héros de la science et l'exemplaire de son *Physique sociale*, offert à titre d'hommage, est annoté de sa main à chaque page. Florence Nightingale croyait — et tous ses actes se conformaient à cette croyance — que l'administrateur ne pouvait réussir que s'il était guidé par une connaissance statistique [...] Pour mieux dire, elle alla plus loin ; elle maintint que l'univers — incluant les communautés humaines — évoluait conformément à un plan divin ; qu'il incombait à l'homme d'essayer de comprendre ce plan et d'agir en résonance avec lui. Mais pour comprendre les pensées de Dieu, elle affirma la nécessité d'étudier la statistique, qui est la mesure de Son dessein. Donc l'étude de la statistique constituait pour elle un devoir religieux.

De manière intéressante, les études statistiques détaillées, entreprises pour étayer cette apologétique prédarwinienne, révélaient pour la première fois une certaine croyance en des lois mathématiques gouvernant le développement et la diversification des êtres vivants. Elles reconnaissaient l'existence d'un élément statistique à la base de la reproduction, dont l'uniformité, au bout du compte, requiert une explication. L'explication recherchée n'était pas scientifique, mais néanmoins, tout comme les versions plus étendues de l'argument du Grand Dessein, elle joua un rôle important dans la mise en lumière des adaptations et des équilibres indispensables au monde naturel sur lesquels Darwin et ses disciples purent concentrer leur recherche d'explications alternatives.

Brisure de symétrie dans l'Univers

Ci-gît Martin Englebrodde,
Aie pitié de mon âme, Seigneur Tout-Puissant,
Comme j'aurais pitié si j'étais le Tout-Puissant,
Et si tu étais Martin Englebrodde.

Épitaphe sur une pierre tombale anglaise

Au début de ce chapitre, nous avons souligné que la distinction entre les lois de la Nature et leurs réalisations rend notre compréhension de l'Univers doublement difficile. La physique fondamentale nous a révélé que la structure observée de la Nature dépend fortement de la température. Quand nous observons le comportement des particules élémentaires à des énergies et des températures de plus en plus élevées, nous trouvons qu'elles deviennent plus symétriques et, en un sens, plus simples. À une certaine température, très élevée, aux premiers instants du big bang, l'Univers aurait pu être maximalement symétrique. Mais, en raison de son expansion et de la chute de température concomitante, différentes options s'ouvrent au comportement de la matière et les symétries se brisent à tour de rôle, ici d'une manière, là d'une autre.

Aujourd'hui, nous vivons dans un monde froid, de basse énergie, où une biochimie peut se développer. Si l'Univers, dans notre voisinage, était sensiblement plus chaud ou plus froid, nous n'aurions pas pu évoluer. Nous sommes donc mal placés pour reconstruire les symétries de la Nature. Par nécessité, nous vivons dans une ère où les profondes symétries de la Nature ont depuis longtemps été brisées, et où est camouflée la vraie simplicité des choses. De plus, nombre de ces choses que nous observons dans l'Univers peuvent avoir été principalement déterminées par la manière aléatoire selon laquelle se déroulèrent les brisures de symétrie.

L'idée d'un « univers inflationnaire », que nous avons introduite au chapitre 3 et qui domine la cosmologie moderne, illustre très spécifiquement ce problème. L'univers inflationnaire n'est pas tant une nouvelle théorie cosmologique qu'une addition à la théorie du big bang de l'univers en expansion qui s'imposa comme la seule image acceptable de l'évolution générale de l'Univers depuis l'effondrement, dans les années 1960, du modèle de l'état stationnaire sous l'avalanche d'observations le contredisant. Le modèle conventionnel du big bang est attaché à l'image de l'Univers selon laquelle il s'étend depuis un état initial situé à un certain moment précis dans le passé. Cette expansion ralentit perpétuellement depuis le départ à cause de l'effet de frein de la gravitation. Cette situation engendre un dilemme, parce qu'elle assure que l'Univers s'étend relativement lentement dans les premières phases, si lentement en fait que l'immense bulle d'un diamètre de quinze milliards d'années de lumière que nous appelons l'*univers visible* aujourd'hui doit émaner d'une région relativement vaste aux premiers instants. Par « relativement grande », nous entendons qu'elle était bien plus vaste que n'importe quel domaine que les signaux lumineux auraient pu traverser depuis le début de l'expansion. Donc, l'uniformité à grande échelle de l'univers visible actuel, conjuguée au fait qu'il s'étend à la même vitesse dans toutes les directions avec une précision d'au moins une partie par millier, est quelque chose de mystérieux. L'univers inflationnaire propose l'existence, au début de l'expansion, d'une certaine forme de matière d'une espèce que les physiciens des particules considèrent de manière routinière dans les théories mathématiques qu'ils étudient sur le papier. Cette forme spéciale de matière a pour effet d'accélérer l'expansion durant une brève période. En conséquence de quoi l'énorme sphère imaginaire autour de nous, que nous appelons aujourd'hui l'univers visible, peut résulter de la dilatation d'une région initialement beaucoup plus petite. En fait, nous pouvons aisément supposer que cette région embryonnaire soit suffisamment petite pour qu'un signal lumineux ait le temps de la traverser depuis le début de l'expansion. Cette spéculation nous permet de comprendre maintenant pourquoi l'Univers est si régulier sur d'aussi colossales dimensions. Son uniformité à grande échelle reflète tout simplement une uniformité microscopique soutenue par l'action lissante de divers processus dissipatifs pendant ses premiers moments d'existence (voir figure 6.2).

Imaginons maintenant que l'Univers naisse dans un état plutôt chaotique ou stochastique, de sorte que nous n'ayons pas à faire d'hypothèse particulière quant à son état initial. Une variation des conditions locales signifiera que certaines régions subiront des accès d'« inflation » plus longs, au cours desquels l'expansion s'accélère. La brisure de symétrie dicte comment varient les propriétés physiques d'une région à l'autre juste après le début de l'expansion de l'Univers. Donc, différentes régions s'accroîtront différemment. Seules celles qui s'accroissent suffisamment subsisteront assez longtemps pour que la vie puisse évoluer. Nous habitons une de ces régions. Il y en a bien d'autres (en nombre infini si l'Univers est de dimension infinie), situées au-delà de l'horizon de notre univers visible. Il se peut qu'elles diffèrent de la région que nous contem-

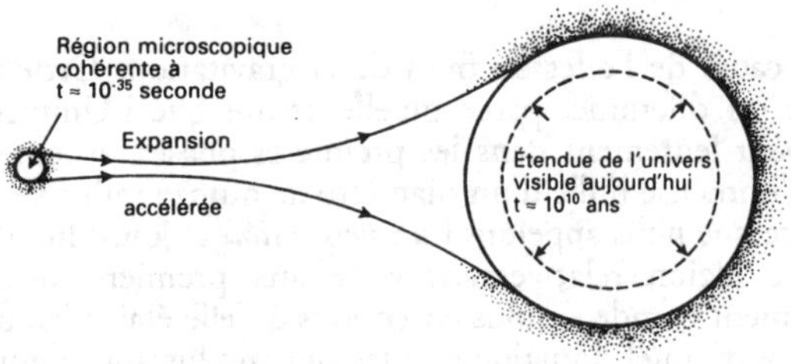

Figure 6.2. — L'univers inflationnaire. Une représentation schématique du modèle de l'univers inflationnaire, dans lequel la totalité de l'univers visible émane de l'expansion accélérée d'une seule région causalement liée de dimension microscopique. Sans le phénomène d'expansion accélérée, ces régions microscopiquement lisses auraient engendré des régions bien plus petites que la taille de l'univers observable aujourd'hui.

plons. Ainsi, nous comprenons pourquoi une théorie de tout nous laisse sur notre faim.

La théorie de tout permet l'existence de nombreuses bulles d'univers, simplement pour des raisons d'autocohérence, mais seules les plus grandes seront observées par d'éventuels physiciens. Nous occupons juste l'une des bulles compatibles avec les conditions nécessaires à l'évolution biologique. Donc, pour comprendre pourquoi notre partie observée de l'Univers possède les propriétés particulières qu'elle a, il nous faut plus que les lois de la Nature. Nombre de propriétés typiques de la structure à grande échelle de l'Univers peuvent être associées à la façon selon laquelle les brisures aléatoires de symétrie se déroulèrent d'une région à l'autre. S'il en est ainsi, nous chercherions vainement une explication directe de ces caractéristiques de l'Univers dans une théorie de tout, même si elle prescrit les conditions initiales du big bang. Les *détails* de l'univers visible ne se déduiront pas d'une théorie de tout, si l'Univers, dans ses phases primitives, implique un élément intrinsèquement aléatoire, comme une brisure de symétrie, qui peut varier d'un endroit à l'autre.

Pour être plus précis sur ces problèmes, nous pouvons donner un exemple spécifique qui pourrait très bien s'appliquer à notre Univers. L'une des propriétés les plus frappantes de l'univers visible est la prépondérance de la matière sur l'antimatière. Bien que les accélérateurs de particules produisent quotidiennement matière et antimatière en quantités égales et qu'il existe une relation démocratique entre les deux, nous n'observons pas d'antiplanètes, d'antiétoiles, d'antigalaxies, pas plus que nous n'avons de preuve tangible de la présence d'antimatière dans les rayons cosmiques provenant de l'extérieur du système solaire. De même, nous ne trouvons pas de preuve d'une annihilation globale de matière et d'antimatière qui se produirait en un endroit quelconque de l'Univers où tous deux viendraient en contact. Donc, pour une raison mystérieuse, existe une forme de favoritisme cosmique. L'univers observable se compose de matière plutôt que d'antimatière, et aussi, principalement, de rayonnements. En effet, une simple comptabilité donne l'avantage aux photons ; car on compte en moyenne dans l'Univers deux milliards de photons pour un proton. Puisque, à chaque annihilation d'un proton et d'un antiproton, deux photons émergent, nous constatons qu'un univers comme le nôtre, contenant environ deux milliards de photons par proton, a dû naître d'un état dense et chaud dans lequel un milliard et un protons cohabitaient, en moyenne, avec un milliard d'antiprotons. Un milliard d'antiprotons détruisent un milliard de protons, produisant deux milliards de photons pour chaque proton survivant. Mais pour quelle raison l'Univers primordial possédait-il une aussi bizarre disproportion de matière par rapport à l'antimatière ?

Au début des années 1980, une explication très attrayante de ce défaut de symétrie cosmique émergea de l'étude des théories unifiées des interactions forte, électromagnétique et faible. Leur conjonction révéla qu'une asymétrie devait apparaître naturellement parce que, dans ces théories, existe une minuscule différence dans les taux de désintégration des particules et des antiparticules, et ceci aurait un rôle important à jouer dans les premiers instants de l'Univers. Le déséquilibre final entre protons et antiprotons — le biais « un milliard et un pour un milliard » — peut provenir de cette asymétrie du taux de désintégration. La question demeure alors : quelle est cette asymétrie ? Certaines théories la fixent à une valeur invariable donnée par d'autres constantes de la Nature que nous pouvons mesurer, car elles déterminent d'autres caractéristiques observables du monde des particules élémentaires. Mais, dans d'autres modèles, cette composante universellement constante ne représente qu'une fraction de l'asymétrie. Elle est majorée d'une autre partie qui varie stochastiquement d'une région à l'autre de l'Univers parce qu'elle résulte d'un processus de brisure de symétrie aléatoire sensible aux conditions physiques locales de température et de densité. Ainsi, dans ce cas, le déséquilibre entre matière et antimatière varie de région à région dans l'Univers. Il n'est pas déterminé par la seule « théorie de tout ». À nouveau, dans certaines régions, le déséquilibre sera si petit que quantités d'annihilations se produiront et les conditions favorables à l'éclosion de la vie ne se réaliseront pas. Seules les régions dans lesquelles régnera un équilibre acceptable — comme, par exemple, dans notre portion visible de tout l'Univers — permettront l'épanouissement d'observateurs. Pour ceux-là, l'explication du déséquilibre entre matière et antimatière qu'ils constatent n'est pas à rechercher uniquement dans les lois de la Nature, ni même dans les conditions initiales. En un sens, il n'existe pas d'explication de type scientifique conventionnel. Les conditions advinrent de toutes les manières possibles en des endroits différents. Nous observons le développement d'une des possibilités qui permit la floraison de la vie. Ceci, les lois de la Nature ne l'exigent pas, tout au plus le permettent-elles. Le fait que cela pourrait être hautement improbable ne devrait pas nous alarmer. Si les issues probables de la théorie de tout sont des mondes contenant des quantités semblables de matière et d'antimatière, ces mondes seront inhabités. Nous devrions nous trouver dans l'une des alternatives improbables, quelle que soit l'importance de son improbabilité intrinsèque.

Ces exemples ne font qu'illustrer combien l'Univers peut être subtil et malicieux. Les lois de la Nature ne nous permettront pas d'inférer ce que nous verrons dans l'Univers. Et nous ne savons même pas où tracer la ligne qui sépare les aspects de l'Univers attribuables aux lois de ceux qui résultent du hasard.

7

Principes organisateurs

Entre les extrêmes
L'Homme poursuit son chemin. W.B. Yeats

Les choses sauvages

Nul doute que l'action des cellules nerveuses ne s'oppose en rien à une loi de la chimie, pas plus que ne violent une loi de la physique les vibrations des fibres nerveuses, mais nous devons ajouter quelque chose à nos sciences afin que nous puissions expliquer d'aussi subtils phénomènes.
William Jevons (1873)

L'immense et le minuscule impressionnent fortement l'observateur scientifique. Les plus récentes conjectures relatives au microcosme des particules élémentaires et à l'univers béant de l'astronome dominent la plupart des méditations sur la structure ultime de l'univers physique. Intuitivement, nous sentons que les secrets ultimes de la constitution de l'Univers doivent résider aux confins des distances imaginables. Mais d'autres extrêmes que ceux d'échelle, de temps ou de température existent. Par exemple, les extrêmes de la complexité. Quand nous commençons à fouler ce nouveau chemin, nous découvrons des traits du monde quotidien originaux et surprenants qui révèlent les limites d'un réductionnisme appelant une théorie de tout pour expliquer l'entièreté du monde naturel, du microcosme au macrocosme.

Au chapitre 5 (fig. 5.1), nous avons présenté un diagramme replaçant le contenu de l'Univers dans une illuminante perspective. Nous reprenons ce schéma en figure 7.1 afin de mettre en évidence la hiérarchie de la complexité en plus de celle de la taille. Cette figure représente les structures les plus importantes de l'Univers connu, du noyau de l'atome d'hydrogène aux étoiles, en passant par les atomes plus complexes, les molécules, les êtres humains, les arbres et les montagnes, les astéroïdes et les planètes, puis les plus grandes structures astronomiques observées — galaxies et amas de galaxies — et, finalement, l'Univers visible dans son intégralité. Nous pouvons tracer dans ce diagramme une boîte « magique ». Elle contient le domaine des structures présentant des propriétés spécifiques des systèmes complexes et organisés. En d'autres termes, leur structure ne résulte pas simplement de l'équilibre entre deux forces naturelles opposées. Leur nature même ne découle pas uniquement de leur taille mais de la façon selon laquelle s'organisent leurs composants internes. Vous remarquerez que les êtres humains se placent ostensiblement à l'intérieur de la boîte magique. Rien de surprenant à cela. Nos cerveaux sont les objets les plus compliqués rencontrés jusqu'ici dans l'Univers. Nous sommes loin d'être simples. En effet, si nos cerveaux étaient sensiblement plus élémentaires, nous serions trop simples pour nous en rendre compte.

Les structures organisées occupent le monde situé entre le très grand et le très petit. Nous nous trouvons ici dans le domaine de la complexité à plusieurs faces : pure et simple. La vie constitue l'objet le plus frappant de son catalogue de merveilles, mais tout ce qui est compliqué n'est pas vivant. La météorologie, le comportement des économies, les sondages d'opinion, les matériaux exotiques ou les changements démographiques imprévisibles possèdent tous des complexités qui nous défient de les quantifier par nos méthodes traditionnelles. Pourtant, la diversité même d'une telle complexité organisée suggère la possibilité d'abstraire la notion même de complexité des manifestations spécifiques dont nous sommes les témoins, et de rechercher certains principes généraux qui gouvernent son émergence et son développement.

Nous savons par expérience que certaines choses présentent structure et complexité simplement en raison de leur grand nombre. Le comportement d'une personne isolée peut être simple ; ajoutez un second individu et de nouveaux types de comportement humains complexes deviennent possibles ; ajoutez une troisième personne et des choses encore plus étonnantes peuvent se produire ; ajoutez encore une douzaine de personnes et à peu près n'importe quoi peut arriver. Il en va de même des atomes ou des électrons. Le tout devient considérablement plus que la simple somme de ses constituants. Ce fait s'explique en partie par la formation de sous-systèmes quand le nombre de composants devient très grand. En économie mondiale, par exemple, nous ne traitons pas un système simple dans lequel chaque élément interagit librement de toutes les façons possibles avec tous les autres. En fait, de nombreuses sous-économies relativement étendues interagissent entre elles de manière particulière.

La devise du monde de la complexité est : plus on est de fous, plus on rit ; plus grand est le nombre de composants, plus nombreuses sont les possibilités d'altération de la configuration interne du système tout en conservant inchangées certaines caractéristiques moyennes globales. Considérons, par exemple, le nombre de mots que l'on peut créer à partir de lettres individuelles, dans un jeu comme le *Scrabble*. Avec une lettre, nous pouvons trouver au plus un mot dans le dictionnaire. Nous pouvons découvrir plusieurs mots de deux lettres. Mais lorsque le nombre de lettres augmente de trois à quatre et au-delà, le nombre de mots possibles s'accroît selon une progression exponentielle. Il en est ainsi avec les atomes et les particules matérielles. Les phénomènes extraordinaires de la

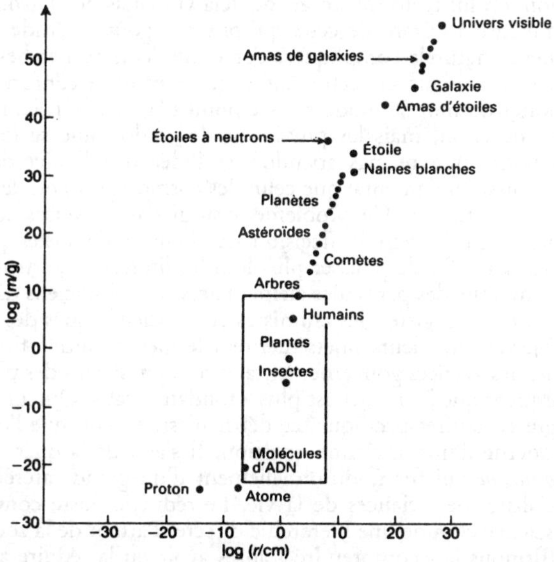

Figure 7.1. — L'éventail des tailles et masses des principales structures connues dans l'Univers (voir figure 5.1), le rectangle délimitant la région dans laquelle se forment des structures organisées complexes. À l'intérieur de cette zone, les phénomènes observés résultent principalement d'interactions complexes entre de très grands nombres de constituants mutuellement interagissants. Ils résultent des formes particulières d'organisation entre ces composants, plutôt que du seul comportement inhabituel de forces individuelles de la Nature.

physique de l'état solide, tels que la supraconductivité et la semi-conduction, les propriétés des nouveaux matériaux, résultent tous de ce monde complexe des grands nombres. En effet, récemment est apparu dans la communauté scientifique un très intéressant débat sur la signification relative de ces phénomènes comparés à ceux de la science « fondamentale » traditionnelle. L'étude des sujets abordés dans les livres de vulgarisation scientifique révèle très rapidement que les trous noirs, la cosmologie et les particules élémentaires constituent les matières dominantes. Ces extrémités du spectre des tailles sont perçues comme les candidats les plus fondamentaux, les plus naturels, à l'étiquette de recherche fondamentale. Pour beaucoup, le monde intermédiaire de la physique de l'*état sordide*[1] n'est ni aussi fondamental ni aussi intéressant. Même les physiciens professionnels lui trouvent un air de déjà vu. Mais nous avons une dette immense à l'égard de ceux qui ont pris goût à l'étude de ces phénomènes naturels compliqués. Parce que leurs recherches nous ont fourni matériaux et technologies qui étayent le confort et les commodités du monde moderne. Ce point n'a, bien sûr, jamais été remis en question, mais les physiciens de ce domaine se font un point d'honneur à ne pas abandonner l'idée que l'objet de leur étude est aussi fondamental que celui des cosmologistes ou des physiciens des particules. Ce problème a surgi dans diverses sociétés occidentales qui prirent la décision de financer de vastes projets expérimentaux afin de pousser plus loin les limites de l'astronomie et de la physique des particules élémentaires. Les physiciens de l'état solide, les métallurgistes, les chimistes et les scientifiques des matériaux objectent que leurs sujets méritent le même soutien financier de la part des agences gouvernementales. Les physiciens des particules rétorquent que leur sujet est plus « fondamental ». Qui a raison ?

Malgré sa nature spécifique, ce débat n'est, en fait, que l'expression moderne d'une ancienne question. Il s'agit de la question du *réductionnisme* qui fut traditionnellement d'un grand intérêt pour les spécialistes des sciences de la vie. Le réductionniste convaincu voit la science comme une hiérarchie directe. Partant de la zoologie, nous affirmons la « comprendre » après avoir pu la réduire à quelque chose de plus fondamental, c'est-à-dire, dans ce cas, la biologie. De même, la biologie est entièrement basée sur la chimie ; nous pouvons montrer que la chimie est fondée sur la physique ; et la

1. *N.d.T.* : L'auteur fait ici un jeu de mots et transforme *solid-state physics* (physique de l'état solide) en *squalid-state physics* (physique de l'état « sordide ») pour indiquer un certain dédain vis-à-vis de cette discipline.

physique nous conduit à nouveau aux particules les plus élémentaires de la matière. Quand nous les découvrons — sous la forme de particules ponctuelles ou de cordes —, nous avons complété la chaîne linéaire. Donc, à chaque étape, le réductionniste ardent prétend qu'il existe un « pourquoi ? » qui toujours pointe dans la même direction : en dedans, vers l'échelle plus petite. Le fonctionnement de la boîte magique se devine toujours en regardant vers l'intérieur. Le physicien des particules et lauréat du prix Nobel, Steven Weinberg, fait de ce point de vue un de ses arguments majeurs en faveur du financement d'un futur accélérateur de particules, s'exposant aux critiques de nombreux physiciens de la matière condensée :

> Toutefois, se basant sur l'idée intuitive que différentes généralisations scientifiques en expliquent d'autres, nous avons le sentiment d'un axe des sciences. Des flèches de l'explication scientifique existent qui strient l'espace de toutes les généralisations scientifiques. Ayant découvert un grand nombre de ces directions, nous pouvons maintenant examiner le schéma qui a émergé, et nous notons une chose remarquable : peut-être la plus grande de toutes les découvertes scientifiques. Ces flèches semblent converger vers un point commun ! Partez de n'importe où en science et, comme un enfant désagréable, demandez constamment : « Pourquoi ? » Vous atteindrez finalement le niveau du microscopique [...] J'ai remarqué que l'explication semble converger vers une origine commune, et dans nos recherches en physique des particules élémentaires, nous pensons avoir approché cette origine. La physique des particules élémentaires contemporaine nous apprend que, non seulement nous sommes au niveau le plus profond que l'on peut atteindre actuellement, mais que nous sommes à un niveau en fait très profond, en termes absolus, et peut-être très proche de l'origine ultime.

Ici, l'argument du fondamentalisme montre le chemin de la découverte d'une théorie de tout. Supposons qu'une théorie de tout existe et que nous sommes sur le point de la découvrir ; car Weinberg conclut :

> Nous avons de bonnes raisons de croire qu'en physique des particules élémentaires, nous apprenons quelque chose concernant la structure logique de l'Univers à un niveau très profond. La raison pour laquelle j'affirme cela est qu'en allant vers des énergies de plus en plus grandes et en étudiant des structures de plus en plus petites,

> nous avons découvert que les lois, les principes physiques qui décrivent ce que nous apprenons deviennent de plus en plus simples [...] les règles que nous avons découvertes deviennent de plus en plus cohérentes et universelles. Nous suspectons maintenant qu'il ne s'agit pas d'un accident, que ce n'est pas simplement un hiatus des problèmes particuliers que nous avons choisi d'étudier à cet instant de l'histoire de la physique mais qu'il existe une simplicité, une beauté, que nous trouvons dans les règles qui gouvernent la matière qui reflète, à un niveau très profond, quelque chose de la structure logique de l'Univers.

En vérité, le discours du réductionniste fervent n'est pas vide. Nous n'avons aucune raison de croire que les matières biologiques se composent d'autres éléments que les atomes ou les molécules étudiées par le chimiste ; de même ne devons-nous point douter du fait que ces atomes ou ces molécules soient formés de rien d'autre que des particules élémentaires chères au physicien, pas plus que nous ne remettrions en question le fait que la *Pietà* de Michel-Ange soit composée de pierre et de marbre. Mais un tel réductionnisme est trivial. Son affirmation se justifiait lorsque circulaient des spéculations sans fondements selon lesquelles le feu se composait d'une substance mystérieuse (le « phlogistique ») ou qu'un *élan vital*[1] animait les êtres « vivants ». L'assemblage des choses simples forme des agrégats qui présentent une plus grande diversité de comportements que la simple somme de leurs parties. Donc, qualitativement, de nouveaux phénomènes apparaissent lorsque le niveau de complexité croît ou que le nombre d'ingrédients augmente. Une telle situation échappa aux premiers vitalistes. Comme le remarquait C.H. Waddington :

> Le vitalisme équivalait à affirmer que les choses vivantes ne se comportent pas comme si elles n'étaient que des mécanismes formés de simples éléments matériels ; mais cela présuppose que l'on connaît ces composants matériels et quels mécanismes ils peuvent bâtir.

Une collection de 10^{27} protons, neutrons et électrons, voilà ce qu'*est*, à un certain niveau, un ordinateur personnel mais, clairement, l'assemblage de ces particules subatomiques, leur organisation, différencient l'ordinateur d'un amoncellement de 10^{27} particules subatomiques séparées. Donc, à ce niveau — celui de

1. En français dans le texte.

tous les comportements possibles que le système peut manifester —, l'ordinateur représente plus que la somme de ses constituants et ce qui le caractérise, c'est la manière dont les atomes se lient pour former des types particuliers de matériaux et la façon de câbler ces matériaux entre eux *via* commutateurs et circuits. Les propriétés de l'ordinateur témoignent du niveau et de la qualité de la complexité réalisée. Plus grands et compliqués seront les circuits et la logique internes, plus subtiles seront les fonctions de l'appareil.

Ces exemples nous montrent que si le réductionnisme signifie qu'il faut rechercher toute explication de la complexité à un niveau inférieur, et, en fin de compte, dans le monde des constituants les plus élémentaires de la matière, alors le réductionnisme est faux. Au contraire, nous pouvons nous attendre à trouver, à chaque échelon, de nouveaux types d'organisations complexes lorsque nous nous élevons du royaume des quarks aux agrégats de matière en passant successivement par les nucléons, les atomes et les molécules. Chacun de ces nouveaux comportements sera essentiellement une manifestation d'un niveau particulier d'organisation atteint dans des conditions ambiantes particulières. Une des choses les plus frappantes qui distingue des phénomènes aussi complexes de ceux plus simples qui intéressent le physicien des particules élémentaires est que ces derniers sont supposés apparaître à un certain moment de l'histoire de l'Univers. En remontant assez loin dans l'histoire de l'Univers, nous devrions rencontrer des conditions naturelles suffisamment extrêmes pour produire toutes les particules élémentaires de la Nature à l'état libre. Elles ne nécessitent aucun environnement spécial à l'exception de très hautes températures. Mais les manifestations de la complexité sont tout à fait différentes. D'ordinaire très sensibles à de nombreux détails de l'environnement, elles ne se produisent pas « naturellement ». Autrement dit, nous devons souvent créer des conditions spéciales grâce auxquelles va apparaître le phénomène désiré. Nous pouvons facilement imaginer que certains phénomènes complexes que nous avons pu produire en laboratoire ou en usine ne se déroulèrent jamais dans l'Univers. Voilà une réflexion d'importance : une propriété de la matière, comme la supraconductivité à haute température, pourrait très bien ne jamais s'être manifestée naturellement durant toute l'histoire de l'Univers. Latente dans les lois de la Nature, cette propriété ne pouvait apparaître que sous des conditions artificielles très particulières, et seulement pour une matière organisée de façon spécifique et « non naturelle ».

La vie telle que nous la connaissons et la comprenons partiellement, constitue un exemple classique de ce qui peut arriver quand un niveau suffisant de complexité est atteint. La conscience semble l'expression d'un niveau encore plus élaboré d'organisation. Dès lors, ces deux phénomènes s'harmonisent très précisément avec l'environnement dans lequel ils se déroulent. Cela n'a rien de surprenant s'ils résultent d'un processus de sélection naturelle dans lequel l'environnement joue un rôle prépondérant en déterminant la nature des attributs favorables qui seront choisis dans les générations subséquentes. Pourtant, nous constatons avec étonnement que la forme de vie que nous connaissons, et que nous sommes, très subtilement se maintient en équilibre avec non seulement l'environnement astronomique mais aussi avec les formes des lois et les constantes de la physique.

Les biologistes n'ont pu s'accorder sur une définition générale de la vie. Notre expérience de ses aspects possibles est trop limitée (la figure 7.2 présente certains exemples connus). Cependant, tandis qu'un désaccord règne quant aux propriétés *nécessaires* pour qu'une chose soit appelée « vivante », les caractéristiques *suffisantes* pour qualifier cette chose de « vivante » font l'objet d'un consensus raisonnable. Toute tentative d'énoncer des conditions nécessaires tend à dégénérer en une spécification très étroite, guère plus qu'une description de formes connues de la vie. Il est très utile de proposer comme condition suffisante pour baptiser vivante une chose qu'elle puisse se reproduire dans un certain environnement et contienne un certain degré d'organisation conservé par sélection naturelle. Reproduction ne signifie pas fabrication d'une copie exacte à chaque génération mais plutôt qu'une copie exacte aurait une probabilité de survie plus grande que des copies moins fidèles dans le même environnement. Dans n'importe quelle biosphère, certains organismes, quoique techniquement pas tous, satisferaient à cette définition. Par exemple, alors que l'être humain n'y satisfait pas (il ne peut se reproduire tout seul), il se compose d'un grand nombre de cellules qui satisfont à la définition. Un homme et une femme vérifieraient, ensemble, cette condition suffisante.

La complexité de la vie telle que nous la connaissons a un goût de géocentrisme accusé. Aucune autre forme de complexité ne semble mériter l'étiquette de « vie » dans notre système solaire, où nous l'avons cherchée et tenté de l'entendre, ni dans notre Galaxie, où nous ne pouvons qu'écouter. Ce silence galactique nous apprend que certaines espèces de complexité, celles qui sont suffisamment évoluées pour pouvoir lancer des sondes spatiales ou envoyer des messages radio, soit n'existent pas, soit ne veulent pas communi-

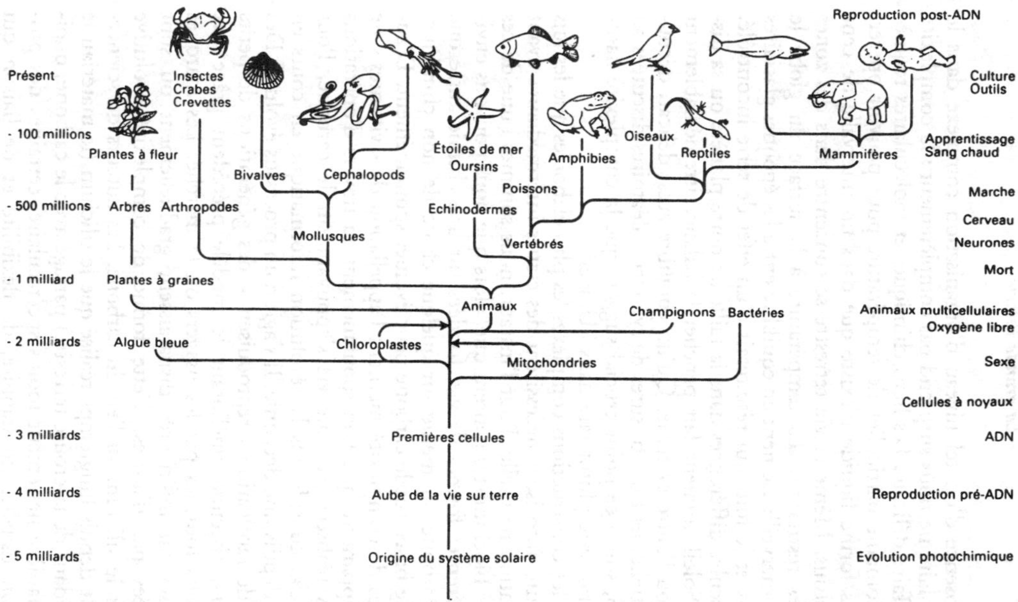

Figure 7.2. — Les chemins évolutifs des lignées animales connues montrant les ancêtres communs de chaque branche. Il existe un parallèle suggestif entre la mobilité de chaque forme vivante et son intelligence. Les humains se distinguent encore plus par la manière très efficace avec laquelle ils mirent en commun l'intelligence de chaque individu pour générer une intelligence collective qui surpasse largement la capacité d'un individu isolé.

quer. L'absence d'un tel niveau d'organisation complexe dans le système solaire ne nous surprend pas complètement : la complexité est une affaire délicate. Les liens chimiques et moléculaires requièrent un domaine particulier de température pour pouvoir opérer. L'eau sous forme liquide n'existe que dans un intervalle de cent degrés Celsius. Même la vie terrestre se concentre dans des zones climatiques restreintes. La température à la surface du globe le maintient merveilleusement en équilibre entre les époques glaciaires récurrentes et le four qui résulterait d'un effet de serre incontrôlé. De minuscules différences dans la taille de notre planète ou sa distance au Soleil auraient fait pencher la balance irrémédiablement vers l'un ou l'autre extrême. Qu'un équilibre aussi délicat, découlant essentiellement des brisures de symétries aléatoires discutées au chapitre 6, soit à ce point crucial suggère que la complexité naturelle pourrait être plutôt rare dans l'Univers.

Toutes les constructions complexes les plus élaborées que les lois de la Nature autorisent nécessitent des étapes intermédiaires avant leur réalisation naturelle. Pour l'instant, nous sommes l'une de ces étapes. Les biochimistes pensent que, alors que nous pouvons envisager différentes formes de vie, fondées sur une chimie autre que celle du carbone ou même sur quelque chose de non chimique, seule la vie basée sur le carbone peut évoluer spontanément. D'autres formes de complexité méritant l'appellation de « vivantes » ne peuvent apparaître que non spontanément au travers d'opérations complexes réalisées par une vie s'appuyant sur le carbone. Pour illustrer cela, considérons la révolution informatique en cours en Occident depuis une décennie. Il s'agit d'un processus évolutif. Des procédés de fabrication « reproduisent » des générations de petits ordinateurs, chacune améliorant le modèle précédent grâce aux informations fournies par les usagers ou le marché. Les marques défectueuses ou inférieures disparaissent graduellement ou sont phagocytées par d'autres. Cette forme de complexité évolutive repose sur le silicium au lieu du carbone. Les auteurs de science-fiction ont depuis longtemps réalisé que le silicium (le matériau le plus abondant de la croûte terrestre) partage avec le carbone, quoique de manière nettement moins spectaculaire, certaines des propriétés non usuelles de stabilité, de flexibilité et de liaison qui permettent au carbone de former les longues chaînes moléculaires qui sous-tendent la chimie organique. Bien que le silicium n'ait qu'une capacité très limitée à former des chaînes moléculaires, il tend à engendrer des réseaux cristallins solides comme le quartz (dioxyde de silicium) plutôt que des liquides, des gaz ou des chaînes moléculaires compliquées. Néanmoins, le silicium et les éléments assimilés possèdent des propriétés communes qui en font le pivot des industries de micro-électronique et d'informatique. Aujourd'hui, un écrivain de science-fiction désireux d'écrire un récit futuriste ne se référerait pas tant à la *chimie* du silicium qu'à la *physique* du silicium. Mais cette forme de vie basée sur le silicium ne pourrait avoir évolué spontanément : elle requiert une vie s'appuyant sur le carbone qui agisse comme catalyseur. Nous sommes ce catalyseur.

Un futur monde de circuits numériques, devenant de plus en plus petits mais aussi de plus en plus rapides, constitue une future « forme vivante » plausible, techniquement plus compétente que la nôtre. Plus un circuit peut être miniaturisé, plus petites seront les régions de tension électrique non nulle, et dès lors plus faibles pourront être ces tensions. De fines couches de matière, épaisses d'à peine quelques atomes, permettent d'ajuster très précisément les propriétés électroniques d'un matériau et de les rendre bien plus efficaces. Les premiers transistors se composaient de germanium, mais ils étaient loin d'être fiables et n'opéraient pas à haute température. Les cristaux de silicium d'excellente qualité produits par la suite permirent la manufacture d'une génération de transistors au silicium et de circuits intégrés plus fiables et plus rapides. Les électrons traversent des matériaux nouveaux comme l'arséniure de gallium bien plus rapidement que le silicium, ce qui a rendu possible le développement de la série des super-ordinateurs Cray. La figure 7.3 illustre l'évolution de la puissance informatique. D'autres matériaux prendront indubitablement la relève. L'histoire pourrait même accomplir un cycle complet et revenir au carbone. Un diamant de carbone pur constitue l'un des meilleurs conducteurs de chaleur, une propriété de première importance pour une matrice de circuits très serrée.

Vie artificielle

Appelons, pour simplifier, vie artificielle (VA) toute forme de vie et d'extrême complexité autre que celle, fondée sur le carbone, qui évolue spontanément depuis que les premières étoiles et les planètes existent. Ce sujet devrait être comparé, mais non confondu, avec l'étude de l'intelligence artificielle (IA) ; nous nous intéressons à un ensemble plus vaste de processus complexes que ceux imitant les processus cognitifs. Un des chercheurs en ce domaine a décrit son but le plus optimiste comme le désir de « construire des modèles

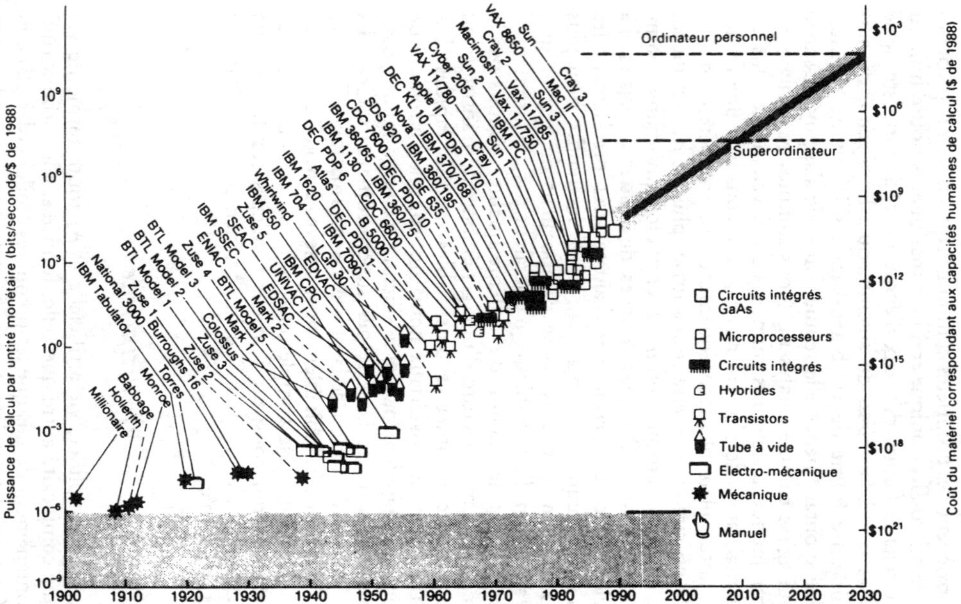

Figure 7.3. — Évolution de la capacité de calcul au XXe siècle. Sont mentionnées les mesures équivalentes de la capacité humaine de calcul non aidé et l'évolution technologique de l'industrie informatique depuis la calculatrice électronique jusqu'aux plus récents ordinateurs.

tellement proches de la vie qu'ils cesseraient d'en être des modèles pour devenir des exemples de vie eux-mêmes ». En pratique, cela revient à étudier toutes les formes de complexité organisée en insistant spécialement sur les variétés qui évoluent et interagissent avec leur environnement. Même sans tenir compte des données subtiles fournies par un environnement changeant, nous pouvons démontrer des résultats généraux assez intéressants, illustrant ce qui est, en principe, possible lorsque la forme de vie artificielle (ou de complexité) est construite avec des propriétés particulières. Par exemple, nous pouvons imaginer une forme déterministe de vie artificielle qui, une fois opérationnelle et sans contrôle ni données supplémentaires, se reproduira indéfiniment, créant une suite de descendants, chacun de ceux-ci étant supérieur à son parent. Imaginons une forme de vie artificielle ayant une telle capacité d'accumuler l'information qu'elle peut absorber tous les axiomes et les règles de l'arithmétique. Elle pourra dès lors élaborer des théorèmes d'arithmétique. Nous pourrions définir la somme de tous ces théorèmes comme son « intelligence ». Cependant, notre précédente discussion du théorème d'incomplétude de Gödel nous apprend que l'intelligence de cette forme de vie ne peut inclure toutes les vérités de l'arithmétique. Il doit toujours en exister certaines qu'elle ne peut ni prouver ni réfuter. Mais lorsque l'organisme découvre (ainsi qu'il le peut) qu'une certaine affirmation arithmétique n'est ni démontrable ni réfutable par l'ensemble d'axiomes qu'il a accumulés, il peut alors simplement ajouter la proposition indécidable à sa liste d'axiomes. Le système axiomatique ainsi élargi devrait toujours faire preuve d'une certaine incomplétude, bien sûr, mais l'organisme évolue maintenant en répétant cette procédure : il identifie des propositions indécidables avant de les incorporer comme nouveaux axiomes, devenant de plus en plus intelligent, car chaque descendant peut prouver tous les théorèmes démontrables par son parent (certains d'entre eux par des séries de déductions logiques bien plus courtes, en raison du pouvoir supplémentaire acquis grâce aux axiomes additionnels qui autorisent ainsi de nouvelles séquences de déductions logiques), plus certains théorèmes nouveaux en vertu de son nouvel axiome. Toute l'information enregistrée par chaque descendant dépasse celle du parent. Une complication pourrait apparaître si chaque parent engendrait des jumeaux : l'un ingurgiterait les propositions indécidables comme nouvel axiome, tandis que son « frère » adopterait comme axiome sa négation.

Les traits principaux caractérisant l'aptitude déductive de n'importe quelle forme de complexité organisée sont le taux auquel

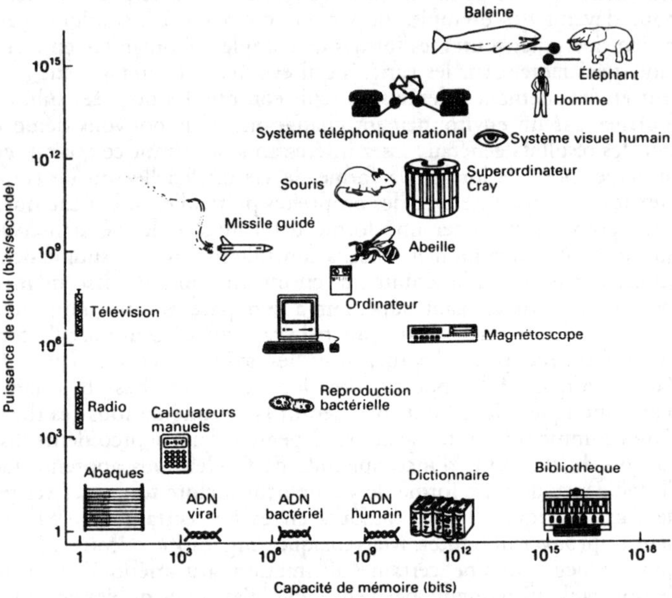

Figure 7.4. — Puissance et capacité d'accumulation de l'information d'une variété d'organismes vivants et de créations technologiques humaines.

celle-ci peut traiter l'information (en d'autres termes, transformer une série de nombres en une nouvelle suite) et la taille de sa mémoire. Celle-ci limite l'aptitude du système à apprendre et à s'adapter au changement. La figure 7.4 présente une comparaison de ces deux attributs pour un grand nombre de systèmes complexes dont certains sont considérés comme vivants et d'autres non.

Cette distinction quelque peu imprécise repose sur le fait que, d'une certaine manière, les êtres vivants sont toujours humides et mous tandis que les choses inanimées sont dures et métalliques. Ordinateurs et cristaux ne ressemblent pas à d'autres formes de vie. Mais cette distinction est plutôt subjective, surtout lorsqu'on examine la série d'événements qui, dans le passé, a pu conduire à l'évolution d'entités humides à base de carbone formant nos faune et flore.

Graham Cairns-Smith de l'université de Glasgow proposa que la

rme de vie naturelle qui se présente maintenant à nos yeux peut
pas avoir constitué la source primordiale de la complexité fondée
r la chimie du carbone qui caractérise les organismes vivants
tuels. Dans son scénario de « prise de pouvoir génétique », il sug-
re que de très fins cristaux d'argile[1], qui se modifièrent par les
ocessus familiers de fracture et de croissance cristallines, formè-
nt les premiers « organismes ».

La structure cristalline contient de nombreux motifs irréguliers
pelés « défauts ». Ces défauts jouent un rôle important dans l'his-
ire de l'argile, car ils affectent les propriétés chimiques et physi-
ues, altérant ainsi son efficacité comme catalyseur dans les
actions chimiques avec les substances proches. Au bout du
mpte, suggère Cairns-Smith, certains cristaux incorporent aléatoi-
ment l'aptitude des composés carbonés voisins à exécuter des
ches plus compliquées, accumuler des motifs et, finalement,
oduire des molécules qui pourraient créer des répliques d'elles-
êmes. Aussitôt ce processus en mouvement, la machinerie carbo-
e, bien plus performante, supplante très rapidement la base cris-
lline. Le résultat évolutif sera l'émergence de formes de vie
rbonée avec peu ou prou de traces de leur origine cristalline. Tout
processus de prise de pouvoir génétique ressemble assez à la prise
contrôle de l'industrie automobile anglaise par les Japonais, ou
ut-être à la future prise de pouvoir par le silicium de notre propre
imie du carbone. En effet, à un niveau plus profond, nous pou-
ns détecter son influence dans la plupart des courants intellectuels
culturels auxquels nous participons. Lorsqu'une idée nouvelle
ent à l'esprit de quelqu'un, elle sera adoptée par un autre innova-
ur qui, dans un premier temps, y songera dans le même contexte
ie son concepteur, mais qui, ensuite, percevra les améliorations
tentielles et transplantera l'essence de cette idée dans un tout
tre contexte. L'idée a évolué. Un autre esprit en a pris le contrôle.

Notre digression sur les êtres vivants résulte de l'accent mis à la
is sur la compréhension et la simulation de la « vie » dans de
mbreuses recherches modernes. La panoplie entière de ces études
mbe maintenant dans le giron de la « science cognitive ». À la
se, de telles recherches se heurtent à la compréhension d'un type
rticulier, quoiqu'à multiples visages, de complexité. Notez que

1. Très peu de gens savent qu'historiquement le théologien réformateur Martin Luther
nsidéra le premier la possibilité d'une vie fondée sur l'argile. Il écrit : « Si Dieu m'avait
nsulté, je Lui aurais conseillé de poursuivre la génération des espèces en les façonnant
ns l'argile. »

nous nous sommes concentrés sur les systèmes vivants non pas par désir de les doter d'une signification surnaturelle, mais parce qu'ils forment les objets les plus complexes que nous pouvons observer.

Nous avons vu qu'un réductionnisme naïf cherchant à tout réduire à ses plus petits éléments est hors de propos. Si nous voulons atteindre une compréhension complète de systèmes complexes, surtout ceux qui résultent de l'œuvre stochastique de la sélection naturelle, alors il nous faut plus que ce que les actuels candidats au titre de « théorie de tout » peuvent offrir. Nous devons savoir s'il existe des principes globaux gouvernant le développement de la complexité en général qui soient applicables à un ensemble de situations différentes sans se perdre dans les méandres de leurs particularités. Peut-être existe-t-il tout un ensemble de règles fondamentales concernant le développement de la complexité qui se ramènent à certaines de nos lois de la Nature, plus simples, dans des situations où le niveau de complexité est essentiellement nul. Si de telles règles existent, elles ne s'apparentent pas aux lois que recherche le physicien des particules. Mais quelle preuve avons-nous que de tels principes puissent exister ?

Le temps

Si tout sur Terre était rationnel, rien ne se passerait.

Fiodor DOSTOÏEVSKI

La nature du temps : depuis des siècles, les physiciens débattent de cet inextricable problème, mais son élucidation n'a fait l'objet que de bien maigres progrès. Les nouvelles théories scientifiques, qu'il s'agisse de la relativité ou de la mécanique quantique, ouvrent invariablement de nouvelles perspectives sur la nature du temps, mais, habituellement, elles n'ajoutent qu'un autre aspect déconcertant à ceux qui existent déjà, plutôt qu'elles ne présentent un nouveau point de vue décisif qui remplacerait toutes les précédentes conceptions. Notre discussion des principes organisateurs fournit l'occasion de mettre en lumière une certaine tension historique dans l'attitude des penseurs envers la nature du temps. Pendant des milliers d'années, les opinions ont oscillé entre deux visions extrêmes, mais les études des systèmes complexes et organisés signalent peut-être un retour vers l'opinion première.

Depuis les premiers philosophes grecs, existe une dichotomie parmi ceux qui désiraient reconnaître le rôle du temps dans les processus naturels comme un fait essentiel dans la réalité du monde. Ces penseurs, comme Aristote et Héraclite, insistaient sur le « monde des événements » observé comme la vraie réalité vers laquelle devaient être dirigés tous les essais d'explication et d'investigation. Contrastant nettement avec cette approche pragmatique, fleurit une tradition, née avec Parménide et, plus tard, aboutie dans sa formulation la plus élégante par Platon, selon laquelle nous devrions essayer d'éliminer le temps de notre vision de la réalité. Il faudrait le cacher ou le réduire à autre chose. Platon réalisa cet effacement en attribuant une importance ultime à des formes détachées de ce monde qui fournirent les moules parfaits desquels tous les phénomènes observés dérivaient, quoique imparfaitement. Ces formes éternelles constituaient des invariants temporels, la réalité vraie dont les phénomènes observés n'étaient que d'imparfaites ombres. Nous découvrons ici le peu d'égard accordé au rôle du temps. Les choses ultimes ne variaient pas dans le temps. Seules leurs approximations imparfaites montraient une variabilité, et il était dès lors facile d'écarter le temps de la véritable essence des choses. Ce biais apparaît explicitement dans l'ensemble de la science et des mathématiques des Grecs. Ils ne s'intéressaient qu'à ce que nous appellerions aujourd'hui la statique : cercles parfaits, harmonies invariantes et nombres purs. L'idéalisme platonicien tend naturellement à imputer une certaine forme d'immutabilité aux réalités ultimes.

Les travaux de Newton et de ses disciples ne portaient pas principalement sur les harmonies statiques. Pour eux, lois de la Nature signifiaient lois du changement — la dynamique. Le temps avait un rôle explicite à jouer. Mais cela n'apporta aucune lumière sur sa nature. Pour éviter de se perdre dans des soi-disant « hypothèses », Newton nota dans les premières pages des *Principia* :

> Je ne définis pas le temps, l'espace, la position et le mouvement puisque ces notions sont bien connues de tous. Seulement, je dois remarquer que les gens ordinaires ne conçoivent ces quantités qu'en fonction de la relation qu'elles établissent avec les objets perceptibles.

Son plan consistait à ériger le temps en étalon extrinsèque fixe que n'affecterait aucun événement se déroulant dans l'Univers. Il le différenciait ainsi de la notion « commune », à laquelle il fait allusion, qui associe toujours l'écoulement du temps à une quelconque suite de phénomènes (comme le mouvement du Soleil dans le ciel) et, de ce fait, confère un aspect de nature temporelle à ces objets.

Durant l'ère post-newtonienne, devait émerger une perspective qui prit de plus en plus d'importance pour, finalement, dominer la conception du monde qui prévalut chez les physiciens jusqu'à très récemment. On découvrit dans la Nature certaines quantités conservées, comme l'énergie ou la quantité de mouvement totales impliquées dans un processus isolé. Donc, malgré l'apparence superficielle du changement dans certains processus naturels compliqués, existe un aspect sous-jacent immuable qui reflète une invariance des lois de la Nature. En conséquence, toutes les lois traditionnelles de l'évolution qui gouvernent le mouvement peuvent être représentées par des propositions équivalentes affirmant l'*invariance* de certaines quantités. Nous assistons là à la résurgence du courant platonicien. Le temps est désacralisé et l'invariance de certaines choses devient bien plus fondamentale que les règles gouvernant les variations temporelles permises par ces invariances.

Du début des années 1970 jusqu'il y a peu, cette approche étaya les progrès fulgurants de la physique des particules grâce à la formulation des *théories de jauge* que nous avons introduites au chapitre 4. Les physiciens déduisirent les lois gouvernant les changements impliqués dans les transmutations et les interactions des particules élémentaires à partir de l'hypothèse primordiale de l'invariance des choses par rapport à certaines classes de transformations spatiales et temporelles. Le grand succès de cette approche renforça la tendance générale à mettre l'accent essentiellement sur les aspects intemporels de la réalité : les quantités conservées de la Nature et leurs symétries, équilibres et invariances associés. Ce n'est que durant la dernière décennie que cette conception a cessé de dominer les sciences physiques. Un intérêt renouvelé pour le particulier plutôt que le général a crû. Cela, comme nous l'avons vu dans notre précédente discussion des brisures de symétrie, a émergé grâce à la reconnaissance de l'extraordinaire richesse qu'offrent les conséquences des lois de la Nature que ne partagent pas les lois elles-mêmes. Cette étude des résultats et des conséquences, des réalisations concrètes, s'est focalisée sur l'évolution des systèmes complexes, les brisures de symétrie et sur le comportement chaotique. Dans tous ces phénomènes, le temps est essentiel. L'invariance ne joue qu'un rôle mineur qui ne jette que peu de lumière sur les propriétés essentielles des phénomènes en question. La raison fondamentale pour laquelle de tels phénomènes défient l'invariance temporelle est la suivante : lorsque des séquences d'événements présentent un comportement qu'on ne peut réduire au moyen d'un algorithme, cela signifie qu'ils n'acceptent pas de description abrégée. Ils ne peuvent être résumés en une formule simple contenant la même quantité d'information. En particulier, cela signifie que nous ne pouvons remplacer un processus algorithmiquement irréductible par un principe d'invariance. C'est sa représentation la plus simple, et la séquence entière est donc nécessaire pour le décrire. Nous voyons donc ici l'insistance aristotélicienne sur les événements et la relation entre divers événements espacés dans le temps prendre à nouveau le pas sur l'invariance dans la description naturelle du monde. Lorsque nous considérons le monde des particules élémentaires, l'invariance se présente comme un phare pour nous guider sur les sentiers ; quand nous scrutons le terrain où la complexité et l'organisation imposent les structures existantes, nous trouvons que le temps et le changement sont des traits essentiels dans la construction du monde.

Être et devenir organisé

Les trois lois de la Robotique :
1. Un robot ne peut blesser un être humain ni, par son inaction, permettre qu'un être humain soit blessé.
2. Un robot doit obéir aux ordres donnés par les humains, sauf s'ils sont en contradiction avec la Première Loi.
3. Un robot doit protéger sa propre existence pour autant qu'une telle protection n'entre pas en conflit avec les Première et Deuxième Lois.
Isaac ASIMOV

Les principes organisateurs diffèrent vraisemblablement des lois conventionnelles de la Nature parce qu'on attend qu'ils s'appliquent à des systèmes de taille finie. Ils ne dicteront pas la façon dont les particules élémentaires se déplacent. Ils contraindront plutôt la configuration de toute une collection de choses. La deuxième loi de la thermodynamique, qui gouverne le comportement de volumes entiers de matière, constitue un exemple familier. En langage simple, elle requiert que le degré de désordre (qui peut être défini précisément) d'un système fermé ne diminue jamais au cours du temps. Cette tendance, tellement évidente dans beaucoup d'aspects des choses, fascina périodiquement un grand nombre de penseurs dans tous les domaines. Son émergence comme branche scientifique à part entière, dans la seconde moitié du XIXe siècle, en plein cœur de la révolution industrielle, n'a rien d'accidentel. L'étude des machines à vapeur conduisit non seulement à une compréhension de la dégradation de l'énergie de formes ordonnées utiles en formes désordonnées inutiles, mais encore à la vision d'un Univers comme une gigantesque machine dégénérant lentement et s'acheminant vers la mort thermique. Cette notion créa un curieux pessimisme philosophique durant les premières décennies du XXe siècle, et invoquer la seconde loi de la thermodynamique fut à la mode dans les cercles littéraires. Rappelons que C.P. Snow l'utilisa comme pierre de touche pour l'éducation des non-scientifiques : l'ignorance de ce second principe de la thermodynamique équivalait à celle du littéraire n'ayant jamais entendu parler de Shakespeare. Nous évoquerons en temps utile l'analyse moderne de ce problème particulier, mais, ici, nous désirons insister sur l'*universalité* de la deuxième loi de la thermodynamique. Cette caractéristique doit être partagée par tout principe prétendant gouverner le développement universel de la complexité.

La deuxième loi de la thermodynamique régente le comportement des machines à vapeur et des réactions chimiques : nous pouvions nous y attendre. Mais, au milieu des années 1970, une découverte plutôt inattendue surprit les physiciens et renouvela leur confiance en la deuxième loi de la thermodynamique comme principe directeur dans des domaines scientifiques très éloignés de ceux qui participèrent à sa naissance et où l'on pouvait suspecter un rôle clé joué par des concepts bien plus compliqués. Au début des années 1970, les premières découvertes détaillées concernant les trous noirs préoccupaient les astrophysiciens. Objets les plus simples de l'Univers, les trous noirs se forment par attraction gravitationnelle d'une grande quantité de matière dans un volume suffisamment petit. L'intensité du champ de gravitation résultant assure l'existence d'une surface imaginaire, appelée *horizon*, autour du trou noir, et aucune particule ni signal lumineux ne peut passer de l'intérieur de cette surface à l'extérieur. Le trou noir contient la matière à l'intérieur de l'horizon, mais ce n'est pas un objet solide. Bien que la matière incluse dans l'horizon poursuive sa chute vers le centre et se trouve soumise à maintes cabrioles compliquées, un observateur extérieur n'en perçoit absolument rien. Il ne peut en déterminer que la masse totale, ainsi que la charge électrique nette ou le moment angulaire (une mesure de la rotation globale) qu'elle possède éventuellement. Voilà les seules propriétés d'un trou noir que nous pouvons connaître ; cela en fait l'objet le plus simple de l'Univers. D'autres entités, comme les étoiles ou les hommes, nécessitent la connaissance d'innombrables quantités afin de les caractériser de manière unique. Les trois attributs d'un trou noir ne sont pas inattendus : nous savons qu'ils sont exactement conservés dans tout processus physique observé dans l'Univers. Que ces attributs caractérisent des trous noirs garantit par définition la pérennité de leur conservation dans la Nature, lorsque même des trous noirs sont présents. Le plus intéressant à ce sujet est l'énorme liste de choses inaccessibles à l'observateur extérieur dès qu'une configuration matérielle compliquée devient prisonnière de son horizon. Le témoin ne peut savoir si l'intérieur du trou noir contient de la matière ou de l'antimatière, des positrons ou des protons, des casseroles en cuivre ou les œuvres de Proust. L'information qui permet de faire cette distinction ne traverse pas l'horizon.

Le trou noir dans sa forme la plus générale permise par la théorie de la gravitation d'Einstein fut découvert au début des années 1960 et, dès ce moment, les physiciens s'évertuèrent à comprendre comment des changements peuvent se produire quand un trou noir absorbe de la matière ou que deux ou plusieurs trous noirs fusionnent pour en former un nouveau, plus grand. Il apparut qu'un certain nombre de règles simples régissent tous les processus impliquant des trous noirs et d'autres formes de matière. Le *champ gravitationnel* doit avoir une intensité constante tout autour de l'horizon d'un trou noir. La *superficie* totale de tous les horizons des trous noirs interagissant ne peut jamais décroître. Les modifications de la masse, de la charge électrique ou du moment angulaire d'un trou noir sont reliées d'une façon précise. Trois lois gouvernant les variations d'un trou noir furent donc édictées, mais on remarqua très rapidement quelque chose d'inhabituel. Si nous remplaçons tout bonnement les mots « superficie » par « entropie » et « champ gravitationnel » par « température », les lois de l'évolution d'un trou noir s'énoncent simplement comme les lois de la thermodynamique. La règle selon laquelle la superficie des horizons ne peut jamais décroître dans les processus physiques devient la seconde loi de la thermodynamique postulant que l'entropie ne peut jamais diminuer ; la constance du champ gravitationnel sur l'horizon s'appelle la loi zéro de la thermodynamique, stipulant que la température doit être la même partout dans un état d'équilibre thermique. La règle liant les variations permises des quantités définissant le trou noir devient simplement la première loi de la thermodynamique, mieux connue sous le nom de principe de conservation de l'énergie.

Ce surprenant concours de circonstances apparut au début comme une coïncidence. Les trous noirs, par définition, ne pouvaient avoir qu'une température nulle. Rien ne pouvait s'échapper de leur surface, de sorte que tout témoin extérieur ne devait observer aucune énergie rayonnée. Placez dans une enceinte un trou noir et un rayonnement thermique d'une certaine température, ils ne s'équilibreront jamais à une nouvelle température. Le trou noir devrait absorber toute la radiation contenue dans l'enceinte.

Pour ces raisons, de nombreux physiciens considéraient l'analogie thermodynamique comme rien de plus qu'une curiosité. Après tout, personne n'imaginait que la thermodynamique ait quelque chose à voir avec les lois de la gravitation s'appliquant aux champs gravitationnels intenses près de l'horizon des trous noirs. Pouvait-il exister quelque chose qui ressemblât encore moins à une machine à vapeur qu'un trou noir ? Puis, en 1974, Stephen Hawking fit une découverte capitale. Il décida d'étudier pour la première fois ce qui se passe lorsqu'on applique les notions de mécanique quantique aux trous noirs. Il découvrit que les trous noirs ne sont pas complètement noirs. Si on inclut la mécanique quantique dans la discussion de leurs propriétés, on découvre que la surface d'un trou noir peut émettre de l'énergie qu'un observateur extérieur peut détecter. Près de l'horizon, l'intensité du champ gravitationnel varie suffisamment pour que se créent spontanément des paires particule-antiparticule. L'énergie indispensable à ce phénomène provient de la source du champ gravitationnel et, de ce fait, au fil du processus, la masse du trou noir décroît. Au bout d'un temps suffisamment long, il disparaît totalement sauf si une physique inconnue entre en jeu dans les étapes finales. Une telle découverte était déjà passionnante, mais le point le plus convaincant résidait dans le fait que les particules irradiées par la surface du trou noir exhibaient toutes les caractéristiques d'un rayonnement thermique, avec une température précisément égale au champ gravitationnel au niveau de l'horizon et une entropie donnée par sa superficie, exactement comme l'avait suggéré l'analogie thermodynamique. Les trous noirs possédaient une température non nulle et obéissaient aux lois de la thermodynamique, mais seulement quand la mécanique quantique prenait part à leur description.

Cette découverte signifie profondément que nous avons trouvé une situation physique dans laquelle deux principes naturels différents, la mécanique quantique et la relativité générale, se rencontrent et admettent une simple description thermodynamique. Nous nous attendions à ce que les règles gouvernant le comportement des choses, dans une telle situation gravitationnelle quantique, soient compliquées et nouvelles. Beaucoup le sont sans doute ; cependant, nous trouvons que les principes connus et éprouvés de la thermodynamique les couronnent de leur autorité. La puissance euristique des principes thermodynamiques s'en trouve grandie, ce qui conforte notre foi en la thermodynamique comme paradigme d'une « loi » régissant l'organisation de systèmes complexes.

A priori, on pourrait qualifier de restrictif un concept comme la thermodynamique, car il ne porte que sur les notions de température et de chaleur. Mais son application ne se limite pas aux phénomènes thermiques. Nous pouvons relier la notion d'entropie, qui est une mesure du désordre, à celle plus générale et plus féconde d'*information*, dont nous avons déjà fait usage en discutant de la richesse de certains systèmes axiomatiques et des règles de raisonnement. Nous pouvons considérer l'entropie d'un énorme objet tel le trou noir comme étant le nombre d'arrangements différents de ses constituants les plus élémentaires qui donnent le même état macroscopique. Cela nous renseigne sur le nombre de chiffres binaires (*bits*) nécessaires pour spécifier dans les moindres détails la configuration interne des composants formant le trou noir. De plus, nous pouvons aussi nous rendre compte qu'une certaine quantité d'information échappe à jamais à un observateur extérieur lorsque se forme l'horizon du trou noir. La superficie de l'horizon — l'entropie du trou noir — est alors intimement reliée à la somme d'information perdue pour l'observateur extérieur quand un horizon se forme autour d'une région de l'Univers pour créer un trou noir.

Le succès de la découverte d'un principe thermodynamique associé au champ gravitationnel d'un trou noir conduisit à donner une image thermodynamique au champ gravitationnel de l'Univers entier. L'hypothèse la plus simple, suivant l'exemple du trou noir, consiste à assimiler ce champ à la superficie de l'Univers visible. Comme l'Univers se dilate, cette surface s'accroît et la masse d'information que nous pouvons recueillir sur l'Univers augmente. Mais cette voie ne semble pas prometteuse. Elle nous apprend seulement que l'Univers doit poursuivre indéfiniment son expansion, car s'il commençait un jour à se contracter, l'entropie, en violation de la deuxième loi de la thermodynamique, diminuerait. L'Univers peut s'étendre de toutes sortes de manières et toujours présenter une superficie croissante. Ce que nous voulons vraiment, c'est un principe qui nous enseigne pourquoi l'organisation de l'Univers change ainsi qu'elle le fait : pourquoi se dilate-t-il maintenant si uniformément et isotropiquement ?

La flèche du temps

> *Le temps s'écoule à différentes allures pour différentes personnes. Je vais vous conter avec qui le Temps va d'un pas tranquille, avec qui trotte le Temps, avec qui galope le Temps, et pour qui il reste immobile.*
>
> William SHAKESPEARE

Une des difficultés à décider s'il existe ou non des lois organisatrices de type thermodynamique ou apparenté se rattache à un ancien problème concernant la nature du temps. Tout principe organisateur doit, pour être utile, nous apprendre quelque chose concernant le développement temporel de la complexité, mais certains soutiendraient qu'en pratique, le temps ne serait rien d'autre que le développement continu de certains types d'organisation. Alors que la plupart des physiciens considèrent la seconde loi de la thermodynamique comme un reflet de l'improbabilité de certaines conditions initiales, d'autres la tiennent pour une idée bien plus fondamentale, antérieure aux lois de la Nature elles-mêmes. De plus, la notion du temps ne prend réellement tout son sens que dans les situations où les variations d'entropie sont claires. Ilya Prigogine et Isabelle Stengers écrivent :

> C'est seulement lorsqu'un système se comporte d'une façon suffisamment aléatoire que la différence entre passé et futur, et, dès lors, l'irréversibilité, peut participer à sa description [...] La flèche du temps témoigne du fait que le futur n'est pas prescrit, et que, pour reprendre les termes du poète français Paul Valéry, « le temps est une construction ».

Pourtant, même si cela se vérifiait, il semble toujours subsister un certain mystère dans une variété de domaines.

En général, les lois de la Nature que nous croyons avoir découvertes possèdent la propriété de réversibilité dans le temps. C'est-à-dire que si les lois permettent une séquence causale particulière d'événements — une histoire —, elles autorisent aussi l'histoire temporellement inversée. Malgré l'ubiquité de ce phénomène dans les lois de la Nature, celle-ci manifeste une prédilection évidente pour des histoires se déroulant dans un sens, jamais en sens inverse. Cette sélectivité est quelquefois appelée « paradoxe de réversibilité ». De nombreux phénomènes physiques particuliers montrent une telle directivité, ou « flèche du temps ». Une partie de l'énigme consiste à déterminer si leurs directivités individuelles sont ou non reliées d'une quelconque manière.

Tous les champs de rayonnement obéissent à des équations admettant des solutions dites « avancées » ou « retardées ». Les solutions retardées décrivent l'apparition d'une onde après celle de sa source. La solution « avancée », par contre, décrit une onde venant du futur et absorbée par la source. En réalité, nous n'observons que les solutions retardées des équations de la propagation des ondes. Similairement, à proximité de l'équilibre thermodynamique, entropie et complexité croissent avec le temps. Néanmoins, d'autres histoires, également permises, caractérisées par une décroissance de ces grandeurs, existent, mais ces solutions ne sont jamais observées. Par ailleurs, on remarque que le nombre des noyaux radioactifs diminue exponentiellement quand croît le temps. Enfin et surtout, nous possédons un sens psychologique du temps qui passe. Notre mémoire s'approprie le passé. Il est clairement distingué du futur.

Nous aimerions bien savoir si ces différentes conceptions de la direction du temps sont reliées les unes aux autres ou même à la flèche globale du temps définie par l'expansion de l'Univers. Dans son best-seller, *Une brève histoire du temps*, Stephen Hawking conclut à l'identité des directions psychologique et thermodynamique, car le cerveau est, à la base, un ordinateur et les calculs sont irréversibles. Cet argument consiste à voir (même si certains préféreraient ne pas suivre cette voie) le cerveau simplement comme un ordinateur effectuant des opérations logiques, et ensuite à prouver l'irréversibilité des calculs par des raisons thermodynamiques. Ainsi, la thermodynamique dote les processus mentaux d'une flèche du temps. Cet argument ne convainc pas, car les spécialistes des ordinateurs ont montré que le calcul abstrait n'est pas irréversible. Alors que l'addition ordinaire peut être irréversible (il existe une manière d'additionner 3 + 3 pour donner 6, mais 6 peut s'obtenir par 3 + 3, 4 + 2, 5 + 1 ou 6 + 0) et que la porte logique « ET/OU » conventionnelle d'un ordinateur présente une entrée et deux sorties possibles, nous pouvons néanmoins construire des portes logiques qui sont leurs propres inverses. Ces « portes de Fredkin » donnent lieu à des calculs logiquement réversibles qui, dans des circonstances particulières, ne sont pas rendus unidirectionnels par la seconde loi de la thermodynamique. Ceci ne prouve pas que les flèches thermodynamiques ne sont pas identiques, mais seulement l'impossibilité de le démontrer par cette tentative particulière.

Loin de l'équilibre

Dorothy Sayers publia *Have His Carcase*[1] en 1932. Cette célèbre aventure du héros Peter Wimsey fut inventée à l'époque où la seconde loi de la thermodynamique était à la mode dans les cercles mondains et littéraires. Après avoir découvert le corps d'un gigolo sur une plage anglaise déserte, Wimsey enregistre les déclarations d'une série de témoins et de suspects. Après son interrogatoire, Mlle Olga Kohn le trouve un peu sceptique à son égard et lui demande :

« Mais vous me croyez, n'est-ce pas ?

— Nous vous croyons, mademoiselle Kohn, répondit Wimsey solennellement, aussi dévotement qu'en la seconde loi de la thermodynamique.

— Que voulez-vous insinuer ? demanda M. Simms, méfiant.

— La seconde loi de la thermodynamique, expliqua fort à propos Wimsey, qui maintient l'Univers dans le droit chemin, et sans laquelle le temps irait à reculons comme dans un film cinématographique projeté à l'envers.

— Non, vraiment ? s'exclama Mlle Kohn, plutôt amusée.

— Les autels peuvent chanceler, dit Wimsey, M. Thomas peut abandonner son habit de soirée et M. Snowden renoncer au Libre Échange, mais la seconde loi de la thermodynamique subsistera aussi longtemps que la mémoire gardera son siège dans ce monde affolé par quoi Hamlet voulait signifier sa tête, mais mot dont je me sers, moi qui ai une plus grande envergure intellectuelle, en l'appliquant à la planète que nous avons la joie d'habiter. L'inspecteur Umpelty semble choqué, mais je vous assure que je ne connais aucune façon plus persuasive d'affirmer ma conviction totale en votre absolue intégrité. » Il grimaça. « Ce que j'aime dans votre témoignage, mademoiselle Kohn, c'est qu'il ajoute une touche finale d'impénétrable obscurité au problème que l'inspecteur et moi avons entrepris de résoudre. Il le transforme en quintessence totale du non-sens incompréhensible. C'est pourquoi, par la seconde loi de la thermodynamique, qui exprime que, d'heure en heure, nous évoluons vers un état de plus en plus aléatoire, nous avons la pleine assurance de nous diriger sûrement et heureusement dans la bonne direction. »

1. Les mots du titre forment une rime en argot cockney pour « Habeas Corpus », un recours ancien de la loi anglaise contre l'arrestation arbitraire ou la détention prolongée en absence de preuves suffisantes. « Vous devez produire le corps... », pour reprendre les termes de la loi originelle.

Cette narration présente diverses perceptions intéressantes de la seconde loi. Elle est ressentie comme une vraie loi qui « maintient l'Univers dans le droit chemin », plutôt que comme la conséquence d'un choix particulier des conditions initiales, comme nous en avons discuté au chapitre 3. Plus intéressante encore est l'hypothèse selon laquelle le temps s'écoulerait à rebours si la loi était inversée. L'auteur considère l'augmentation d'entropie comme une exigence tellement accablante que, si elle devait diminuer avec le temps, cela ne pourrait signifier qu'une seule chose : un renversement du sens du temps. Dans ce dialogue surgit la croyance que la seconde loi impose, de gré ou de force, une évolution vers un état de plus grand désordre. De fait, l'état grandissant de confusion et de désordre dû aux témoignages disponibles résonne dans l'esprit de Wimsey. Mais on peut se demander ce qu'il pensa quand, finalement, disparut la confusion et qu'une conclusion ordonnée fut tirée de la masse des dépositions contradictoires.

La conception thermodynamique d'une décroissance de l'ordre enchâssé dans la seconde loi contredit, à première vue, un grand nombre de faits compliqués se passant autour de nous. Nous constatons que la complexité et l'ordre croissent avec le temps dans maintes situations : quand nous rangeons notre bureau, quand nous construisons un poste de radio à partir d'un amas de fils et de transistors, quand une chaîne de montage automobile produit un nouveau véhicule, ou lors de l'évolution de formes de vie complexes à partir de formes plus simples qui nous ont précédées. Tous ces processus témoignent de la possibilité de passer d'un état de désordre relatif à un autre état beaucoup plus ordonné.

Dans beaucoup de ces exemples, nous devons comptabiliser tout ordre et désordre présent dans le système. Ainsi, le fait de ranger un bureau nécessite un effort physique impliquant une dégradation en chaleur de l'énergie biochimique ordonnée accumulée dans les amidons et les sucres. Si nous tenons compte de cela dans notre budget d'entropie, alors la diminution d'entropie ou de désordre inhérente au rangement du bureau est plus que compensée par son augmentation par la dégradation de l'énergie biochimique.

Cependant, une subtilité supplémentaire s'introduit quand un système se trouve dans un état éloigné de l'équilibre thermique. Dans cette situation, il sera soutenu par une certaine connexion entre l'environnement extérieur et sa propre organisation interne. Loin de l'équilibre, peuvent se produire des choses inhabituelles en ce sens que notre intuition de ce qui est possible ou « probable » est largement conditionnée par la loi gaussienne des grands nombres, déduite de notre expérience des faits ayant lieu près de l'équilibre. L'étude des systèmes loin de l'équilibre ne fait que commencer. Nous n'avons encore développé que peu d'intuition concernant ce qui est, ou n'est pas, probable dans des phénomènes complexes agissant sur de longues périodes temporelles au cours desquelles des événements très peu probables peuvent quand même faire sentir leur présence. Une théorie de tout ne peut seule nous apprendre quels types de complexité organisée existent dans la Nature. De tels états sont fortement conditionnés par leur élaboration détaillée et leurs histoires réelles. Ils peuvent être régis par des règles générales d'évolution inconnues, distinctes des lois de la Nature, qui dictent le développement de toutes les formes de complexité. Une théorie de tout aura donc peu d'impact, ou même pas du tout sur des problèmes comme l'origine de la vie et l'éveil de la conscience. Ils reposent sur une étagère autre dans l'entrepôt des miracles.

La voie du monde

> *Je suis conscient que ce Discours peut paraître superfétatoire, et que j'encours le reproche de donner au lecteur d'inutiles soucis, car les plus doctes personnages de notre temps déjà écrivirent tant de savantes choses à ce propos.*
>
> John RAY

La grande question non résolue est de savoir s'il existe un certain principe organisateur encore ignoré complétant les lois connues de la Nature et dictant l'évolution globale de l'Univers. Pour vraiment compléter ce que nous connaissons des lois de la Nature, ce principe devrait différer de n'importe laquelle des lois de la gravitation et de la physique des particules qui peuvent émerger, au bout du compte, d'une théorie de tout. Il ne serait pas spécifique aux univers mais gouvernerait l'évolution de n'importe quel système complexe. Bien sûr, ses notions générales auraient à s'ajuster d'une façon ou d'une autre à celles qui caractérisent les faits spécifiques s'accomplissant dans un Univers en évolution — l'agglomération de matière en étoiles et galaxies, la conversion de la matière en rayonnement — mais elles devraient aussi régir les façons invisibles suivant lesquelles le champ gravitationnel de l'Univers peut changer. Toute découverte de ce genre susciterait un profond intérêt, car l'Univers semble bien plus ordonné que ce que nous pourrions légitimement espérer. Il présente une entropie minuscule comparée aux valeurs concevables en réorganisant la matière observée selon d'autres configurations. Cela suppose une entropie extraordinairement petite au début de l'expansion de l'Univers, impliquant des conditions initiales très spéciales. Mais cette conclusion paraît trop simple. De nos discussions concernant l'*inflation* de l'Univers primitif, nous avons retenu que la partie observée de l'Univers reflète les conditions initiales d'une minuscule partie de tout l'Univers. Nous ne pouvons dès lors tirer aucune conclusion sur l'entropie de tout l'Univers. En effet, un tel concept cesserait d'être pertinent si l'Univers s'étend à l'infini. Et la vision d'un univers inflationnaire nous conduirait à croire qu'au-delà de notre horizon visible les choses pourraient être plutôt désordonnées. D'un point de vue thermodynamique, nous pourrions dès lors ne représenter qu'une fluctuation.

Une autre curiosité concernant l'entropie de l'Univers vient de l'image traditionnelle de la *mort thermique* qui nous fait tendre vers un état de température uniforme dans un futur très éloigné, après quoi plus rien ne pourrait arriver. En fait, la situation est bien plus compliquée. Il semble que, même si l'entropie totale de la partie visible de l'Univers augmente et que nous puissions envisager des processus assurant dans l'avenir une poursuite ininterrompue de cette croissance, l'écart par rapport au niveau d'entropie maximum théoriquement possible ne fait, en réalité, que grandir.

Dans un précédent ouvrage, Frank Tipler et moi-même avons examiné les futurs possibles des structures à grande échelle de l'Univers à la lumière des principes de physique connus. Nous cherchions à savoir si certaines formes de vie peuvent ou non exister à tout instant dans le futur. Afin d'exprimer une opinion sensée sur ce problème, nous devons le réduire à une dimension raisonnable. Nous ne connaissons pas tous les attributs des êtres vivants, de sorte que nous nous concentrerons sur les minimums nécessaires pour que l'intelligence puisse opérer. En pratique, cela signifie que le traitement de l'information doit être réalisable et pour cela, il faut qu'existe une certaine forme de déséquilibre thermodynamique. Nous sommes alors en mesure de montrer qu'aucun obstacle connu ne peut entraver le traitement de l'information par un système d'un type approprié à tout instant futur, ou plus simplement, qu'une quantité infinie d'information peut être traitée dans un futur illimité. Cela ne veut, bien sûr, pas dire que cela se produira ou même devrait se produire ; ni que de tels dispositifs doivent posséder toute autre propriété qui les qualifierait de vivants. Le but est de montrer qu'il n'existe aucun obstacle à un tel traitement de l'information dans le futur ; en particulier, qu'il ne disparaîtra pas inévitablement avec la *mort thermique* de l'Univers annoncée avec force publicité.

Tel est le contenu essentiel du *principe anthropique final*, ou, comme il conviendrait mieux de l'appeler, la *conjecture anthropique finale*. Il ne s'agit pas d'une spéculation philosophique mais d'une propriété que notre Univers particulier possède ou ne possède pas. Nous pouvons supposer que, si un grand principe organisateur, gouvernant le développement global de la complexité organisée dans des univers entiers, est découvert, alors la réponse à cette conjecture anthropique finale en fera partie. Une certaine mesure de la capacité à traiter l'information et la complexité algorithmique et le degré d'informations productibles peuvent nous fournir un candidat pour notre quantité si recherchée. En effet, ces concepts ont tant de caractéristiques attrayantes qu'ils se recommandent d'eux-mêmes. Dans un Univers en expansion, la notion de hasard ne sera pas figée. L'information disponible croissant, et la complexité numérique des systèmes naturels de traitement de celle-ci évoluant, la définition de ce qui doit être appelé aléatoire changera de concert.

Si nous considérons l'Univers comme un gigantesque ordinateur, un système de traitement de l'information, un générateur d'entropie, nous pouvons alors facilement envisager les lois de la Nature comme une certaine forme de logiciel opérant sur les formes particulières de matière qui constituent le monde des cordes cosmiques et des particules élémentaires. Une vraie unification de ces deux entités selon la manière dont nous l'avons étudiée au fil des précédents chapitres en reviendrait à un programme très dépendant du matériel initialement utilisé. De tels programmes sont facilement envisageables. Si nous pensons à nos propres circuits mentaux de cette façon, de nombreux sous-programmes du cerveau dépendent clairement du matériel de base : ils font bouger bras et jambes et exécutent d'autres fonctions motrices spécifiques. Les conditions initiales ressemblent aux données initiales sur lesquelles le programme va agir. Si les conditions initiales prennent des formes très particulières, inextricablement liées aux lois et aux particules matérielles, alors des programmes universels admissibles ne peuvent emprunter que certaines configurations de départ pour pouvoir fonctionner. Mais il semble que nous rencontrions toujours une sorte d'impasse, un cercle vicieux. Notre théorie de tout paraît devoir donner naissance au concept d'un ordinateur abstrait et doit, simultanément, être décrite par lui.

8

Effets de sélection

Ne mords pas mon doigt — regarde la direction qu'il indique.
Warren S. McCulloch

Biais ubiquiste

Celui qui ne sait pas et ignore qu'il ne sait pas est un fou.
Fuis-le.
Celui qui ne sait pas et sait qu'il ne sait pas est un enfant.
Apprends-lui.
Celui qui sait et ignore qu'il sait est endormi.
Réveille-le.
Celui qui sait et sait qu'il sait est un homme sage.
Suis-le.
Proverbe arabe

Aucune science ne peut être fondée uniquement sur l'observation. Nous ne saurions ni ce que nous observons ni comment une quelconque propension à collecter certains types de preuves plus facilement que d'autres affecte nos observations. Ainsi que le sait tout bon policier, certaines sortes de preuves s'obtiennent plus aisément que d'autres. Par conséquent, un bon expérimentateur ne se reconnaît pas seulement à une dextérité pratique, mais aussi à sa capacité à comprendre et à circonvenir aussi complètement que possible tout biais inhérent aux expériences et aux observations qu'il effectue.

De tels biais influencent crucialement nos tentatives de compréhension de l'Univers dans son ensemble. Toute théorie de tout qui ignore l'effet des biais ne pourra relier, avec précision, ses prédictions à ce qui est, en réalité, observé dans l'Univers. Une compréhension complète de nos observations exige donc que nous prenions en compte ces erreurs introduites par l'acte d'observer.

Deux sortes d'*erreur* expérimentale, qui n'ont rien en commun avec le sens quotidien du mot « erreur », sont familières aux scientifiques. La première espèce d'erreur, à savoir la précision limitée avec laquelle une mesure peut être effectuée, existe toujours à un certain niveau et le scientifique tente de la réduire. La seconde variété d'erreur — l'*erreur systématique* — est plus subtile et probablement inévitable. Chaque procédure scientifique tendra d'une certaine manière à infléchir les résultats dans une direction ou une autre. Les manipulations de laboratoire permettent la répétition des expériences en modifiant certaines conditions ambiantes afin de vérifier si les résultats dépendent de certaines de ces conditions. Les scientifiques exigent que des découvertes importantes soient confirmées par au moins deux expériences indépendantes, pour la simple raison que chacune sera entachée d'erreurs systématiques différentes parce que leurs instruments ne seront jamais identiques. L'astronomie, par contre, ne nous donne pas cette chance. Nous observons l'Univers, mais nous ne pouvons en aucune manière altérer sa configuration de façon à le soumettre à une suite contrôlée d'expériences. Nous ne pouvons pratiquer toutes les expériences ni collecter toutes les données possibles, et nous devons veiller tout particulièrement à éliminer tous les biais possibles que certaines observations rendent inévitables. Donc, si nous devions dresser un catalogue de toutes les galaxies visibles dans le but de déterminer leurs brillances relatives, nous aurions à tenir compte de la propension à découvrir les galaxies les plus brillantes plus aisément que les plus faibles.

En cosmologie, ce type de sélection se retrouve partout, et une reconnaissance de ce fait est intégrée au principe anthropique faible. Nous pouvons l'interpréter pertinemment comme la reconnaissance que notre propre existence requiert la réalisation de certaines conditions nécessaires concernant la structure passée et présente de l'univers visible. Il convient d'envisager nos observations non comme provenant d'un ensemble illimité de possibilités, mais comme émergeant d'un sous-ensemble caractérisé par les conditions nécessaires pour que des observateurs biologiques, comme nous-mêmes, aient évolué avant que ne meurent les étoiles. Les cosmologistes considèrent le principe anthropique faible comme une restriction de la fameuse critique de Copernic selon laquelle l'homme n'occuperait pas une position privilégiée dans l'Univers. Car, bien que nous ayons raison d'écarter la préconception d'un lieu particulier dans l'Univers, nous ne devrions pas conclure que notre position ne puisse être spéciale *d'une certaine* manière. Nous ne pourrions exister à l'intérieur d'une étoile, pas plus que nous n'aurions pu naître dans un Univers âgé de moins d'un million d'années, car la température était suffisamment élevée pour dissocier tout atome ou molécule. Si l'Univers possédait un centre (supposition que n'étaye aucune preuve) et si les conditions favorables au développement et à la perpétuation de la vie ne se rencontraient que près du centre, vivre en ce point ne devrait pas nous surprendre. L'une des caractéristiques les plus importantes du principe anthropique faible est que ne pas s'y conformer conduirait à des conclusions erronées quant à la structure de l'Univers. L'exemple le plus notable est imputable à Dirac qui se trompa en proposant une modification radicale de la loi de gravitation afin d'expliquer une coïncidence numérique entre des constantes de la Nature et l'âge de l'Univers, du fait que cette coïncidence ne fut pas reconnue comme condition nécessaire à l'existence d'observateurs.

L'Univers était, autrefois, supposé se présenter comme une vaste toile de fond devant laquelle se déroulaient tous les mouvements observés des corps célestes. Nous avons découvert qu'il n'existe pas de scène cosmique de ce genre. Tout ce qui est — l'entièreté de l'univers visible des étoiles et des galaxies — se trouve dans un état de perpétuel mouvement. L'Univers s'étend : les amas de galaxies s'éloignent les uns des autres à des vitesses qui croissent en proportion de leurs séparations. Cette récession cosmique nous est révélée par le décalage systématique vers le rouge de la lumière émise par ces sources lointaines.

Si nous remontons le cours de cette expansion, nous pouvons attribuer un début apparent, voici environ quinze milliards d'années, à cette croissance en annulant toutes les distances. Les recherches cosmologiques actuelles se concentrent sur des événements qui se déroulèrent durant la première fraction de seconde après ce commencement apparent. À ce moment, l'Univers s'apparente à une expérience de physique des particules élémentaires, dont les retombées nous permettent de reconstruire partiellement la structure.

Mystiques, théologiens, philosophes et scientifiques ont médité, à travers les âges, sur le problème de l'insertion de l'être humain dans la tapisserie impersonnelle de l'espace et du temps cosmiques. Leurs conceptions couvrent tout l'éventail des possibles. À une extrémité est présentée l'image matérialiste déprimante de la vie en tant qu'accident local, totalement déconnecté de l'inexorable marche de l'Univers depuis le big bang vers soit un futur « big crunch » associé à une chaleur dévastatrice, soit un oubli éternel et glacé. À l'autre extrémité est prêché le concept téléologique traditionnel conférant à notre Univers un sens profond, et nous constituant nous-mêmes une partie de ce sens. Selon cette idée optimiste, que l'environnement local soit adapté à nos besoins ne devrait pas nous surprendre. Cette dernière vision demeura celle des biologistes jusqu'à ce que, au milieu du XIXe siècle, Charles Darwin et Alfred Russel Wallace conduisent leurs observations et tirent des conclusions cruciales concernant l'adaptation évolutive des organismes vivants à leur environnement. Depuis cette époque, les biologistes rejettent toute idée d'une évolution se conformant de manière quelconque à un dessein. Si un changement inhabituel de l'environnement venait à menacer l'intelligence, nous suivrions les pas du dronte et des dinosaures.

La cosmologie n'a rien d'intéressant à révéler sur le fonctionnement détaillé et l'évolution de la vie terrestre, mais elle nous enseigne des choses assez surprenantes concernant les préalables indispensables à la vie. Prenons un exemple, simple mais frappant. L'univers visible s'étend sur environ quinze milliards d'années de lumière. Il contient au moins cent milliards de galaxies, chacune formée d'environ cent milliards d'étoiles. Pourquoi l'Univers est-il si gigantesque ?

Les systèmes vivants sur la Terre reposent sur les subtiles propriétés chimiques du carbone et sur ses liens avec l'hydrogène, l'azote, le phosphore et l'oxygène. Ces éléments biologiques, de même que toutes les alternatives très prisées comme le silicium, ne constituent pas des fossiles du big bang. Ils résultent de réactions nucléaires au sein des étoiles. Là, l'hydrogène et l'hélium primordiaux se transforment en éléments plus lourds par le processus de fusion nucléaire. Lorsque ces étoiles atteignent le seuil de leur mort, elles explosent et dispersent ces éléments biologiques lourds dans l'espace, où ils s'intègrent aux molécules, aux planètes et, finalement, aux êtres humains. Presque tous les atomes de carbone constituant nos corps partagent cette dramatique histoire astrale.

Le processus par lequel la Nature produit les briques biologiques de la vie à partir des reliques inertes du big bang est long et lent à l'échelle terrestre. Il dure plus de dix milliards d'années. Une si vaste période d'alchimie stellaire doit nécessairement s'écouler pour fournir les précurseurs indispensables à la vie. Puisque l'Univers s'étend, nous devinons maintenant pourquoi il faut qu'il ait une taille d'au moins dix milliards d'années de lumière. Un univers à peine plus grand que notre galaxie peut, en effet, contenir une centaine de milliards d'étoiles, mais son âge ne dépasserait guère un mois. Dans l'histoire de l'Univers existe une niche dans laquelle a pu évoluer et se développer la vie. Ce havre est borné, d'un côté, par l'exigence que l'expansion de l'Univers refroidisse assez la matière pour permettre la formation des étoiles, des atomes et des biomolécules, et de l'autre, par le fait que toutes les étoiles auront disparu dans une centaine de milliards d'années (voir figure 8.1 (a)).

Cet exemple nous enseigne que la structure à grande échelle de l'Univers dépend, de façon inattendue, des conditions nécessaires à l'existence d'observateurs vivants en son sein. Quand les cosmologistes mettent en lumière une propriété extraordinaire de l'Univers, ils doivent tempérer leur étonnement en se demandant qui aurait été là pour s'émerveiller si l'Univers avait été sensiblement différent. Ce type de considération « faiblement anthropique » ne représente pas une conjecture falsifiable ou une théorie. Il s'agit d'un exemple de principe méthodologique dont l'oubli nous conduirait à tirer, des données disponibles, des conclusions erronées.

L'impact que peut avoir la négligence de ce principe dépendra de la structure de base de l'Univers. Si la construction de celui-ci fait intervenir un élément intrinsèquement aléatoire, le rôle du biais devient alors crucial dans notre compréhension du monde physique. Si l'Univers ne possède qu'une structure unique possible, parce qu'il n'y a qu'un univers possible logiquement cohérent, notre effet de sélection faiblement anthropique ne permet que d'apprécier la bonne fortune qui a voulu que « l'Univers » ait autorisé le développement de la vie. Cependant, notre discussion du rôle de la brisure de symétrie dans la Nature indique que l'Univers n'apparaît pas ainsi. Certains aspects de l'Univers auraient pu être différents et peuvent, en effet, différer dans d'autres parties du cosmos. De plus,

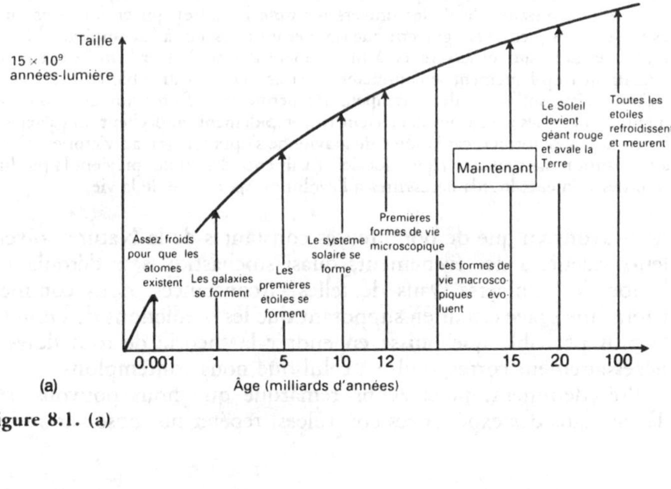

Figure 8.1. (a)

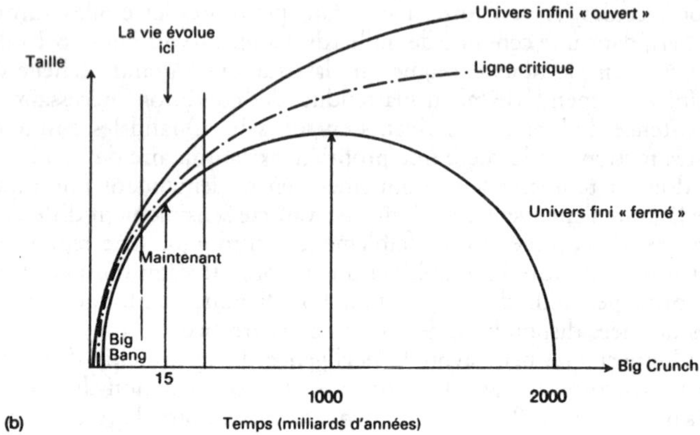

Figure 8.1. — (a) Époques caractéristiques de l'histoire cosmique dans un univers en expansion comme celui dans lequel nous vivons. L'expansion signifie que les conditions ambiantes de densité et de température changent continûment avec le temps. Ce n'est qu'après une période suffisamment longue que l'univers deviendra assez froid pour que se forment les atomes, puis les molécules, les étoiles, les planètes et la vie. Dans l'avenir, nous prévoyons une époque où les étoiles auront épuisé leur combustible nucléaire. Si des formes vivantes, basées sur le carbone, ne s'étaient pas développées dans l'alcôve indiquée, elles n'auraient jamais évolué.

(b) Notre Univers est proche de la ligne critique séparant les univers qui s'étendront indéfiniment de ceux qui finiront par se contracter sans répit vers un état de densité croissante. Seuls les univers (comme le nôtre) qui commencent leur expansion très près de la ligne critique donneront naissance à la complexité biochimique, et donc aux observateurs, à un moment donné de leur histoire : ceux qui démarrent trop lentement se contracteront et connaîtront un « big crunch » avant qu'une baisse suffisante de la température permette la formation des étoiles ou même des atomes ; ceux qui démarrent trop rapidement empêchent les galaxies et les étoiles de se former, car la force de gravité ne s'opposera jamais victorieusement à l'expansion dans aucune région locale, et l'absence des étoiles prévient la production des éléments lourds nécessaires à l'évolution spontanée de la vie.

nous avons vu que de nombreuses constantes de la Nature doivent leurs valeurs à des événements quasi stochastiques se déroulant à l'aube de l'Univers. Dans de telles circonstances, nous commettrions une grave erreur en supposant que les prédictions de l'univers le plus probable que puisse engendrer la théorie de tout doivent nécessairement correspondre à celui que nous contemplons.

Précédemment, nous avons remarqué que nous pouvons, sur Terre, dans des expériences contrôlées, répéter nos observations en modifiant certaines conditions. Nous pouvons alors souvent isoler immédiatement les phénomènes qui distinguent les caractéristiques intrinsèques aux lois de la Nature de celles qui résultent de la brisure, d'une manière plutôt qu'une autre, d'une symétrie. En astronomie, les choses ne sont pas aussi clairement tranchées. Par exemple, nous ne savons pas si les dimensions des galaxies et des amas de galaxies sont des conséquences fondamentales des lois de la physique, de conditions initiales particulières ou d'un processus de brisure de symétrie qui se déroula d'une certaine façon. La seule alternative aux expériences directes que nous ayons est de constituer des catalogues de toutes les propriétés observables d'ensembles d'objets semblables et de rechercher ensuite des *corrélations* entre différentes quantités. Nous pouvons ainsi dévoiler des tendances : voir si toutes les grosses galaxies sont brillantes, ou si toutes les étoiles magnétiques tournent lentement sur elles-mêmes, et ainsi de suite.

Jusqu'il y a quelques années, l'influence d'une brisure aléatoire de symétrie sur la structure observée de l'univers de galaxies et d'amas de galaxies était considérée comme plutôt spéculative, sans fondement dans l'image favorite de l'évolution du très jeune Univers. Cette situation a maintenant changé. La maturation graduelle de l'hypothèse de l'*univers inflationnaire*, que nous avons introduite dans les chapitres précédents, rend l'idée d'une intervention de phénomènes quasi stochastiques au tout début de l'Univers assez naturelle. Car, si l'Univers entame son expansion en partant d'un état dans lequel les conditions varient d'un endroit à l'autre de manière aléatoire, alors diverses régions microscopiques s'accroîtront dans des proportions différentes ; en d'autres termes, elles subiront toutes des périodes d'inflation de durée variable. Seules les régions qui s'accroîtront pendant un temps suffisamment long et qui résulteront en régions assez vastes pour qu'atomes, étoiles et, finalement, la vie puissent se développer, deviendront ultérieurement les sites d'une spéculation cosmologique.

Lorsque nous en arrivons à comparer les prédictions de cette théorie aux observations et à interpréter la structure de l'Univers observé en termes de modèle d'univers chaotiquement inflationnaire, nous devons prendre en compte le biais présent dans nos observations de l'Univers. Les observations ne peuvent avoir été menées que dans des types particuliers d'univers. Nous ne pourrions justifier l'exclusion de cette théorie en avançant que la majorité des régions post-inflationnaires sont minuscules. Nous devrions vivre dans l'une des grandes régions, quelle que soit *a priori* la petitesse de sa probabilité. En outre, dans le cas d'un Univers spatia-

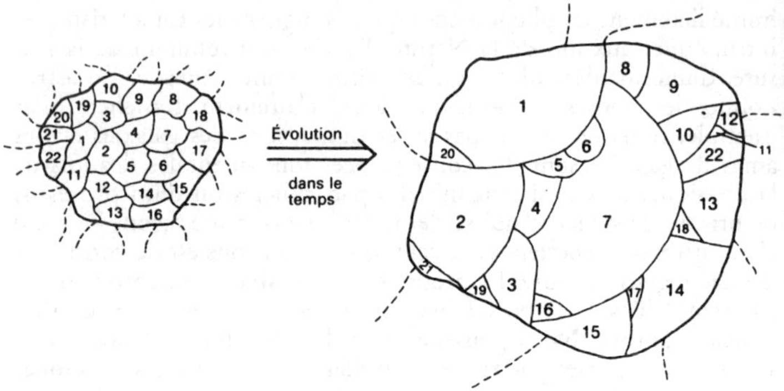

Figure 8.2. — Évolution d'un univers chaotiquement inflationnaire. Chaque sous-région microscopique de l'Univers, causalement connectée, d'une taille de 10^{-25}centimètres, atteint une taille différente après 10^{-35} secondes d'expansion frénétique. Chacune de ces sous-régions (numérotées) donne naissance à une région correspondante beaucoup plus vaste, comme notre propre univers visible aujourd'hui. Seules les régions qui croissent suffisamment pour demeurer en expansion durable (voir figure 8.1) peuvent donner naissance à des observateurs intelligents. Par conséquent, la vie ne peut apparaître que dans les régions les plus enflées comme la région 7. Si l'Univers est spatialement infini, alors existera un nombre infini de ces régions, et si leurs propriétés initiales épuisent aléatoirement toutes les possibilités, apparaîtra un nombre infini de régions présentant les conditions adéquates à l'existence d'observateurs vivants. Donc, s'il existe une probabilité finie que la vie puisse évoluer (ce qui est clairement le cas, puisque nous sommes là), il doit en aller de même en un nombre infini de sites, ailleurs, dans un univers de taille infinie. Remarquez que ceci altère notre perception de la nature de l'Univers. Si nous résidons dans la région 7, les conditions au-delà de notre horizon visible devraient être très différentes. Les observations de notre portion visible de tout l'Univers peuvent être singulièrement atypiques de l'ensemble.

lement infini, nos observations limitées à un domaine habitable particulier rendent toute conclusion grandiose sur la nature de l'Univers global précairement dépendante d'hypothèses invérifiables sur la nature de l'Univers au-delà de l'horizon visible (voir figure 8.2).

Le physicien soviétique Andreï Linde a proposé un raffinement de l'image de l'univers primordial chaotiquement inflationnaire, dans lequel le processus d'inflation s'autoperpétue. Chaque région microscopique qui enfle tend naturellement à recréer les conditions permettant à ses propres sous-régions microscopiques de croître à leur tour, et le phénomène peut ne jamais s'arrêter. Similairement, la région prise comme point de départ de cette séquence peut elle-même provenir d'une suite infinie antérieure. Des déductions cosmologiques ne pourront être tirées que s'agissant des membres de la séquence infinie réunissant les conditions nécessaires à l'évolution d'observateurs. La figure 8.3 illustre le scénario d'une inflation éternelle.

Plus les cosmologistes, dans leurs tentatives de reconstruire l'histoire de l'Univers, s'approchent de l'état initial, plus le principe anthropique faible prend de l'importance. Plus on s'approche du début apparent, plus les effets des brisures de symétrie et de la stochasticité quantique prolifèrent et engendrent les éléments intrinsèquement aléatoires dont l'héritage nécessite les subtilités d'interprétation que nous avons soulignées. La tentative de montrer

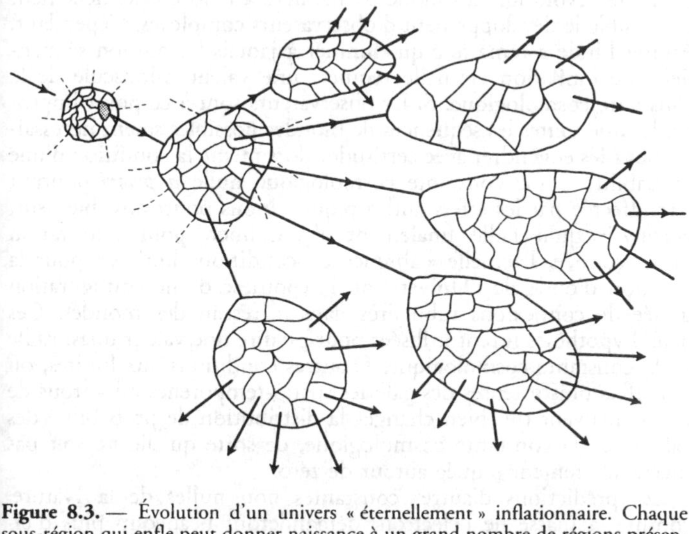

Figure 8.3. — Évolution d'un univers « éternellement » inflationnaire. Chaque sous-région qui enfle peut donner naissance à un grand nombre de régions présentant les caractéristiques nécessaires pour qu'elles-mêmes subissent une nouvelle inflation. Ce processus peut durer *ad infinitum* et, du même coup, peut avoir duré depuis la nuit des temps. Couplé au scénario de la figure 8.2, nous voyons que peut exister une séquence infinie d'univers inflationnaires s'étendant infiniment dans l'espace. Dans certains de ces cas seulement, à des moments et des endroits particuliers, l'inflation se déroulera suffisamment pour donner assez de temps et les bonnes conditions nécessaires à l'évolution de la vie, et seulement dans certaines de ces régions favorisées, la vie évoluera avec succès.

qu'un certain type d'interaction entre régions disjointes de l'espace-temps par des tubes, appelés « trous de vers » ou galeries spatio-temporelles, détermine les valeurs des constantes de la Nature constitue un bon exemple. Cette représentation peut nous amener à prédire les valeurs numériques des constantes de la Nature. Dans les exemples que nous avons discutés, les effets de la gravitation quantique assurent que nous ne pouvons prédire exactement leurs valeurs. Nous trouverons plutôt certaines distributions de probabilité qui nous donneront les valeurs les plus probables des constantes aujourd'hui. La valeur de la constante cosmologique, qui émerge avec une grande probabilité lorsqu'on l'examine à la lumière de tous les univers possibles, connectés de manière simple par des galeries, est la valeur la plus simple à prédire. En fait, la constante cosmologique devrait prendre une valeur énorme pour altérer le cours de l'évolution cosmique de manière à rendre essentiellement impossible le développement d'observateurs complexes. Cependant, Andreï Linde a remarqué qu'éliminer à jamais l'évolution séquentielle de l'inflation éternelle requiert une valeur minuscule de la constante cosmologique. Si les observateurs sont à ce point improbables que toutes les séquences de mondes possibles soient nécessaires pour les engendrer avec certitude, alors même la condition d'une probabilité d'une constante cosmologique nulle *a priori* pourrait être affectée par les effets anthropiques. Nous pourrions, bien sûr, découvrir qu'il faille finalement abandonner, pour une raison insoupçonnée, l'actuelle « absence de conditions limites » pour la fonction d'onde de l'Univers, ou l'hypothèse d'une configuration diluée de connexions tubulaires dans le réseau des mondes. Ces deux hypothèses furent utilisées pour prédire une valeur quasi nulle de la constante cosmologique. D'autres conditions aux limites, ou des effets plus intenses des galeries spatio-temporelles ou « trous de vers », peuvent très bien changer la distribution de probabilité des valeurs de la constante cosmologique, de sorte qu'elle ne soit pas spectaculairement piquée autour de zéro.

Les prédictions d'autres constantes non nulles de la Nature, comme la masse de l'électron, demanderont beaucoup plus d'efforts. En s'écartant des approximations simples, introduites pour rendre le problème soluble, les valeurs dont se parent les constantes dépendront des configurations détaillées des galeries et de leur réseau de connexions entre elles et avec d'autres univers-enfants. Qu'est-ce qui détermine le complexe initial de connexions ? Pouvons-nous le calculer ? Un métaprincipe le régit-il ?

Nous avons vu qu'une compréhension complète de nos observations de l'Univers physique requiert un entendement des éléments qui prédisposent nos observations et nos interprétations des données. Si l'Univers possède, dans son architecture, des éléments intrinsèquement aléatoires, hérités de ses origines quantiques ou de brisures stochastiques de symétrie durant sa prime évolution, nous devons alors prendre notre propre existence en compte dans l'évaluation de la correspondance entre réalité et prédictions cosmologiques de n'importe quelle théorie de tout. De plus, si ces éléments cosmologiques aléatoires conduisent à un Univers différant sensiblement d'un endroit à l'autre sur de grandes distances, nos observations locales d'un Univers peut-être infini laisseront inévitablement notre connaissance de sa structure globale sérieusement incomplète.

9

Le nombre π est-il céleste ?

Voyez le ciel, la terre, la mer, tout ce qui brille en eux ou au-dessus d'eux ; tout ce qui rampe ou vole ou nage ; tous doivent leur forme au nombre. Retirez le nombre et ils ne seront rien... Demandez-vous ce qui vous charme dans la danse et le nombre répondra : « Bonjour, je suis là. » Examinez la beauté de la forme corporelle, et vous trouverez que chaque chose est maintenue à sa place par le nombre. Examinez la beauté des mouvements corporels et tout adviendra à son heure par le nombre.

Saint AUGUSTIN

Au centre des immensités

Je n'irai pas jusqu'à dire que construire une image de la pensée sans une étude profonde des idées mathématiques des époques successives, c'est comme exclure Hamlet de la pièce qui porte son nom. Ce serait excessif, mais c'est certainement comme éliminer le rôle d'Ophélie. Cette parabole est singulièrement exacte. Car Ophélie est essentielle à la pièce, elle est charmante et un peu folle. Posons que l'usage des mathématiques est une folie divine de l'esprit humain, un refuge inaccessible à l'aiguillon de l'urgence des événements contingents.

A.N. WHITEHEAD

Si attentif à l'Univers, homme qui es-tu ? À l'aune des siècles d'ignorance des vastes océans externes et internes, le vingtième est le summum de notre appréciation de la profondeur et de l'ampleur de la structure de l'Univers. Notre quête de l'explication ultime de l'origine et de la structure de l'Univers témoigne d'une croyance sans limite en notre capacité de comprendre l'essence même de la réalité. Proposition fort étrange toutefois. Nos esprits sont les produits des lois de la Nature et, en même temps, ils sont en position de réfléchir sur elle. Il peut sembler surprenant que nos esprits (ou du moins certains d'entre eux) soient assez équilibrés pour sonder les secrets profonds de la Nature. Deux aspects se nouent ici : quantitatif et qualitatif. L'aspect qualitatif est évident : en quoi serions-nous assez subtils pour modeler une théorie de tout ? Nous savons que des théorèmes mathématiques sont par principe indémontrables et nous en connaissons d'autres dont la validation par les ordinateurs les plus rapides demanderait un temps comparable à l'âge de l'Univers. En vertu de quoi la théorie de tout serait-elle plus simple que ceux-ci ? au plus profond, ces limitations qualitatives sont imposées par la taille du cerveau humain, la capacité de notre mémoire ou les différentes performances des cerveaux artificiels que nous sommes capables de fabriquer. Pour l'heure, nous ne savons pas s'il existe des limites fondamentales à la capacité des cerveaux et des ordinateurs (regardés comme collecteurs d'information et systèmes d'utilisation) imposées par les lois de la Nature. C'est très vraisemblablement le cas. Car, si nous construisions un cerveau artificiel de plus en plus grand tel un ordinateur, le volume de ses circuits croîtrait plus rapidement que sa surface. Or celle-ci détermine effectivement la quantité de chaleur qu'il peut rayonner, évitant en cela la surchauffe. Pour circonvenir cette difficulté de croissance, on pourrait prendre exemple sur le monde naturel et développer une structure crénelée en éponge, offrant une surface beaucoup plus grande qu'un objet solide de même masse et de même volume. Mais cette stratégie accroîtrait considérablement la longueur des circuits nécessaires à la coordination du système entier, ralentissant ainsi le transfert des signaux d'un côté à l'autre de l'appareil.

Un problème plus intéressant est de savoir jusqu'à quel point le cerveau est *qualitativement* adapté à la compréhension de l'Univers. En quoi ses catégories de pensée et de compréhension sont-elles capables d'appréhender la portée et la nature du monde réel ? Pour quelle raison la théorie de tout serait-elle écrite dans un « langage » que nos esprits pourraient décoder ? Pourquoi le processus de sélection naturelle nous aurait-il dotés de facultés mentales telles que nous puissions accéder à la trame logique de l'Univers bien au-delà de ce qui serait utile à notre survie immédiate ?

Il existe un aspect qualitatif de la réalité qui dépasse tous les autres en profondeur et en mystère : le succès impressionnant des mathématiques en tant que description du fonctionnement de la réalité et de la capacité de l'esprit humain de découvrir et d'inventer des vérités mathématiques. C'est ce mystère que nous allons maintenant tenter d'élucider, car il nous place devant la plus grande énigme : l'intelligibilité de l'Univers.

Le nombre de la rose

Dieu est plutôt gravitation qu'embarras.

Mary Esse

« Une rose pourvue d'un autre nom sentirait aussi bon », mais pas une rose pourvu d'un autre nombre que le nombre de la rose. Nous avons appris qu'il y a une profonde différence entre les mots et les nombres. Si vous appeliez rose un chardon, aucune des propriétés de ces choses que nous appelons les roses ne serait affectée : au pis, les catalogues horticoles demanderaient à être révisés, mais la nature même des choses ne serait pas altérée. Mais si quelque chose dispose d'une propriété numérique particulière, la changer exigerait une profonde modification du fondement même de la réalité. Cette impression est créée par l'hypothèse selon laquelle les propriétés mathématiques des choses sont réelles et intrinsèques. Elles sont plus que des étiquettes. Nous les découvrons, nous ne les inventons pas. De plus, bien que nous usions du langage pour décrire le monde, il ne semble pas exister la moindre correspondance naturelle entre les règles de grammaire et de composition et la manière dont le langage est utilisé. Pourtant, les mathématiques sont un langage qui possède une logique intégrée, accordée de façon inespérée à la logique de la réalité.

La science moderne est fondée presque entièrement sur les mathématiques. La volonté de faire du numérique la voie de la compréhension du physique est ancrée dans la conviction pythagoricienne selon laquelle la signification de la Nature doit être recherchée dans les harmonies que suscitent les nombres. La vision pythagoricienne de la création était fondée sur la notion de l'unité de base à partir de laquelle toutes les autres choses pouvaient être construites. Les nombres avaient une portée profonde. Les chiffres pairs étaient considérés comme féminins et symbolisaient les attributs appartenant à la Terre maternelle. Les chiffres impairs étaient masculins et associés aux cieux. Les nombres individuels étaient pourvus de sens : quatre était la justice, cinq l'union maritale, et ainsi de suite. Nous sommes les héritiers de cette prédilection pour les nombres, mais nous avons trouvé opportun de nous en défaire, du moins en ceci : alors que les pythagoriciens étaient persuadés que les nombres eux-mêmes étaient pourvus de signification spéciale, nous considérons plus pertinent d'ancrer cette signification sur le fait qu'il existe des relations numériques entre les choses. Au demeurant, notre attention se concentre sur les « symétries » et les

« transformations » ou les « programmes ». Cette approche a prospéré conjointement à la vision mécanique du monde engendrée par les travaux de Galilée, de Newton et de leurs disciples spirituels. La description mathématique de la Nature a permis à la pensée humaine de transcender les préjugés culturels variés en identifiant l'irréductible minimum qui caractérise l'aspect licite de la Nature. Elle a créé un langage universel propre à aider la pensée efficiente et déductive en incluant dans sa trame quelques exigences logiques simples, automatiquement honorées dans l'utilisation de ce langage. En effet, faisant l'économie de nombre d'opérations logiques dans le domaine conscient, ce langage les reporte dans l'inconscient.

De ce point de vue, les mathématiques peuvent ressembler à une forme d'art et, effectivement, dans certaines universités, elles sont associées plus étroitement avec l'art qu'avec la science. Cependant elles diffèrent des arts sur plusieurs points, tous plus surprenants les uns que les autres. Les mathématiques autorisent des découvertes simultanées, à la différence des arts, contrairement à notre intuition. Des mathématiciens indépendants, provenant de différentes cultures, sous l'influence de motivations variées, utilisant différentes notations et méthodes, produisent souvent le même théorème. De telles coïncidences ne se produisent jamais en littérature ou en musique. La découverte indépendante de *Macbeth* ou d'une symphonie de Beethoven est inconcevable, car la nature essentielle de ces œuvres est largement associée à l'esprit de leur créateur. Leur caractère unique est un reflet du caractère unique de l'individu. Le fait que des découvertes simultanées se produisent en mathématique, et en science en général, révèle un élément objectif inscrit au cœur de leur sujet, indépendant de l'esprit de l'investigateur. Nous pourrions, avec confiance, espérer qu'une machine intelligente prouve des théorèmes similaires — et, dans certains cas, identiques — à ceux que découvrent les mathématiciens humains. Une autre différence intéressante entre les mathématiques et l'expression subjective des littéraires et des artistes réside dans les habitudes de travail des uns et des autres. Il est habituel chez les mathématiciens purs et les théoriciens de la physique de travailler en collaboration. De nombreux articles de recherche dans ces domaines comportent de multiples auteurs. Dans certains cas, ces collaborations reflètent la nature complémentaire de l'habileté des collaborateurs — l'un peut exceller dans la formulation de problèmes intéressants, alors que l'autre peut posséder un talent supérieur dans la technique de résolution — mais, dans beaucoup d'autres, nulle démarcation évidente n'existe. Les différents auteurs contribuent à tous les niveaux et élaborent leur recherche au travers d'un processus continu d'interactions et de dialogue.

Personnellement, j'ai écrit des articles communs de recherche avec deux personnes que je n'ai jamais rencontrées et avec lesquelles je n'avais jamais parlé, même au téléphone. Une collaboration de ce type est plus que rare au royaume des Lettres. On peut citer des collaborations artistiques fameuses, comme celle de Gilbert et de Sullivan, mais elles naissent invariablement de la mise en commun de talents distincts. Dans le cas de ces deux auteurs, l'un a créé la musique, l'autre le livret de divers opéra. Combien de romans ou d'œuvres d'art créés par plusieurs auteurs pouvez-vous nommer ? On peut y voir, encore une fois, l'indice de la subjectivité intrinsèque, et par conséquent du caractère unique de la création artistique. L'aisance avec laquelle la collaboration s'inscrit dans la recherche physico-mathématique et la similitude essentielle des fruits de la collaboration et de ceux du travail individuel suggèrent l'existence d'un puissant élément objectif sous-jacent, lequel serait plutôt découvert qu'inventé.

Philosophie des mathématiques

Abroger les lois physiques au bénéfice des miracles de l'Écriture préoccupe moins le philosophe religieux que l'abrogation des lois mathématiques. Aussi, on accorde aux mathématiques une position privilégiée et la possibilité que leur vérité éternelle soit abrogée, même par un Dieu omnipotent, nous dérange.

Philip Davis et Ruben Hersh

Les mathématiques sont la science des choses pensées. Sont-elles découvertes ? Sont-elles une pure création de l'esprit humain ? Avant de disserter sur les capacités suprarationnelles des mathématiques de rendre compte du fonctionnement du monde physique, il est bon de bien poser les alternatives offertes s'agissant de leur nature même. Quand nous les apprenons ou les enseignons, nous omettons de nous poser ces simples questions. Ce n'est assurément pas un thème nouveau, mais il est plus que jamais intéressant de mettre en lumière quelques-uns des arguments qui ont émaillé la discussion dans un passé lointain, quand fleurissaient les présupposés sur le monde. Une idée de ces disputes peut être restituée en évoquant ponctuellement certaines époques au cours desquelles les débats sur la nature du savoir mathématique étaient particulièrement vifs. En premier lieu, on peut évoquer la querelle entre les visions platonicienne et aristotélicienne de la Grèce antique. La seconde querelle oppose le commentaire volumineux de Roger Bacon et ses contemporains médiévaux. Enfin, on peut rappeler le développement conjoint des mathématiques et de la physique à la fin du XIXe siècle.

Platon affirme que le monde matériel, empli de choses visibles, n'est rien d'autre que l'ombre de la réalité des formes éternelles. Puis il explique plus largement ce monde décalqué en termes d'éléments matériels : terre, air, feu et eau, lesquels sont représentés par des solides géométriques — la terre par un cube, l'eau par un icosaèdre, l'air par un octaèdre et le feu par un tétraèdre. Sa conviction est que les éléments ultimes sont justement ces formes géométriques solides. La transmutation des éléments est alors expliquée par la jonction et la dissolution des triangles constitutifs des solides fondamentaux. Cette description strictement mathématique caractérise l'approche platonicienne de bien d'autres problèmes. Pour Platon, les mathématiques nous guident vers l'ultime réalité des formes qui couvre de sa lumière le monde visible des données sensorielles. Mieux nous les comprenons, plus nous nous rapprochons de la vraie connaissance. Ainsi, pour lui, les mathématiques sont plus fondamentales, plus vraies, plus proches des formes éternelles dont le monde visible n'est qu'un reflet imparfait, que les objets des sciences physiques. Du fait que le monde est mathématique à son niveau le plus profond, tous les phénomènes visibles doivent avoir des contreparties mathématiques et sont d'autant mieux descriptibles par les mathématiques qu'ils sont proches de leur forme sous-jacente.

La conception plus tardive de la relation entre mathématique et Nature que propose Aristote ne pouvait être plus différente. Désirant libérer la science physique du carcan mathématique dans lequel Platon l'avait placée, il fit valoir l'existence de trois domaines de connaissance purement théorique complètement autonomes — la métaphysique, les mathématiques et la physique —, chacun possédant ses propres méthodes d'explication et ses sujets privilégiés. Mais, surmontant ces divisions, il postula un principe général d'*homogénéité*, selon lequel le même suit le même et auquel tout doit obéir :

> Il semble que les choses perceptibles exigent des principes perceptibles, les choses éternelles des principes éternels, les choses corruptibles des principes corruptibles ; et, en général, chaque sujet d'étude des principes semblables à lui.

L'explication platonicienne des choses viole le principe d'homogénéité en cherchant des explications mathématiques aux choses physiques plutôt que des explications physiques. Pour comprendre la position d'Aristote vis-à-vis de la relation entre les mathématiques et la physique, nous devons faire valoir que sa division tripartite de la connaissance théorique en métaphysique, mathématique et physique était hiérarchique et orthogonale à la conception platonicienne des mêmes piliers de la connaissance. La physique a à voir avec le monde ordinaire et quotidien des choses tangibles et ne nécessite aucune abstraction théorique. C'est le royaume du pragmatisme. Les mathématiques n'interviennent qu'après qu'un premier niveau de raffinement ait été atteint en retenant certaines propriétés essentielles des choses et en négligeant les autres. Finalement, l'effacement de toutes les propriétés, sauf celles de l'être pur, est tenu pour dépendant du niveau d'abstraction immédiatement supérieur, c'est-à-dire celui de la métaphysique. Aujourd'hui, nous sommes amenés à ériger une hiérarchie comparable dont les degrés sont l'action suprême des lois de la Nature, ces lois elles-mêmes et, au sommet, le métamonde dans lequel nous pourrions considérer les différentes alternatives possibles ou réalisées de ces lois.

Aristote trace une frontière nette entre les activités des physiciens et celles des mathématiciens. Le mathématicien limite ses questions à l'aspect quantitatif du monde et aime à se restreindre radicalement à ce qui est descriptible en termes mathématiques. Le champ de la physique, pour Aristote, est bien plus vaste, car il englobe la réalité terrestre des choses sensibles. Alors que Platon maintient que les mathématiques s'identifient à la vérité et à la réalité profonde dont le monde physique n'est qu'un pâle reflet, Aristote proclame que les mathématiques sont une représentation superficielle d'un fragment de la réalité physique. Telle est l'opposition entre idéalisme et réalisme dans le monde antique.

Au Moyen Âge, le conflit entre vision platonicienne et vision aristotélicienne de la relation entre les mathématiques et le monde resurgit après un répit de plusieurs siècles. La question est intimement liée à la doctrine chrétienne qui, élaborant une synthèse complexe, emprunte aussi bien à Platon qu'à Aristote. Des penseurs influents comme saint Augustin et Boèce adoptent simplement la thèse platonicienne du caractère premier des mathématiques. L'un et l'autre font valoir que les choses furent créées au début « selon la mesure, le nombre et le poids ». Ce fait fut considéré comme un signe de l'esprit de Dieu et les mathématiques devinrent l'une des quatre disciplines de l'enseignement médiéval, sans l'acquisition de laquelle toute recherche de vérité devenait vaine. Cependant, Boèce tempéra son point de vue en admettant qu'un acte d'abstraction mentale sépare la physique des mathématiques, ce qui rend ces deux sujets qualitativement distincts.

Le XIIe siècle vit une résurgence de la scolastique et la dispute s'intensifia. Les deux perspectives platonicienne et aristotélicienne de la relation entre les mathématiques et le monde physique trouvèrent chacune d'ardents défenseurs. Les commentateurs les plus ardents sur le sujet furent les scolastiques Robert Grosseteste et Roger Bacon. Selon l'argument de Grosseteste, l'ensemble de la connaissance du monde physique ne pouvait résider dans les mathématiques et, à de nombreuses occasions, il se fit l'écho de la position traditionnelle d'Aristote. Mais il fit un pas supplémentaire, faisant valoir que les sciences étaient subordonnées les unes aux autres et, dans son étude détaillée de la lumière, il insista sur le fait que les mathématiques sont essentielles dans l'explication de ce qui est vu, « car chaque acte naturel varie en force ou en faiblesse selon la variation des lignes, angles et figures ». Grosseteste influença les idées de Roger Bacon concernant le lien des mathématiques et de la Nature. Bacon écrivit des centaines de pages sur le sujet et, en vérité, aucun philosophe n'a semblé plus préoccupé par cette question. Il pense que la connaissance mathématique est inhérente à l'esprit humain et que les mathématiques constituent la forme unique de pensée partagée par l'esprit humain et la Nature. Leur caractère irremplaçable tient au fait qu'elles permettent d'atteindre une certitude complète. De fait, la connaissance de la Nature peut être assurée pour autant qu'elle repose sur des principes mathématiques :

> Seules [...] les mathématiques restent certaines et vérifiées dans la limite de la certitude et de la vérification. Dès lors, toutes les autres sciences doivent être connues et certifiées au travers des mathématiques.

De plus, Bacon prône l'usage des mathématiques à des fins de divulgation des propriétés de l'Univers. Les premiers arguments « topologiques » sur la nature de l'Univers ne laissent de nous surprendre. Il soutient que l'Univers doit être sphérique, car, sinon, sa rotation créerait une cavité, un vide. De surcroît, il ne peut exister qu'un seul Univers, car, s'il y en avait un autre, il demanderait, par le même raisonnement, à être sphérique et il y aurait entre lui et notre Univers un interstice vide, anti-aristotélicien. La position de Bacon, à mi-chemin entre celle de Platon et d'Aristote, emprunte beaucoup à Grosseteste. Il confère aux mathématiques un rôle plus vaste dans la gestion des choses sans les regarder pour autant comme le siège de tout être. Au demeurant, il use des mathématiques aussi bien dans les sciences pratiques que dans la défense des idées religieuses.

En dépit du retentissement des études mathématiques de la Nature effectuées par Galilée et Newton, la tradition philosophique sceptique demeura si vivace sur le continent que les mathématiques, pourtant florissantes, furent considérées comme de plus en plus étrangères aux sciences physiques, ceci jusqu'au siècle dernier. Elles connurent alors une expansion spectaculaire mais se divisèrent en deux catégories : « pures » et « appliquées ». Des physiciens influents, tels Drude et Kirchhoff, affirmèrent que la tâche de la science est de décrire comment est le monde aussi simplement et complètement que possible. La science, répétaient-ils, ne peut rien nous dire sur la réalité : ce n'est qu'une « représentation du monde des phénomènes ». Drude nous prévenait du danger de croire que le monde est intrinsèquement mathématique et de se laisser guider aveuglément vers l'erreur par le formalisme rigide des mathématiques pures. Ces physiciens ne prêchaient pas dans le désert. Leurs idées étaient partagées non seulement par les porte-parole des philosophes opérationnalistes mais aussi par des physiciens tels Maxwell, Hertz, Boltzmann et Helmholtz. Sur ces entrefaites, une polémique s'engagea sur le sens et la pertinence de la vieille notion leibnizienne d'harmonie préétablie entre les intuitions mathématiques et la structure du monde extérieur. Traduite en langage moderne, on retrouve la question de l'efficacité, défiant toute raison, des mathématiques dans la description du monde. Leibniz, donc, avait cherché sans relâche une explication convaincante de la relation harmonieuse entre les capacités et les perceptions de notre cerveau, d'une part, et la structure du monde physique de l'expérience, d'autre part. Ceci faisait problème, car il considérait l'esprit et la matière comme totalement séparés. Pour éliminer cette tension, il postula l'existence d'une « harmonie préétablie » entre ces deux domaines.

Les réactions furent nombreuses. Certains, comme Fourier, firent valoir que la connaissance mathématique devait essentiellement être obtenue à partir de l'étude de la Nature. L'harmonie préétablie tripartite entre esprit, mathématiques et monde physique était soutenue par Hermite, qui voyait une identité métaphysique entre le monde des mathématiques et la physique, partagée par l'esprit. Aujourd'hui, la notion d'harmonie préétablie apparaît comme un simple avatar du platonisme. Implicitement, elle conduit à des notions mathématiques abstraites qui sont à la source aussi bien de nos idées mathématiques que des aspects mathématiques du monde physique. Bien que de différente intensité, ce ne seraient que des reflets des archétypes mathématiques qui résident dans le ciel platonicien. Mais, comme de puissants mathématiciens du nom de Minkowski et Hilbert mirent en exergue une harmonie frappante entre leurs résultats purement mathématiques et le fonctionnement du monde physique, beaucoup se plurent à souscrire à cette harmonie. Aussi, comprenons-nous que, dans les premières années du siècle, l'application des nombres complexes à la description de l'espace et du temps par Minkowski ait pu être accueillie comme « l'une des plus grandes révolutions conceptuelles ».

Il devenait alors indispensable de savoir si les mathématiques étaient suffisantes ou s'il fallait leur ajouter des aspects particuliers du monde réel pour garantir son caractère unique (valeurs précises des constantes de la physique, choix d'une équation plutôt qu'une autre). Les théories physiques et, à plus forte raison, la théorie de la relativité d'Einstein, apparaissent dans leur plus bel appareil mathématique et seulement mathématique. Cependant, on eut tôt fait de remarquer que le couplage entre la matière et la géométrie de l'espace-temps n'est pas dicté par les seules mathématiques : la théorie doit impérativement incorporer la conservation de l'énergie et de l'impulsion. Par ailleurs, les types de géométrie courbe définis par Riemann et utilisés dans la description de la géométrie de l'espace et du temps ne sont aucunement légitimés. Il en existe, en effet, bien d'autres variétés, certes plus compliquées, qui pourraient, en principe, être employés par la Nature. L'observation seule peut actuellement nous dire laquelle a été adoptée. Aussi, les mathématiques sont incapables de nous dire laquelle des versions mathématiques est choisie par la Nature dans une situation donnée. Ceci pourrait, bien sûr, être la manifestation conjoncturelle de notre ignorance relative d'un principe englobant, selon lequel tout ce qui n'est pas exclu est demandé.

Laissons le dernier mot sur la notion d'harmonie préétablie à Albert Einstein. Le jeune Albert était, au début du siècle, un adepte fervent de Leibniz, ou du moins de son explication de l'adéquation entre Nature et pensée humaine abstraite :

> Nul de ceux qui ont approfondi le sujet ne peut nier qu'en pratique le monde des phénomènes détermine de manière unique le système physique, en dépit du fait qu'il n'existe aucune passerelle logique

entre les phénomènes et leurs principes théoriques. C'est ce que Leibniz entendait par « harmonie préétablie »

Ultérieurement, les conceptions d'Einstein évoluèrent dans un sens plus conforme aux canons de la pensée grecque :

> Je suis convaincu que nous pouvons découvrir au moyen de constructions purement mathématiques, les concepts, les lois et leurs règles de conjugaison, qui fournissent la clé de la compréhension des phénomènes naturels. L'expérience peut suggérer les concepts mathématiques appropriés, mais ils ne peuvent certainement pas être déduits de celle-ci. L'expérience reste, bien sûr, le seul critère d'utilité de toute construction mathématique. Mais le principe créateur réside dans les mathématiques. En un certain sens, dès lors, je tiens pour vrai que la pensée pure peut saisir la réalité, comme l'avaient rêvé les Anciens.

Sous ce changement philosophique se dessine une évolution intéressante de la conception einsteinienne des mathématiques. Dans ses premiers travaux sur la relativité restreinte, le mouvement brownien et l'effet photoélectrique, pour lesquels il obtint le prix Nobel, il apparaît que sa préoccupation est d'éviter les mathématiques compliquées et de promouvoir des arguments mathématiques efficaces qui le placent d'emblée au cœur du phénomène en question. Mais la construction de la théorie de la relativité générale l'amène à mettre en œuvre un formalisme mathématique puissant et à réaliser que les inventions des mathématiciens purs aident beaucoup plus qu'à décrire le monde. Elles permettent d'intégrer les notions physiques qui ne pourraient, sans leur truchement, qu'entrer de manière forcée dans la théorie de la Nature. Impressionné par le succès des mathématiques avancées dans la formulation de la théorie de la relativité générale en 1915, Einstein se mit en quête du formalisme mathématique général qui jetterait un pont entre la description existante de la gravitation et celle de l'électromagnétisme. Cette quête perpétuelle de la théorie unifiée du champ ne fut interrompue que par la mort. Nous ne trouvons plus trace des élégantes expériences de pensée et de la belle simplicité qui présidèrent à ses premiers succès. Comme l'indique la précédente citation, il finit par se convaincre qu'en déroulant le seul formalisme mathématique, la simplicité irrésistible d'une description unifiée du monde parviendrait un jour à éclater à la face du monde.

Qu'est-ce que les mathématiques ?

Un accident malheureux arriva aux mathématiciens français au Pérou. Il semble qu'ils aient conté fleurette à quelques veuves du pays, qui ont tenté de les assassiner, détruit leurs instruments, brûlé leurs papiers. Quel mauvais article ferait ceci dans un journal.

Colin MacLaurin (Lettre à James Stirling, 1740)

À la fin du siècle dernier, un certain nombre de positions furent avancées en réponse à la question de la Nature et de l'identité des mathématiques, motivées par les problèmes contemporains concernant la portée des mathématiques et la signification des paradoxes logiques. Elles se cristallisèrent sous forme de quatre philosophies distinctes.

La première, le *formalisme*, évite toute discussion sur le sens des mathématiques en les définissant simplement comme l'ensemble des règles d'inférence. Le réseau logique qui en résulte doit, pour les formalistes, embrasser toutes les vérités mathématiques. Toute proposition exprimée dans le langage des mathématiques doit être examinée dans le but de déterminer si elle résulte ou non d'une déduction correcte des axiomes autocohérents. Aucun paradoxe ne peut se concevoir, à partir du moment où les règles d'inférence sont correctement utilisées. Il est clair que cette image plutôt claustrophobe des mathématiques ne nous est d'aucun secours quant à savoir pourquoi les mathématiques « fonctionnent ». Elles ne sont, dans cette optique, que jeu logique, comme les échecs ou le jeu de go. Elles ne *signifient* rien. Cependant, comme chacun le sait, cette tentative grandiose de clôture du système a échoué. Il a été démontré par Kurt Gödel, le premier, qu'il peut exister des propositions dont la vérité ou la fausseté ne peut jamais être démontrée à partir des règles de déduction si elles-mêmes et les axiomes initiaux sont assez riches pour inclure l'arithmétique familière des nombres entiers. Ceci a été discuté d'un autre point de vue dans le chapitre 3. Il s'ensuit qu'on ne peut définir les mathématiques d'une manière simplement formaliste, comme on pourrait, par exemple, définir tous les jeux à damier possibles.

La seconde option qui s'offre à nous est une philosophie des mathématiques que nous pouvons nommer *inventionnisme.* Elle consiste à regarder les mathématiques comme une invention purement humaine. Comme la musique et la littérature, elles seraient un produit de l'esprit humain. Selon cette opinion, les mathématiques ne sont ni plus ni moins que ce qu'en font les mathématiciens.

Nous les inventons, les utilisons, mais nous ne les découvrons pas. Aucun « autre monde » au-delà du monde, paré des vérités mathématiques, n'attend d'être révélé. L'échafaudage mental des mathématiques est perçu comme le meilleur moyen de tracer notre voie dans le monde physique. La réalité n'est pas intrinsèquement mathématique. On peut dire plutôt que seuls les aspects de la réalité qui se prêtent à la description mathématique sont susceptibles d'être élucidés. Ainsi fait-on valoir que leur efficacité descriptive n'est rien d'autre qu'une description, laquelle est efficace par le fait que nous avons inventé et sélectionné les outils mathématiques afin qu'ils donnent les meilleurs résultats dans chaque cas individuel. Cette vision prévaut parmi les économistes, les statisticiens et autres consommateurs de mathématiques qui ont affaire à des systèmes complexes où la symétrie ne joue aucun rôle, à des événements confus, ou encore à des processus hasardeux de sélection naturelle. Dans ces disciplines, l'attention porte sur les résultats des processus organisateurs (ou de leur absence), lesquels ont été discutés dans un chapitre précédent. Elles sont éloignées des lois les plus pures de la Nature. L'habileté mathématique de l'esprit humain est considérée comme un effet de l'évolution. On peut y voir un petit pas vers l'explication de la relation entre notre représentation mentale du monde et la réalité elle-même. Nos cerveaux sont le résultat d'une histoire évolutive sans intention préétablie. Mais le résultat le plus probable de cette histoire est un appareil mental pour rassembler, représenter et utiliser l'information concernant le monde afin de prédire son cours futur, une représentation qui se fait de plus en plus précise dans sa réflexion sur la réalité sous-jacente. Une catégorisation indigente du monde physique aurait une probabilité faible de survie, comparée à une autre, plus précise. La survie et la reproduction de toute créature qui confondrait ici et là, avant et après, et qui ne parviendrait pas à discerner l'effet de la cause serait peu vraisemblable. Dès lors, sa contribution au réservoir génétique ne serait que mineure. Ceci confère quelque force à l'image réaliste du monde — jusqu'à un certain point cependant. Car il existe des parties de la réalité, comme le monde des particules élémentaires ou la cosmologie, la supraconductivité ou la mécanique quantique, que nous ne connaissions pas et que nous n'avions pas besoin de connaître lors de l'histoire évolutive cruciale qui a façonné nos facultés mentales. Ces domaines encore obscurs font un usage compliqué des concepts de base élaborés dans les temps primitifs par la sélection naturelle.

Parallèlement, Niels Bohr, pour mettre un terme aux polémiques sur l'interprétation de la complémentarité quantique, fit valoir qu'il existe des provinces de la réalité physique au sujet desquelles nous n'avons qu'une compréhension conceptuelle pauvre, précisément parce que les idées nécessaires à cette compréhension n'ont joué aucun rôle dans l'histoire de notre évolution. Selon Bohr, nos « catégories de pensée », filtres mentaux de données sensorielles que nous dispense le monde,

> développèrent une orientation vis-à-vis de notre voisinage au bénéfice de l'organisation des communautés humaines.

Lorsque nous rencontrons des événements éloignés de notre expérience quotidienne, il ne peut se produire que des

> difficultés d'orientation dans un domaine d'expérience éloigné de la description à laquelle nos moyens d'expression sont adaptés.

Il est tentant de pousser encore plus loin cette argumentation pour « expliquer » toutes formes de mystères, mais l'on doit veiller à l'appliquer à une adaptation neurophysiologique précise pour éviter toute dégénérescence du type « c'est comme ça ». Dans la plupart des cas, une forme de théorie des jeux s'avère pertinente. Par exemple, nous devons nous efforcer de comprendre pourquoi, dans un contexte évolutionniste, certains individus disent la vérité la plupart du temps mais pas toujours. Si chacun disait la vérité tout le temps, alors l'avantage potentiel que pourrait tirer un quelconque menteur serait énorme. D'un autre côté, si tout le monde mentait tout le temps, alors la société se briserait. Dans l'intervalle, il semble qu'existe un état naturel stable, caractérisé par le fait que la plupart des gens disent la vérité la plupart du temps mais mentent juste ce qu'il faut pour nous éviter d'être les victimes naïves d'un menteur invétéré.

Pour les inventionnistes, les mathématiques sont l'une des catégories de pensée et les limites fondamentales de cette perspective, comme celles découvertes par Gödel, sont associées à nos catégories de pensée plutôt qu'à la réalité elle-même.

L'option suivante, s'agissant de la nature des mathématiques, est l'interprétation réaliste ou *platonicienne.* Superficiellement, la plus simple, elle soutient que les mathématiques existent réellement — π, réellement, est dans le ciel — et les mathématiciens, simplement, ne font que les découvrir. La vérité mathématique existe indépendamment de l'existence des mathématiciens. C'est une forme de vérité objective universelle. Aussi la raison pour laquelle les mathématiques sont si précieuses pour décrire le fonctionnement du monde est que le monde est fondamentalement mathématique. Toute limite du raisonnement mathématique, comme celle découverte par Gödel, n'est pas véritablement une limitation de nos catégories mentales mais bien une propriété intrinsèque de la réalité et, de ce fait, une limitation sur toute tentative de compréhension de la nature intime de l'Univers.

Selon cette interprétation, la théorie de tout devrait prendre la forme d'une théorie mathématique. Bien sûr, les tenants de cette proposition évoquent en sa faveur le succès incontestable de la description du monde qu'elle autorise. Ceci posé, on est amené à se demander en vertu de quoi les concepts mathématiques élémentaires sont aptes à décrire aussi bien le monde. Peut-être nos regards n'ont-ils pas pénétré assez loin pour découvrir sa structure véritablement profonde et abstruse ? Le problème soulevé par l'image des cordes, au niveau le plus élémentaire, il est vrai, a incité ses créateurs à proclamer que cette image a été découverte de manière plutôt prématurée, bien avant que notre connaissance mathématique soit assez mûre pour prendre en charge les questions qu'elle suscite. C'est un exemple remarquable d'une théorie physique trouvant en face d'elle des mathématiques insuffisantes pour atteindre son but et qui, de fait, trace de nouvelles avenues dans la cité des mathématiques pures.

Au-delà de la question traditionnelle de savoir *où est* et *ce qu'est* le monde platonicien des archétypes mathématiques parfaits, cette conception suscite des questions passionnantes. Elle élève les mathématiques presque au niveau du statut de Dieu dans la théologie traditionnelle. Prenez n'importe quel livre de théologie médiévale et remplacez le mot « Dieu » par « mathématique » chaque fois qu'il se présente, vous verrez que le texte conserve un sens. Les *mathématiques* sont une partie du monde et, pourtant, elles le transcendent. Elles devraient exister avant et après l'Univers. De ce point de vue, elles nous ramènent à notre discussion de la nature du temps abordée dans les chapitres précédents. Dans la vision newtonienne du monde, l'espace et le temps étaient absolus et indépendants des événements qui s'y jouent. Par la suite, Einstein fit subir à ces concepts une transformation (dont la radicalité est occultée par le fait qu'ils conservent le même nom), mettant en relation l'espace et le temps avec les événements qui s'y produisent. Peut-être une évolution similaire de l'interprétation des mathématiques est-elle en passe de se produire ? À l'heure actuelle, les mathématiques semblent transcender l'Univers puisque les cosmologistes pensent qu'ils peuvent décrire l'Univers comme un tout en termes mathématiques et les utilisent pour étudier les processus de création et d'annihilation d'univers, mais se peut-il que leur nature relève davantage des processus physiquement réalisables comme compter ou calculer ?

La plupart des scientifiques et des mathématiciens agissent comme si le platonisme était vrai, indépendamment de leur conviction. Effectivement, ils travaillent comme s'il existait un royaume de la vérité, encore inconnu, et dont la découverte leur incombe [1].

Les physiciens des particules sont profondément platoniciens pour la raison que leur discipline entière est ancrée dans la conviction que le fonctionnement le plus intime du monde est fondé sur les symétries. Symétrie après symétrie, ils se confortent dans l'idée que le suprême et le meilleur ont trouvé plein emploi dans le schème des choses. Mais la philosophie platonicienne est moins prisée qu'il y a cent ans. À l'époque victorienne, les intellectuels remplissaient leur bibliothèque de livres portant des titres comme *La Théorie du son* ou *Hydrodynamique*. Aujourd'hui, l'irritation

1. Une alternative intéressante et quelque peu subtile est offerte par la théorie des mathématiques dite « déflationniste ». Il s'agit d'une philosophie non réaliste des mathématiques qui soutient que nous ne pouvons rien connaître de la réalité des entités mathématiques que les platoniciens tiennent pour assurées, ni même en obtenir des indices. Mais, à la différence d'autres thèses non réalistes, elle entérine le succès de l'application des mathématiques au monde réel et cherche à l'expliquer sans supposer que les affirmations mathématiques sont vraies ou que les entités mathématiques existent. Elle pose que les applications fructueuses des mathématiques au monde ne requièrent pas qu'il possède la propriété de *cohérence forte*. Une théorie mathématique M est dite fortement cohérente si en lui ajoutant une théorie cohérente quelconque T, qui ne dit rien sur les entités mathématiques, la théorie résultante T + M est aussi cohérente. Il est intéressant de noter qu'alors que la vérité n'implique pas la propriété de cohérence forte, la propriété de vérité nécessaire l'implique. En général, un cercle d'implications logiques connecte les théories vraies, nécessairement vraies, cohérentes et fortement cohérentes, qui peut être représenté ainsi :

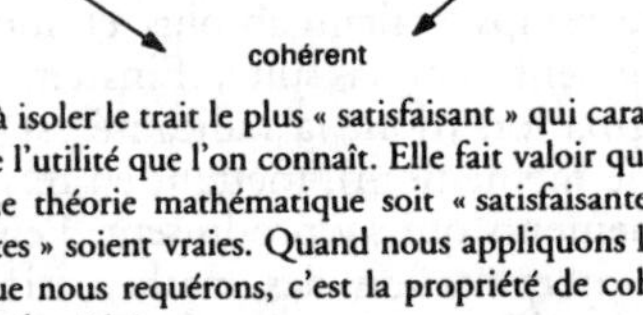

Cette approche vise à isoler le trait le plus « satisfaisant » qui caractérise les théories mathématiques et leur confère l'utilité que l'on connaît. Elle fait valoir que la vérité n'est pas suffisante pour garantir qu'une théorie mathématique soit « satisfaisante », ni même que toutes les théories « satisfaisantes » soient vraies. Quand nous appliquons les mathématiques au monde physique, tout ce que nous requérons, c'est la propriété de cohérence forte, et non la propriété plus exigeante de vérité.

inventionniste vis-à-vis de l'existence d'une représentation mathématique unique, indépendante de l'esprit du mathématicien, s'exprime dans des titres d'ouvrage comme *Modélisation mathématique des phénomènes soniques* ou *Concept d'écoulement de fluide*, qui mettent bien en évidence le caractère subjectif de l'image adoptée et le caractère non unique de l'histoire qu'elle supporte.

L'une des conséquences les plus remarquables de la vision platonicienne est que la vie doit exister de multiples manières, car il en existe des modèles mathématiques variés. Si nous avions à produire une simulation numérique de l'évolution d'une petite partie de l'Univers, incluant, disons, une planète comme la Terre, alors le modèle pourrait être suffisamment raffiné pour inclure l'évolution des êtres pensants conscients de leur propre existence. Ils prendraient connaissance de la présence d'êtres semblables, émanant du même calcul et communiqueraient avec eux. Ils pourraient alors déduire les règles de programmation qu'ils désigneraient comme « lois de la Nature ». Nous saurions qu'un tel programme existe en réalité simplement parce que nous avons évolué et que la séquence des événements qui a abouti à notre existence peut, en principe, être simulée. Mais, puisque le programme existe en principe, on peut avancer que les êtres pensants existent nécessairement sous la seule forme qui ait un sens pour eux. Au demeurant, nous pourrions être les composants d'une telle simulation dans l'esprit de Dieu. Frank Tipler résume ainsi l'interprétation la plus radicale de ce type d'argument ontologico-computationnel :

> Un programme suffisamment complexe pour contenir des observateurs existe *nécessairement*. L'idée sous-jacente est que tous les processus physiques peuvent être représentés par un algorithme d'ordinateur. Aussi un programme suffisamment complexe peut simuler l'Univers entier. En fait, si la simulation était parfaite, elle serait par définition complètement impossible à distinguer de l'Univers réel. Toute personne et toute action personnelle dans l'Univers aurait un analogue exact dans la simulation. Selon l'observation simulée des personnages simulés dans l'univers simulé, ils sont réels, ils existent. Nous-mêmes, nous ne serions que ce simulacre calculé. Il n'y aurait aucun moyen de dire de l'intérieur de la simulation que nous y sommes inclus. Le logiciel ne pourrait dire sur quel matériel de départ il fonctionne. En fait, on ne peut invoquer aucune raison de l'existence d'un quelconque matériel de cette sorte ; comme Minsky le dit, « l'Univers simplement n'existe pas ». Aussi, si un programme — ou plus généralement une théorie physique —

contient les observateurs, existe mathématiquement, il existe nécessairement du point de vue physique, dans le seul sens raisonnable de l'existence physique : les observateurs observent eux-mêmes qu'ils existent.

Le lecteur aura décelé une faille dans l'argument central selon lequel tout processus physique peut être simulé par un programme numérique. Nous ne pouvons certifier cette assertion, car il est certain que toute opération mathématique ne peut être simulée de la sorte. Il existe des théorèmes « vrais » qui ne peuvent être déduits pas à pas à la façon d'un algorithme informatique. Nous aurons l'occasion d'y revenir un peu plus loin. Nous soulevons ici la question, car elle conduit très naturellement à la dernière des interprétations possibles des mathématiques.

Le *constructivisme* fut conçu, à la fin du siècle dernier, dans un climat d'incertitude engendré par les paradoxes logiques de la théorie des ensembles et les étranges propriétés des ensembles infinis révélées par Cantor, comme nous l'avons brièvement mentionné au chapitre 3. De crainte que les mathématiques ne conduisent à de sérieuses erreurs et contradictions par la seule manipulation de concepts, tel l'infini, sur lequel nous n'avons aucune expérience concrète, certains prirent une attitude conservatrice, définissant les mathématiques de sorte à inclure les seules assertions qui peuvent être déduites d'une séquence finie de constructions progressives (pas à pas), partant des nombres naturels supposés primordiaux et fondamentaux. Au premier abord, cette forme limitative pourrait ressembler à un *diktat* bureaucratique sans intérêt, mais il s'avère qu'elle a les plus profondes conséquences sur tout le champ et le sens des mathématiques.

Le *diktat* des contructivistes écarte des schèmes familiers comme le *raisonnement par l'absurde* où l'on suppose qu'une certaine assertion est vraie, laquelle conduit à une contradiction logique, d'où l'on conclut que l'hypothèse de départ est fausse. Si l'on adopte la philosophie constructiviste, alors le contenu des mathématiques est considérablement réduit. Le résultat d'une telle réduction du champ est également significatif pour l'homme de science. Au vrai, nous devrions jeter aux orties la fameuse démonstration du « théorème de la singularité » de la relativité générale, lequel spécifie les conditions qui, lorsqu'on les impose à la structure de l'Univers et à son contenu matériel, suffisent à indiquer l'existence d'un moment dans le passé où les lois de la physique se brisent — une singularité qu'on en vient à appeler big bang —, car ce théorème ne démontre pas l'existence de ce moment singulier, mais plutôt, il utilise le raisonnement par l'absurde pour montrer que sa non-existence aboutirait à une contradiction logique. La leçon que nous pouvons en tirer est que la notion de vrai, s'agissant de l'Univers, semble dépendre de notre philosophie des mathématiques. Tel est le tribut que nous devons payer pour vivre dans un monde dont l'évidence mathématique est aussi criante.

Il est clair que le constructiviste est le proche cousin du philosophe opérationnaliste qui définit les choses par le processus par lequel elles peuvent être mises en œuvre ou construites. La quantité physique la plus intéressante de ce point de vue est le « temps » qui, si on le définit en termes de processus par lequel il est enregistré, conduit à la possibilité de conférer à l'Univers un âge infini. Il suffit pour cela d'imaginer que la mesure fondamentale du changement des choses, c'est-à-dire l'échelle du temps, s'étire d'autant plus que l'on pénètre dans le passé.

La philosophie constructiviste conduit naturellement au concept d'algorithme informatique, car la construction pas à pas des assertions mathématiques est justement celle qui relève de cette discipline. L'essence de tous les calculateurs pratiques est une capacité particulière de lire une suite d'entiers et de la transformer en une autre suite d'entiers. Cette capacité, en dépit de son apparente superficialité, est tout ce que requiert le fonctionnement des ordinateurs les plus puissants du monde. L'impressionnante habileté de calcul de ces machines réside dans la vitesse avec laquelle elles peuvent effectuer ces opérations, combinée à l'aptitude d'effectuer parfois plusieurs opérations en même temps. Cette capacité caractérise tous les systèmes que recouvre le terme générique de *machine de Turing*, du nom du mathématicien anglais Alan Turing. Le terme « machine de Turing » qualifie tout instrument qui recourt à la logique séquentielle.

À l'origine, on espérait que les instruments hypothétiques de ce genre seraient capables de mener à terme toutes les opérations mathématiques possibles et de cataloguer mécaniquement ainsi toutes les catégories de vérités décidables. Alan Turing, Alonzo Church et Emil Post furent les premiers à démontrer que ce n'était pas le cas. Il existe des opérations mathématiques dites *fonctions non calculables* qu'aucune machine de Turing ne peut traiter. Par ailleurs, il existe des opérations que la machine peut effectuer pas à pas, mais qui prendraient des millions d'années pour aboutir, ceci en utilisant les machines les plus performantes. À toutes fins pratiques, de telles opérations sont incalculables et donnent matière à de nombreuses énigmes. Cependant, elles sont qualitativement différentes des fonctions non calculables en ce que ces dernières demanderaient un temps de calcul infini : la machine de Turing n'atteindrait jamais le stade d'impression des résultats finaux.

Si elle se confirme, l'image constructiviste des mathématiques devrait être une source de révélations sur l'univers mathématique. Elle jette, en effet, un éclairage nouveau sur l'aptitude exceptionnelle des mathématiques à décrire le monde réel. Leur efficacité tient en ce que de nombreuses opérations simples sont calculables au sens de Turing. Les fonctions mathématiques calculables sont des opérations mathématiques qui peuvent être simulées par des appareils réels, appendices du monde physique, faits de particules élémentaires contraintes par les lois de la Nature. Inversement, le fait que des instruments réels ou phénomènes naturels soient correctement décrits par des fonctions mathématiques simples équivaut au fait que nombre de ces fonctions sont calculables. Si toutes les fonctions simples étaient non calculables, alors les mathématiques n'apparaîtraient pas à nos yeux comme l'outil privilégié de la description du monde et perdraient l'essentiel de leur applicabilité pratique.

Mathématiques et physique : la tresse d'or éternelle

La symbiose exemplaire entre mathématique et physique traverse les siècles. Cette relation, de surcroît, s'exerce à double sens. On peut citer des cas où les anciennes mathématiques sont merveilleusement adaptées à la description du monde physique, comme des exemples où l'avancée de la compréhension pousse à la création de nouvelles mathématiques que les hommes de l'art, par la suite, poursuivent pour leur propre intérêt. Nous allons présenter des illustrations de ces deux catégories, en proposant d'abord quelques exemples où les idées mathématiques ont été développées pour elles-mêmes par des amoureux de la symétrie, de la logique intrinsèque et de la généralité des concepts convoqués, et qui, par la suite, se sont révélées être des agents parfaits de description et d'élucidation de nouveaux aspects de la Nature.

Coniques

Apollonios vécut de 262 à 200 avant J.-C., environ, ce qui en fit un contemporain d'Archimède. Il apprit les mathématiques à l'école fondée par les successeurs d'Euclide. Bien que la plupart de ses travaux personnels aient été perdus, il est considéré comme l'un des plus grands mathématiciens de l'Antiquité pour son œuvre sur les coniques. Il a, en effet, établi toutes les propriétés des ellipses, paraboles et hyperboles. Sans ces résultats, Kepler aurait été privé de la description mathématique requise à la théorie des mouvements planétaires qu'il formula en 1609. Plus tard, la dérivation de Newton des lois de Kepler afférentes au mouvement planétaire à partir de sa propre loi de gravitation mit en lumière la signification physique profonde des courbes paraboliques, hyperboliques et elliptiques appliquées à la description des orbites des corps mobiles sous l'influence des champs de forces gravitationnels.

Géométrie riemannienne et tenseurs
Le développement de la géométrie non euclidienne en temps que branche des mathématiques pures par Riemann au XIXe siècle et l'étude des objets mathématiques appelés tenseurs fut une bénédiction pour la physique à venir. Les tenseurs se caractérisent par le fait que leurs parties constitutives se modifient d'une façon très particulières lorsque leurs coordonnées sont altérées de manière arbitraire. Cette machinerie mathématique s'avéra du plus grand secours pour la formulation einsteinienne de relativité générale. On ne tarda pas à se rendre compte que la géométrie non euclidienne décrivait à merveille les distorsions de l'espace et du temps en présence de masse-énergie, alors que les propriétés des tenseurs assuraient à toute loi de la Nature, écrite en langage tensoriel, qu'elle conservât la même forme quel que soit le mouvement de l'observateur. Il est heureux qu'Einstein eût un ami de longue date du nom de Marcel Grossmann, qui en savait assez pour l'initier à la manipulation de ces instruments mathématiques. En leur absence, Einstein n'aurait jamais abouti à la formulation à la théorie de la relativité générale.

Groupes
Nous avons déjà insisté sur le rôle cardinal de la symétrie dans la physique moderne. Le mathématicien range l'étude systématique de la symétrie dans le chapitre « théorie des groupes ». Cette discipline née vers la moitié du XIXe siècle, sans aucune motivation physique, se divise en étude des groupes finis, qui décrit des changements particuliers et discrets, comme les rotations, et en théorie des transformations continues. Ces dernières furent étudiées en détail par le mathématicien norvégien Sophus Lie. La puissance et la pro-

fondeur de ces concepts et l'éclairage unitaire qu'ils jettent sur des domaines apparemment épars des mathématiques ont conduit Henri Poincaré à proclamer que les groupes constituent « toutes les mathématiques ». Pourtant, en ce temps-là, il n'existait aucun lien évident avec quelque problème physique que ce soit et en 1900, Sir James Jeans brossant le tableau des mathématiques utiles pour la physique se permettait d'affirmer :

> On peut aussi bien exclure la théorie des groupes, c'est un sujet qui ne sera jamais utilisé en physique.

Bien au contraire, c'est la classification systématique des symétries et sa reconnaissance par la théorie des groupes qui forme la base d'une grande partie de la physique fondamentale. La Nature aime la symétrie, et les groupes, de fait, forment une partie fondamentale de sa description.

Espaces de Hilbert
Les deux plus grandes théories physiques du XXe siècle sont, premièrement, la relativité générale, qui doit sa création, comme nous venons de le voir, à la géométrie non euclidienne et au calcul tensoriel, et deuxièmement, la mécanique quantique, laquelle a une dette au moins égale auprès des mathématiciens, et notamment de David Hilbert. Hilbert fut à l'origine du concept d'espace euclidien à nombre infini de dimensions. Un espace de Hilbert est un espace dont les points sont en correspondance univoque avec une collection d'opérations mathématiques d'un certain type. Ces espaces forment la base de la formulation mathématique de la théorie quantique et de la plupart des théories des interactions des particules élémentaires. La plus grande partie de ces mathématiques abstraites, inventées dans les premières années du siècle, furent exploitées vingt ans plus tard par des physiciens comme Bohr, Heisenberg et Dirac qui provoquèrent la révolution quantique.

Variétés complexes
L'intérêt récent pour les supercordes, présentées comme candidates officielles à la théorie de tout, a renvoyé les physiciens à leurs livres de mathématiques et, plus précisément, au chapitre des variétés complexes et autres généralisations ésotériques de concepts familiers. Toutefois, il faut bien le reconnaître, à cet égard, les livres sont souvent vides. Pour la première fois dans l'histoire récente, les physiciens trouvent devant eux des mathématiques ambiantes

impropres à satisfaire leurs besoins et demandent aux mathématiciens de se remettre au travail dans la direction que montre la physique.

Les techniques requises pour développer le concept de cordes et en tirer les entités les plus fondamentales du monde physique se situent à la frontière de la connaissance mathématique. Peu de physiciens sont capables de les comprendre entièrement et le style du formalisme leur semble souvent déconcertant. Le physicien aime à comprendre les choses d'une façon opérationnelle. Ceci demande le développement d'une appréciation intuitive des idées en question. On y parvient le plus souvent en déclinant de simples exemples des concepts abstraits mis en jeu. Bref, le physicien aime se donner des illustrations particulières des concepts généraux et abstraits. Le mathématicien, au contraire, souvent abandonne le particulier pour chercher à atteindre la formulation la plus abstraite et la plus générale possible. Bien que le mathématicien ait recours à des exemples particuliers et concrets à des fins d'appréciation de la vérité vraisemblable d'assertions très générales, il dissimulera toutes les étapes intuitives lorsqu'il en viendra à présenter les conclusions de sa réflexion. En conséquence de quoi, la recherche mathématique pure est virtuellement impénétrable pour le néophyte. Elle représente le résultat de la recherche d'une hiérarchie de définitions, théorèmes et preuves à la manière d'Euclide. Cette pratique fait l'économie des mots superflus et, par le fait même, de la suite naturelle de pensée qui mène aux résultats. Pour une large part, ce caractère regrettable est imputable au projet Bourbaki. Bourbaki est le pseudonyme d'un groupe de mathématiciens français influents, qui, dans les derniers cinquante ans, ont collaboré à la publication d'une série de monographies sur la « structure » fondamentale des mathématiques. Ils portent les derniers espoirs des formalistes : axiomatique, rigueur et élégance prévalent, les diagrammes sont proscrits ainsi que les exemples et les cas particuliers. La plupart des volumes publiés par Bourbaki ne présentent aucun résultat mathématique nouveau, mais déclinent des chapitres connus d'une manière nouvelle et plus abstraite. Ils prennent figure d'ouvrage ultime pour experts. Dans les rangs mêmes des Bourbaki, cependant, s'élèvent de violentes critiques contre l'aspect « scolastique » et « hyperaxiomatique » de l'École, si bien qu'un de ses partisans, Laurent Schwarz, essaie de justifier ainsi son approche et sa distance vis-à-vis de formes plus inventives :

Les esprits scientifiques sont essentiellement de deux types, dont

> aucun ne peut être considéré comme supérieur à l'autre. Il y a ceux qui aiment le détail le plus fin, et ceux qui ne sont intéressés que par les grandes généralités [...] Dans le développement de la théorie mathématique, le terrain est généralement exploré par les scientifiques de l'école du détail, qui traitent les problèmes par des méthodes nouvelles, formulent des conclusions importantes qui doivent être arrêtées, et, tenaces, cherchent des solutions, quelles qu'en soient les difficultés. Lorsque leur tâche est accomplie, les idées des scientifiques ayant un penchant pour la généralité entrent en jeu. Ils passent au crible et éliminent, ne retenant que le matériau vital pour l'avenir des mathématiques. Leur travail est plus pédagogique que créatif, mais, malgré tout, il est aussi essentiel et difficile que celui des penseurs de l'autre catégorie [...] Bourbaki appartient à l'école de pensée « générale ».

Cependant, le gros du bataillon des mathématiques a commencé de s'écarter de la ligne du formalisme extrême pour revenir à des problèmes particuliers, notamment ceux qui impliquent les phénomènes chaotiques non linéaires, et à puiser des motivations dans le monde réel. C'est un retour à une tradition très honorable, car de même que l'on connaît des exemples de mathématiques anciennes propres à nous induire en nouvelle physique, de même, on peut faire valoir des exemples inverses, selon lesquels l'étude du monde physique a motivé l'invention de mathématiques nouvelles. La méditation sur le mouvement continu à laquelle se sont livrés Newton et Leibniz et le désir de donner un sens à la notion de taux instantané de changement des quantités physiques a conduit à la création du calcul différentiel. Le travail de Jean-Baptiste Fourier sur la série des courbes trigonométriques connu aujourd'hui sous l'appellation « séries de Fourier » prend sa source dans l'étude des flux thermiques et de l'optique. Au XXe siècle, l'analyse des forces impulsives a conduit à l'invention de nouvelles entités mathématiques appelées « fonctions généralisées ». Elles furent largement utilisées par Paul Dirac dans sa formulation de la mécanique quantique, puis axiomatisées et généralisées pour constituer un nouveau chapitre des mathématiques pures. Cette évolution a été très bien résumée par James Lighthill. Il rendit ainsi hommage à Dirac, Laurent Schwarz (qui offrit la justification mathématique pure des notions intuitives de Dirac) et à George Temple (qui montra comment l'édifice logique de Schwarz pouvait être simplement expliqué à ceux qui voudraient l'utiliser) : « À Paul Dirac, qui eut l'intuition d'avoir raison. À Laurent Schwarz qui le prouva. Et à George Temple qui montra la simplicité de tout ceci. »

Dans les années récentes, cette tendance aux applications spécifiques a été renforcée par la création d'un large corps de théories des systèmes dynamiques et, plus particulièrement, du concept d'attracteur étrange, résultant de la description des mouvements des fluides turbulents. L'intérêt accru pour la description du changement chaotique qui est caractérisé par la croissance rapide de quelque erreur dans la description exacte au fil du temps, a conduit à une philosophie entièrement nouvelle en ce qui concerne la description mathématique du phénomène. Plutôt que de rechercher des équations mathématiques de plus en plus précises pour décrire un phénomène donné, on se met en quête des propriétés que posséderait toute équation possible gouvernant le changement. Ces propriétés « génériques » peuvent alors être invoquées à propos de phénomènes qui n'ont rien de particulier. C'est cette classe de phénomènes probables que l'on rencontre le plus fréquemment en pratique.

Pour conclure, revenons aux cordes et aux variétés complexes. Voici un domaine de la physique qui, bien que dépourvu de preuves expérimentales, a ouvert la voie qui mène à un nouveau type de structure mathématique et dont les artisans sont à deux doigts de basculer dans les mathématiques pures. Si la théorie des supercordes parvient à des prédictions observables dans un futur pas trop éloigné, elle pourrait offrir le spectacle d'êtres mathématiques purs marchant une fois encore au pas cadencé imposé par la physique expérimentale. Si, d'aventure, les cordes étaient définitivement exclues de la description du monde physique des particules élémentaires, cela n'empêcherait pas les purs mathématiciens de continuer à s'intéresser à leur seule structure mathématique. Comme un malin génie, une fois sorti de la lampe, il n'est pas facile de l'y faire rentrer.

L'intelligibilité du monde

Ils disent qu'il faut trois générations pour apprendre à tailler un diamant, une vie entière pour apprendre à faire une montre et que seulement trois personnes dans le monde ont compris totalement la théorie de la relativité d'Einstein. Mais les entraîneurs des clubs de football sont convaincus que rien de cela ne peut être comparé au jeu de l'arrière dans le championnat américain. Je veux dire que les montres ne font pas fondre les défenseurs sur vous, les diamants ne s'attaquent pas à vous et qu'Einstein avait tout son temps pour lancer son $E = mc^2$.

Chronique sportive du *Los Angeles Times*

L'un des traits les plus frappants de ce monde est que ses lois semblent simples alors même que la pléthore d'états et de situations qu'il manifeste est extraordinairement compliquée. Pour venir à bout de cette dichotomie, il convient de revenir sur la distinction que nous faisions au chapitre 6 entre les lois de la Nature et l'actualisation de ces lois, entre les équations de la physique et leurs solutions. Le fait que les résultats des lois de la Nature n'aient aucune raison de posséder les symétries des lois sous-jacentes rend la science difficile et explique pourquoi les structures collectives compliquées que nous repérons dans la Nature peuvent résulter de lois très simples du changement et de l'invariance. Mais cet argument est loin d'être suffisant pour donner un sens au monde physique.

Il est plus facile d'imaginer un chaos inintelligible qu'un cosmos relativement cohérent que les hommes de science prendraient délice à révéler. Quelles sont les propriétés du monde qui nous le rendent intelligible ? Voici un catalogue des aspects qui jouent un rôle subtil mais vital dans l'intelligibilité de la Nature.

Linéarité

Les problèmes linéaires sont des problèmes faciles. Ce sont des problèmes dans lesquels la somme ou la différence de deux solutions est aussi solution. Si L est une opération linéaire et si son action sur une quantité *A* produit le résultat *a*, et que l'opération *B* produit le résultat *b*, alors le résultat de l'opération de *L* sur *A* plus *B* sera *a* plus *b*. Ainsi, si une situation est linéaire ou est dominée par des influences linéaires, il sera toujours possible d'en donner une image globale en l'examinant par fragments. Le tout sera composé de la somme de ses parties. Heureusement pour le physicien, une grande partie du monde est linéaire en ce sens. Dans celle que nous occupons, par exemple, on peut faire de petites erreurs en déterminant le comportement des choses à un certain moment sans que celles-ci s'amplifient grandement dans les moments ultérieurs. Les phénomènes linéaires se prêtent donc à une modélisation mathématique très précise. Le résultat d'une opération linéaire varie continûment et de manière douce en fonction de tout changement des données initiales. Dans le cas des problèmes non linéaires, au contraire, les erreurs s'amplifient si rapidement qu'une incertitude infinitésimale dans l'état présent d'un système rend vaine toute prédiction de son état au-delà d'un court laps de temps. Le système répond de manière discontinue et imprédictible à des changements minimes des conditions initiales. Les comportements locaux particuliers ne peuvent plus être sommés pour définir le comportement global du système. Une approche holistique indépendante est requise pour restituer la structure et l'histoire du tout. Nous rencontrons souvent des problèmes de ce genre : l'écoulement d'un robinet, le développement d'une économie complexe, les sociétés humaines, le comportement du climat. Leur tout est plus que l'ensemble de leurs parties. Cependant, notre éducation et notre intuition sont dominées par les exemples linéaires parce qu'ils sont simples. Les professeurs exhibent les solutions des équations linéaires et les manuels donnent la préséance à l'étude des phénomènes linéaires, car ce sont les seuls exemples qui puissent être résolus facilement : les seuls phénomènes qui admettent une compréhension rapide et globale. Bien des chercheurs en sciences sociales visent à élaborer des modèles linéaires pour la raison qu'ils sont simples et que ce sont les seuls qu'on leur a enseignés. En revanche, l'équation non linéaire la plus simple que l'on puisse imaginer exhibe un comportement d'une profondeur et d'une subtilité insoupçonnées qui, en pratique, est complètement imprédictible.

En dépit de l'ubiquité de la non-linéarité et de la complexité, les lois fondamentales de la Nature donnent souvent naissance à des phénomènes d'apparence linéaire. Aussi, si nous sommes en présence d'un phénomène physique qui peut être décrit par l'action d'une opération mathématique f sur une variable x, ce que nous écrivons $f(x)$, alors, en général, nous pouvons l'exprimer comme une série illimitée de la forme :

$$f(x) = f_0 + x f_1 + x^2 f_2 + \ldots$$

Si $f(x)$ est un phénomène linéaire, il peut être approximé avec une excellente précision par les deux premiers termes de la série ; les termes restants sont nuls, ou bien ils diminuent si rapidement, lorsqu'on passe d'un terme au suivant, que leur contribution est négligeable. Bien heureusement, la plupart des phénomènes physiques possèdent cette propriété. Cette propriété essentielle à l'intelligibilité du monde est étroitement associée à d'autres aspects de la réalité. Nous abordons immédiatement le plus important.

Localité

Le caractère spécifique du monde non quantique dans son ensemble est que les choses qui adviennent ici et maintenant sont directement causées par des événements qui se produisent dans leur proximité immédiate, tant spatiale que temporelle : cette propriété, nous l'appelons localité pour signifier que ce sont les événements les plus locaux qui exercent sur nous la plus grande influence. Généralement, la linéarité est une condition de la localité, mais elle n'est pas suffisante pour la garantir. L'intensité des forces fondamentales de la Nature, comme la gravitation, diminue avec la distance à un taux qui assure que l'effet total de celle-ci en chaque point est dominé par les sources proches au détriment des plus lointaines. Dans le cas inverse, le monde serait dominé erratiquement par les influences imperceptibles des confins de l'Univers et il n'y aurait pas la moindre possibilité d'un début de compréhension. Il est très naturel que le nombre de dimensions de l'espace dans lequel se déploie notre expérience joue un rôle dans le débat. Ce nombre, par exemple, est responsable du fait que les phénomènes ondulatoires se comportent de façon cohérente. S'il existait quatre dimensions d'espace au lieu de trois, les simples ondes ne voyageraient pas à une vitesse unique dans l'espace, et de ce fait, nous recevrions simultanément des ondes émises en des temps différents. Dans tous les mondes sauf un, celui qui dispose de trois dimensions d'espace non sclérosées, la propagation des ondes entraînerait leur distorsion. Les réverbérations et les altérations rendraient la transmission fidèle des signaux impossible. Sachant que l'essentiel de l'univers physique, depuis les ondes mentales jusqu'aux ondes quantiques, repose sur des ondes mouvantes, il nous revient d'apprécier le rôle clé que joue la dimensionnalité de notre espace vis-à-vis de l'intelligibilité de son contenu.

Tout phénomène naturel ne possède pas la propriété de localité. À bien considérer le microcosme quantique des particules élémentaires, nous découvrons que le monde est non local. Ceci est une conséquence du fameux théorème de Bell. Il nous révèle une sorte d'ambiguïté entre observateur et observé propre à l'infiniment petit, où l'influence de l'acte d'observation sur ce qui est observé ne saurait être négligée. Dans notre expérience de tous les jours, cette ambiguïté quantique cesse d'être évidente. Avec confiance, nous assurons que des notions comme la position et la vitesse sont bien définies, univoques et indépendantes de celui qui les utilise. Mais le fait que notre Univers contemporain puisse être aussi bien défini garde un goût de mystère. Si nous remontons aux premiers instants du big bang, nous nous retrempons dans le monde quantique décrit au chapitre 3. De cet état, où des effets semblables ne résultent pas de causes semblables, il a bien fallu qu'émerge un monde, le nôtre, dans lequel les résultats des observations sont définis. Cet état de fait n'a rien d'inévitable. Il implique seulement un état primordial quelque peu spécial.

Connexion local-global

La présence salutaire de la linéarité et de la localité dans le monde observable quotidiennement est essentielle à l'essor de notre compréhension de ce même monde. Locale est notre compréhension puisqu'elle attribue des causes locales à des effets locaux. Mais qu'est-ce qui, dans ce monde, permet que nous puissions en synthétiser une description globale à partir de données éparses ? En un certain sens, l'image globale de l'Univers doit être reconstituée à partir de nombreux clichés de sa structure locale. Ce qui équivaut à poser qu'il doit exister quelque invariance du monde, quelque indifférence au changement de position et de temps de toutes ses entités les plus élémentaires, de sorte que la structure de base de la réalité soit universelle et indépendante de la localisation de l'observateur. Les physiciens des particules ont découvert que le monde est structuré de la sorte et que, mystérieusement, les théories de jauge locales, introduites au chapitre 4, témoignent d'une connexion puissante entre local et global. On démontre que l'exigence d'une correspondance naturelle entre le local et la structure globale requiert l'existence des forces de la Nature que nous constatons. Nous ne donnons aucun sens téléologique à ces phrases. Il faut voir ceci plutôt comme une conséquence du caractère mêlé de la cohérence et de l'économie structurelle des choses. Dorénavant, les forces de la Nature ne sont plus introduites arbitrairement comme composants supplémentaires.

Quand nous examinons plus profondément les structures mathématiques les plus efficaces pour décrire le monde extérieur et que nous nous demandons véritablement comment il peut exister de telles structures, nous sommes confrontés à une situation d'une grande subtilité. Nous prenons acte de l'existence d'opérations mathématiques comme le développement en série d'une fonction, invoqué plus haut, ou du « théorème des fonctions implicites » qui garantit que, si une quantité est complètement déterminée par la valeur de deux variables x et y, et que celle-ci soit constante, alors y peut toujours être exprimé comme une fonction de la seule variable x. Ces deux propriétés mathématiques imposent des restrictions sur les déductions d'informations locales (ou à grande échelle) à partir d'informations globales. En appliquant ces restrictions locales à elles-mêmes, et ceci de manière répétée, nous pouvons construire une information toujours plus globale sur le monde mathématique. Mais on peut faire valoir des exemples contraires. Le fameux théorème intégral de Stokes et le processus de prolongement analytique, familiers aux étudiants, sont deux cas où les restrictions opèrent dans le sens inverse (du local au global). Ces deux cas mettent en lumière l'un des buts de l'étude de la Nature : étendre notre connaissance du monde depuis le domaine local, auquel nous avons un accès direct, à une plus grande échelle, dont nous sommes encore ignorants. Le théorème de Stokes, à lui seul, ne permet pas une extension sûre. Il laisse subsister une constante indéterminée au terme de son application. La puissance des théories de jauge réside dans leur capacité à éliminer cet élément arbitraire en déterminant la constante inconnue grâce à l'imposition d'une symétrie ou invariance au processus d'extension lui-même.

Les meilleures théories physiques sont associées à des équations qui permettent d'étendre dans le futur les données définies dans le présent et, donc, permettent la prédiction. Mais cette situation demande que l'espace et le temps possèdent un type assez particulier de propriétés mathématiques, que nous pourrions appeler « structure naturelle ». D'autres théories qui décrivent l'aboutissement des phénomènes de manière statistique ou probabiliste et utilisent également les mathématiques dans un but prédictif ne possèdent pas forcément un substrat mathématiques caractérisé par une « structure naturelle », telle que nous l'avons définie plus haut, aussi ne peut-on garantir que, dans cette forme de théorie, les états futurs soient des prolongements continus des états présents.

L'un des traits saillants du monde des particules élémentaires, totalement absent de notre monde habituel, est le fait qu'elles se présentent sous forme de populations d'individus universellement identiques. Deux électrons que nous rencontrons, qu'ils viennent de l'espace ou qu'ils soient confinés au laboratoire dans lequel nous faisons l'expérience, se révèlent identiques sous tous rapports. L'un et l'autre ont même charge électrique, même spin et même masse, à la précision de la mesure près. Ils se comportent de la même façon si on les fait interagir avec d'autres particules. Ceci n'est pas l'apanage des électrons : cette indiscernabilité s'étend à toutes les populations de particules élémentaires, depuis les quarks et les leptons jusqu'aux particules qu'elles échangent et qui véhiculent les quatre forces fondamentales de la Nature. Nous ne savons pas pourquoi les particules se multiplient à l'identique. Nous pourrions imaginer un monde où les électrons seraient comme des ballons de football — chacun étant légèrement différent des autres. Le résultat serait un monde inintelligible.

De surcroît, même dans un monde peuplé par des collections de particules élémentaires identiques, il ne pourrait exister des systèmes plus grands que celles-ci, composés de ces mêmes particules et identiques les uns aux autres, si l'énergie n'était pas quantifiée d'une quelconque façon. Bien que l'on mette souvent l'accent sur les incertitudes qu'introduit l'image quantique de la réalité, la structure viscéralement quantique du monde est absolument vitale pour sa stabilité, sa cohérence et son intelligibilité. Dans un monde newtonien, toutes les quantités physiques, comme l'énergie et le spin, peuvent prendre toutes les valeurs, quelles qu'elles soient. Elles s'étalent sur un continuum entier de nombres. Aussi, si quelqu'un s'avisait de construire un « atome d'hydrogène newtonien » en installant un électron sur une orbite circulaire autour d'un simple proton, l'électron emprunterait n'importe quelle orbite fermée, car il pourrait disposer de toute vitesse orbitale possible. En conséquence de quoi, toute paire d'électron et proton liés serait différente des autres. Les électrons se retrouveraient sur des orbites quelque peu aléatoires. Les propriétés de chacun des atomes seraient différentes aussi bien que leurs tailles. Même si l'on était parvenu à créer une population initiale homogène, de vitesse électronique uniforme, chaque électron s'écarterait de son état de départ de manière différente des autres sous les coups de boutoir du rayonnement et des autres particules. L'élément bien défini appelé hydrogène, possédant des propriétés universelles, ne pourrait exister en dépit de l'existence de populations universelles d'électrons et protons identiques. Seule la mécanique quantique fournit une explication à l'existence de structures collectives identiques. La quantification de l'énergie lui permet de se manifester seulement en paquets discrets, et, de fait, lorsqu'un électron et un proton se rencontrent, un état unique s'offre à eux, dans lequel ils prennent place. La même configuration s'offrira à toutes les paires électron-proton que vous aurez pris soin de sélectionner. Cet état universel est ce que nous appelons l'atome d'hydrogène. De plus, une fois qu'il existe, ses propriétés ne connaissent aucune altération sous l'effet des multiples agressions occasionnées par les autres particules. Pour affecter l'orbite de l'électron autour du proton, le premier doit être suffisamment perturbé pour modifier son énergie d'un paquet quantique entier. Ainsi, la quantification de l'énergie est à la racine de la répétition des structures dans le monde physique et de la parfaite ressemblance des phénomènes dans le monde atomique. Paré de la seule ambiguïté du monde microscopique, le monde macroscopique ne serait pas intelligible. Pis, il n'y aurait pas d'intelligence pour prendre connaissance d'une réalité non quantique, car elle serait totalement hétérogène.

Les symétries sont en petit nombre

Les possibilités offertes à toute particule élémentaire de la Nature sont égales à tout ce qui est compatible avec le maintien de certaines symétries. Le respect d'une symétrie globale face à toutes les libertés locales de changement équivaut à poser une loi de conservation de la Nature et toute loi du changement peut être réécrite en termes d'invariance d'une certaine quantité. Les configurations qui en résultent sont le fruit de la concaténation d'un nombre fini d'éléments. Par exemple, une collection de configurations peut être créée par la combinaison de rotations et de mouvements linéaires dans l'espace. Plus le nombre d'opérations distinctes, ou générateurs, est élevé, plus le nombre de configurations est grand. Si ce nombre est très grand, en pratique, aucune symétrie ne sera discernable. Les générateurs des symétries qui dictent les interactions des particules élémentaires sont équivalents aux particules qui véhiculent les forces en question. Aussi, l'intelligibilité du monde repose sur le fait que les particules élémentaires se présentent sous quelques types de nombre relativement réduit. On les compte par dizaine plutôt que par milliers ou millions. Il existe un autre lien entre les populations microcosmiques et la simplicité globale de la Nature. L'unification des forces de la Nature que nous avons discutée dans les chapitres précédents repose sur la propriété de « liberté asymptotique » que manifeste l'interaction forte entre particules comme les quarks et les gluons, pourvues de charges colorées. Ceci veut dire qu'au fur et à mesure que l'énergie d'interaction entre particules croît, l'intensité d'interaction s'amenuise, si bien qu'asymptotiquement, l'interaction disparaît et que les particules se libèrent. C'est cette propriété qui permet aux forces disparates de la Nature que nous éprouvons à basse énergie de s'unifier à haute énergie. Toutefois, cette unification n'adviendrait en aucune manière si les particules élémentaires proliféraient. Par exemple, s'il y avait huit types de neutrinos au lieu des trois que l'expérience désigne, les interactions s'amplifieraient au lieu de s'affaiblir aux énergies les plus élevées et le monde se révélerait d'autant plus compliqué que nous l'examinerions en plus grand détail, c'est-à-dire à des énergies toujours plus élevées.

La liste des propriétés nécessaires à l'intelligibilité du monde ne s'arrête pas là, même si elle n'est qu'illustrative. Nombre de propriétés que nous avons dévoilées sont vraisemblablement nécessaires à l'existence des systèmes complexes stables, sous-ensembles que nous aurions pu appeler « vivants », ceci n'a pas échappé à l'attention du lecteur. Nous aurions pu concevoir des Univers où les observateurs vivants (pas nécessairement ressemblants à nous-mêmes) pourraient ne pas exister. Pourtant, à notre surprise, nous avons trouvé une connexion ultime entre les fragments les plus élémentaires de l'Univers et les conditions requises pour que l'évolution de la vie ait une probabilité distincte de zéro.

Le retour de la compressibilité algorithmique

Le cerveau est un organe merveilleux ; il commence à travailler au moment où vous vous levez le matin, et ne cesse que quand vous rentrez dans votre bureau.

Robert PROST

« Donner un sens », une intelligibilité, aux choses, consiste à les découper à la bonne taille, les ordonner, trouver des régularités, des facteurs communs et des simples récurrences qui nous indiquent pourquoi les choses sont ce qu'elles sont et comment elles seront dans le futur. Cet acte de pensée prend maintenant figure de quête de compressibilité algorithmique, celle-là même que nous avons abordée dans l'introduction.

En pratique, l'intelligibilité du monde se réduit à sa compressibilité algorithmique. Nous pouvons remplacer les séquences de faits et les données de l'observation par des phrases abrégées qui recouvrent le même contenu d'information. Ces abréviations sont souvent appelées « lois de la Nature ». Si le monde n'était pas algorithmiquement compressible, il n'existerait aucune loi simple. Au lieu d'utiliser la loi de la gravitation pour calculer les orbites des planètes, à tous les instants de l'histoire, nous devrions tenir le registre exact des positions planétaires ; cependant, ceci ne nous aiderait en aucune manière à prédire ce qu'elles seraient dans une seconde, un an ou mille ans. Le monde est potentiellement et réellement intelligible parce qu'à un certain niveau il se prête à la compression algorithmique. C'est pourquoi, fondamentalement, les mathématiques offrent une si bonne description du monde physique. C'est le langage le plus approprié que nous puissions proposer pour exprimer ces compressions algorithmiques.

Nous savons que le monde ne peut être indéfiniment comprimé de la sorte. Il existe des processus chaotiques particuliers incompressibles, tout comme il existe des opérations mathématiques qui ne sont pas calculables. Cette allusion au désordre fait jaillir le spectre d'un monde totalement incompressible où les scientifiques seraient bibliothécaires plutôt que mathématiciens, cataloguant les faits les uns après les autres, sans relation.

Nous pourrions définir la science comme la recherche de la compression algorithmique du monde de l'expérience et la recherche d'une théorie unique et globale, la théorie de tout, en tant qu'expression ultime de la foi de quelques-uns en la possibilité de compression algorithmique de la structure essentielle de l'Univers. Mais nous reconnaissons aussi que l'esprit humain joue un rôle non trivial dans cette évaluation. Inextricablement liée à la compressibilité algorithmique du monde est la capacité de l'esprit humain d'effectuer des compressions. Nos esprits ont pris comme supports les éléments du monde physique et ont été « aiguisés », tout au moins partiellement, par le processus de sélection naturelle, pour devenir aujourd'hui « coupants ». Leur aptitude à censurer l'environnement et leur capacité de survie sont reliées de manière évidente à leur qualité de compresseur algorithmique. Plus le stockage et la codification de l'expérience naturelle de l'organisme est efficace et plus l'organisme peut écarter les dangers. Dans la phase la plus récente de l'histoire de l'*homo sapiens*, cette capacité a atteint de nouveaux sommets de sophistication. Nous sommes capables de penser la pensée elle-même. Non contents d'extraire des connaissances au moyen de l'expérience, partie intégrante du processus évolutionniste, nous disposons de capacités mentales suffisantes pour simuler ou imaginer le résultat vraisemblable de nos actes. Plus précisément, nos esprits génèrent des simulations d'expériences passées dans le contexte de situations nouvelles, ce qui requiert un cerveau passablement exercé. Il est clair que les capacités mentales doivent passer un certain seuil pour effectuer une compression algorithmique digne de ce nom. D'abord, nos sens doivent être assez développés pour accumuler une quantité significative d'informations sur l'environnement. On peut comprendre que ce ne soit pas le cas : s'ils étaient si fins qu'ils puissent consigner la plus petite information possible au sujet de tout ce que nous voyons et entendons — toutes les configurations atomiques seconde après seconde —, alors nos esprits seraient surchargés d'informations. Le traitement de l'information serait plus lent, le temps de réaction plus long, et toutes sortes de circuits additionnels seraient requis pour passer au crible les données et composer des images des différents niveaux d'intensité et de profondeur de la réalité.

Le fait que nos esprits abandonnent toute ambition de collection et de traitement total de l'information a pour conséquence que le cerveau effectue une compression algorithmique de l'Univers qu'il soit ou non effectivement compressible. En pratique, le cerveau opère par troncature. Nos sens ne sont capables que de se saisir d'une quantité finie d'observations sur le monde, ceci à un certain niveau de résolution et de sensibilité. Même quand nous nous aidons de senseurs artificiels, tels les microscopes et les télescopes, pour élargir la gamme de notre expérience sensible, des limites fondamentales ne peuvent manquer de se manifester. L'analyse de ce processus de troncature lui-même constitue, dans de nombreux cas, une branche des sciences appliquées. Les statistiques en sont un bon exemple. Lorsque nous étudions un phénomène étendu et complexe, nous devons essayer de comprimer algorithmiquement l'information disponible en l'échantillonnant de manière sélective. Ainsi, les organismes de sondage essayant de prédire l'opinion publique avant les élections générales se devraient-ils d'interroger chaque citoyen sur ses intentions de vote. En pratique, ils traitent un sous-ensemble représentatif de la population et, invariablement, produisent d'éclatantes prédictions du résultat des élections réelles.

Le secret de l'Univers

Ce principe est si parfaitement général qu'aucune application particulière n'est possible.

George POLYA

Par expérience, nous appelons aléatoire une séquence s'il n'existe aucune compression possible de son contenu d'information. Au vrai, il est impossible, par principe, de prouver qu'une séquence donnée est aléatoire, bien qu'il soit clairement possible de prouver qu'elle ne l'est pas, simplement en exerçant une nouvelle compression. Aussi, ne sera-t-il jamais possible de prouver que la somme des informations contenues dans toutes les lois de la Nature est exprimable sous une forme plus succincte que nous pourrions appeler le « secret de l'Univers ». Bien sûr, il se pourrait que n'existe aucun secret de la sorte, et même s'il existait, il se pourrait que son contenu d'information soit enseveli si profondément qu'il faille un temps très long (ou même infini) pour en extraire l'information utile par le calcul.

La question de l'existence d'un « secret de l'Univers » est celle de l'existence d'un éventuel principe dont découlerait toute connaissance du monde physique. Plus prosaïquement, le « secret » serait « la simple proposition à partir de laquelle s'ensuivrait la plus vaste quantité d'informations ». Quelle serait la forme possible de cette proposition ? Serait-ce ce que les philosophes appellent une proposition « analytique » ou bien « synthétique » ? Une proposition analytique requiert que nous analysions cette seule proposition pour en évaluer la vérité. Un exemple est « les célibataires ne sont pas mariés ». Il s'agit clairement d'une vérité nécessaire, conséquence de la logique seule. Les propriétés synthétiques, quant à elles, sont des propositions qui font sens sans être pour autant analytiques. Les théories physiques que nous employons pour comprendre le monde sont toujours synthétiques. Elles disent des choses qui ne peuvent être vérifiées en regardant simplement le monde. Elles ne sont pas logiquement nécessaires. Elles affirment quelque chose au sujet du monde, alors que les propositions analytiques n'affirment rien. Les proposants de la théorie de tout, ou certains d'entre eux, semblent espérer que l'unicité et la complétude de quelque théorie mathématique particulière en feront la seule description logiquement cohérente du monde, et que, de fait, la proposition synthétique se transformera en proposition analytique. Cependant, si nous exigeons du « secret de l'Univers » qu'il fasse des prédictions vérifiables, il doit automatiquement conserver son caractère synthétique. On réalise que ce n'est pas une conclusion entièrement satisfaisante car notre « secret » doit alors conserver quelque élément susceptible d'être déduit d'un principe supérieur, et que, de ce fait, il ne peut être *le* secret de la structure de l'Univers entier.

Ce dilemme s'étend au problème du rôle des mathématiques en physique. Si tous les énoncés mathématiques étaient analytiques — c'est-à-dire conséquences tautologiques d'un certain ensemble de règles et d'axiomes —, alors il faudrait faire face à la contradiction suivante : essayer de déduire des énoncés synthétiques sur le monde à partir d'énoncés mathématiques purement analytiques. En pratique, quand les conditions initiales ne sont pas spécifiées par une forme d'autocohérence, elles fournissent une sorte d'élément synthétique qui vient s'ajouter à toute structure mathématique analytique définie par des équations différentielles. Même des schèmes comme la condition « d'absence de conditions limites », abordée au chapitre 3, introduisent simplement certaines « lois » nouvelles de la physique comme des « axiomes ».

Qu'est-ce qui rend les vérités nécessaires véritablement nécessaires ? Peut-être le fait qu'elles sont connaissables *a priori*. Si nous avions à effectuer un certain acte d'observation pour savoir si un énoncé est vrai, alors nous ne pourrions connaître sa valeur de vérité qu'*a posteriori*. Un épineux problème philosophique serait celui de déterminer si tous les énoncés *a priori* sont analytiques. La plupart des propositions que nous utilisons dans la vie courante sont ou bien synthétiques *a posteriori*, ou bien analytique *a priori*. On serait tenté de demander s'il existe des énoncés non analytiques sur le monde qui possèdent un contenu d'information réel et seraient connaissables *a priori.* Une synthèse *a priori* est-elle possible ? On pourrait alors insidieusement demander comment nous pourrions savoir qu'un tel énoncé nous donne une information non triviale sur le monde sans avoir à effectuer de nouvelles observations pour le vérifier.

Traditionnellement, les philosophes empiristes soutiennent ostensiblement que les vérités synthétiques *a priori* ne peuvent exister, alors que les rationalistes maintiennent, pour leur part, que si, bien qu'ils ne soient pas capables de s'entendre sur ce qu'elles sont. Depuis l'introduction par Emmanuel Kant de la distinction entre énoncés analytiques et synthétiques, les candidatures à une synthèse *a priori* ont été examinées et écartées les unes après les autres, à savoir des énoncés comme « les droites parallèles ne se coupent jamais » ou « tout événement a une cause », qui furent proposés avant l'éclosion des géométries non euclidiennes et de la théorie quantique. Comment pourrions-nous donc obtenir sur l'Univers une forme de connaissance synthétique *a priori* ? Kant suggère que l'esprit humain est construit de telle sorte qu'il saisisse naturellement quelques aspects synthétiques *a priori* du monde. Compte tenu que le monde réel possède des structures que nous ne pouvons imaginer, nos cerveaux laissent s'infiltrer en eux certains aspects de la réalité comme si nous portions des lunettes roses. Nos esprits ne capturent que certains aspects du monde et cette connaissance est donc synthétique et *a priori.* Car il est *a priori* vrai que nous ne comprenons jamais rien qui ne puisse être placé dans les registres de nos catégories mentales. De ce fait, pour nous, il existe certaines vérités nécessaires sur le monde observable. Nous pouvons espérer donner chair à ce type d'idée en invoquant le fait que l'on ait établi l'existence de conditions cosmologiques nécessaires à l'existence des observateurs dans l'Univers. Les conditions « anthropiques » que nous avons évoquées plus haut entraînent vers certaines propriétés que l'Univers doit posséder *a priori*, mais qui sont suffisamment non triviales pour être comptées comme synthétiques. Le synthétique *a priori* se confond avec l'exigence suivante : chaque principe physique qui forme une partie du secret de l'Univers ne doit pas ruiner la possibilité d'en prendre connaissance. L'Univers est un membre de la collection des concepts mathématiques ; mais seuls les concepts de complexité suffisante pour contenir des sous-programmes qui peuvent représenter les « observateurs » sont actualisés partie prenante de la réalité physique.

L'Univers est-il un ordinateur ?

La haine soit parmi vous ! Il est trop tôt pour l'alliance. Cherchez sur des voies séparées, car c'est ainsi que la vérité vient à la lumière.

Friedrich VON SCHILLER

Deux courants de pensée dans la science contemporaine, après avoir longtemps évolué en parallèle, cherchent à se rejoindre. Les circonstances de la convergence de ces fleuves détermineront lequel des deux sera considéré comme l'affluent de l'autre. D'un côté, se placent les physiciens convaincus que les « lois de la Nature », empreintes de symétrie, constituent le socle fondamental de la logique de l'Univers. Ces symétries vont de pair avec l'image d'un espace et d'un temps continus et indivisibles. À l'opposé, de l'autre côté, s'érige, au détriment de la symétrie, une image du calcul abstrait qui le désigne comme la notion la plus fondamentale de toutes. Cette image de la réalité prend sa source dans la logique du discontinu. Reste à décider lequel est le plus fondamental de la symétrie ou du calcul. L'Univers est-il un kaléidoscope ou un ordinateur cosmique ? une structure ou un programme ? ou rien de tout cela ? Avant de juger de cette question, il faudrait au moins que nous sachions si les lois de la physique limitent ou non les capacités ultimes du calcul abstrait. Limitent-elles sa vitesse et sa portée ? Les règles gouvernant le processus de calcul contraignent-elles les types de lois possibles ?

Avant d'entrer dans le vif du sujet, une mise en garde est de rigueur, concernant la possibilité même de ce choix. Tout au long de l'histoire de la pensée humaine, des paradigmes dominants se sont succédé. Ces images mentales nous disent souvent très peu de choses sur l'Univers, mais beaucoup sur la société engagée dans son étude. Dans la perspective téléologique des anciens Grecs, influencés par les premières études systématiques des êtres vivants, le monde était un grand organisme. Pour d'autres, qui tenaient la géométrie en vénération, l'Univers était une harmonie géométrique de formes parfaites. Plus tard, au temps de la première horloge et du mécanisme pendulaire, s'imposa l'image d'un Univers mis en marche par un Grand Horloger. Dans l'Angleterre victorienne de la révolution industrielle, le paradigme prévalent était celui de la machine à vapeur et les questions physiques et philosophiques qu'elle soulevait concernant les lois de la thermodynamique et le destin ultime de l'Univers portaient l'estampille de l'âge des machines. Ainsi, aujourd'hui, peut-être, l'image de l'univers ordinateur n'est-elle que le prolongement prévisible de nos habitudes de pensée. Demain, un nouveau paradigme régnera. Quel sera-t-il ? Existe-t-il quelque concept profond et simple à la racine de la logique comme la logique est à la racine des mathématiques et du calcul ?

Au premier abord, les notions de symétrie et de calcul semblent très éloignées l'une de l'autre et le choix que l'on nous demande de faire paraît assez radical. Pourtant, on peut remarquer que les symétries dictent les changements possibles et que les « lois » qui en résultent peuvent être considérées comme une sorte de *software* trouvant support sur un *hardware* matériel qui n'est autre que notre univers physique. Une telle interprétation souscrit implicitement à l'une des visions de la relation entre les lois de la Nature et l'univers physique évoquée au chapitre 2. Elle considère les deux conceptions comme totalement disjointes et indépendantes. Aussi pourrions-nous envisager le *software* fonctionnant sur un *hardware* différent. Cette image est en opposition flagrante avec une théorie de tout unique qui unifierait les conditions d'existence des particules élémentaires et les lois qui les gouvernent.

Le succès de l'image du continuum dans l'explication physique du monde paraît, à première vue, plaider contre la perspective du calcul. Mais il faut savoir que les logiciens mènent depuis cinquante ans une véritable guerre contre la notion de continuum numérique. Des mathématiciens comme Quine proclament que

> [...] de même que l'introduction des nombres irrationnels [...] est un mythe commode [qui] simplifie les lois de l'arithmétique [...] de même les objets physiques sont des entités postulées qui arrondissent et simplifient notre compte rendu du flux de l'existence [...] Le schème conceptuel d'objet physique est un mythe commode, plus simple que la vérité littérale et contenant encore un fragment de cette vérité littérale.

Faute de poser la bonne question, nous ne savons pas qui est premier de la symétrie ou du calcul, bref, s'il est possible de déduire « IT de BIT[1] », comme le dit John Wheeler.

Mon opinion personnelle est que cet espoir ne peut être complètement satisfait. Conclure que le fait de se prêter au calcul est l'aspect le plus fondamental de la réalité équivaudrait à supposer que l'Univers ne fait que des choses calculables. La signification des manifestations mathématiques de l'Univers serait laissée à l'appré-

1. *N.d.T.* : IT = lui, BIT = unité d'information dans le jargon de l'informatique.

ciation des constructivistes. C'est le prix à payer pour avoir abandonné le continuum, avoir fait appel aux seuls aspects calculables du monde et les avoir haussés au rang de principe d'explication de la globalité. Toutefois, nous avons découvert de nombreuses opérations mathématiques non calculables, ce qui amène les physiciens à jeter quelques soupçons sur la partie des mathématiques couramment mise à contribution dans la description du monde. Dans le domaine de la cosmologie quantique, on peut citer l'exemple d'une quantité en principe observable qui est, selon la prédiction, égale à la somme d'un nombre infini de termes variables dont chacun doit être évalué sur un type particulier de surface. Mais le décompte des surfaces, lui-même, se présente comme une opération non calculable. Il ne peut être accompli systématiquement au terme d'un nombre fini de pas de calculs de type Turing. Un élément de nouveauté est requis pour engendrer chaque membre de l'ensemble. Peut-être existe-t-il une autre manière de calculer les quantités observables en question, qui court-circuiterait les opérations non calculables, mais nous ne la connaissons pas. D'autres caractéristiques du monde discontinu, propres au calcul discret, viennent encore assombrir le tableau. Prenez, par exemple, une équation différentielle ordinaire, de la forme

$$dy/dx = F(x,y)$$

type que l'on rencontre souvent en physique, où $F(x,y)$ est une fonction continue de x et y qui n'est pas différentiable deux fois. Ce qui revient à dire que, bien que nous puissions dessiner la surface F sans lever la pointe du crayon (propriété de continuité), elle peut présenter des creux et des points singuliers comme la pointe d'un cône. Dès lors, même si F est une fonction calculable, il n'existe aucune solution calculable de l'équation différentielle. Si nous examinons sous cet angle les équations différentielles partielles qui décrivent la propagation des ondes de toutes sortes, que ce soient les ondes quantiques ou les ondes gravitationnelles qui froissent l'espace-temps, nous rencontrons le même problème. Dans le cas où le profil initial de l'onde est décrit par une fonction continue mais qui ne se prête pas à la différentiation de second ordre, il se peut qu'il n'existe aucune solution calculable de l'équation d'onde à deux dimensions spatiales ou plus. Le défaut de continuité du profil initial semble être la cause du problème. Si le profil initial est deux fois différentiable, alors toutes les solutions de l'équation d'onde sont calculables. Donc, si au niveau le plus fondamental, les choses étaient discrètes et discontinues, nous nous engagerions dans les sables mouvants du non-calculable.

La réponse à ces difficultés doit être recherchée dans l'élargissement de la notion de calcul. Traditionnellement, les adeptes du calcul numérique définissent les capacités ultimes d'un ordinateur donné, qu'il soit réel ou imaginaire, comme celles de la machine de Turing correspondante. Mais, en même temps, les capacités de telles machines définissent ce que nous entendons par le vocable « calculable ». Cependant, au cours des dernières années, il est apparu clairement que l'on peut fabriquer des ordinateurs de nature intrinsèquement quantique et ainsi exploiter l'incertitude du même nom pour effectuer des opérations qui dépassent les limites des machines de Turing idéalisées. Si nous admettons que le monde est, au plus profond, un système quantique, toute tentative d'explication de son fonctionnement intime au moyen du paradigme calculatoire doit être fondée sur une ferme compréhension de ce qu'est, véritablement, un calcul quantique et de ce qu'il peut accomplir, là où la machine de Turing conventionnelle échoue. On peut trouver de nombreuses affinités entre le paradigme calculatoire et l'image quantique du monde. L'un et l'autre accordent la préséance au discret, possèdent des aspects dualistes comme évolution et mesure (*compute and read*). Mais on pourrait, au-dessus de cela, faire valoir la connivence entre le quantum et les symétries de la Nature. Un demi-siècle d'études détaillées les a mariés et le couple semble indissoluble. Quel serait le statut du paradigme calculatoire s'il avait bénéficié d'un tel investissement de pensée et d'énergie ?

L'inconnaissable

Je hais les citations, dites-moi ce que vous savez.

Ralph Waldo EMERSON

« Pourquoi le monde est-il mathématique ? » demandons-nous. Mais, à la réflexion, la plupart des choses que nous rencontrons dans la vie de tous les jours sont tout sauf mathématiques. Est confiée au mathématicien la seule description du squelette du monde caché sous les apparences, un monde plus simple que le monde quotidien. Nous ne trouvons rien de mathématique dans les émotions et les jugements, la musique ou l'art. Comment, dès lors, parler de « théorie de tout », poursuivre le rêve des mathématiciens confiants dans le fait que toute diversité s'évapore pour ne laisser subsister rien d'autre que le *nombre* et tracer une ligne qui sépare les phénomènes subtils, intrinsèquement non mathématiques de ceux qui sont du registre de la « théorie de tout » ? Que sont les choses qui ne peuvent être incluses dans la conception physique de « tout » ? Il semble qu'il en existe, mais le plus souvent elles sont exclues de la discussion sous prétexte qu'elles ne sont pas « scientifiques », réponse assez voisine de celle de l'infâme personnage dont on disait : « Ce qu'il ne connaît pas ne fait pas partie de la connaissance. »

Nous avons tous de bons arguments pour récuser une éventuelle « théorie de tout ». La réponse de notre cerveau à certaines variétés d'informations en donne une preuve suggestive. Heinz Pagels a décrit ses différentes expériences de lecture, s'agissant d'écrits scientifiques « factuels », par opposition aux commentaires subjectifs que l'on trouve dans les pages littéraires des journaux :

> Un jour, je fus invité à un dîner en compagnie d'un groupe de gens de la meilleure société. Écrivains, éditeurs et intellectuels. Aucun scientifique dans le groupe, sinon moi-même. La conversation tourna autour du *New York Review of Books*, un magazine qui proposait bien plus qu'une critique de livres... Je le lis avidement et l'apprécie au plus haut point... J'en vins alors à décrire à mon problème : je ne peux me souvenir de rien de ce que je lis. L'information se loge dans un registre de courte durée et ne pénètre jamais dans ma mémoire à long terme. La raison en est, je pense, qu'en dépit du style brillant de l'écriture et de la qualité du récit, tout ce qui est imprimé, en effet, reflète l'impression d'une personne sur la pensée ou l'action d'une autre personne. Il est difficile pour moi de me souvenir des impressions des gens (y compris des miennes). Je ne me souviens que des concepts et des faits, des invariants de l'expérience et non des opinions humaines, des goûts et des styles. De tels épiphénomènes ne doivent pas être considérés par les gens sérieux, sinon comme des récréations intellectuelles.
>
> Un long silence suivit mes brèves remarques, et je me sentis gêné. Le gouffre entre les deux cultures — scientifique et littéraire — se creusait considérablement. Je réalisai que, dans ma maladresse, j'avais violé les principes sacrés des autres invités. Ces gens vouaient un culte à l'opinion publique, au goût et au style, à l'introspection dominée par l'inconscient, au primat de la sensation, au bavardage intellectuel et à l'activisme pur, et n'étaient que peu concernés par les contraintes qu'impose la connaissance. J'ai bien essayé de faire une plaisanterie pour me tirer de cette situation désagréable, mais je n'en ai trouvé aucune.

Cette sincère introspection révèle la difficulté que ressent l'auteur à extraire et organiser le contenu d'une certaine variété d'informations. En tant que scientifique, son esprit est entraîné à agir et à répondre d'une certaine manière à un type de données particulières. Tandis que les informations à contenu factuel ou logique trouvent un cadre préétabli où elles s'intègrent, les autres sortes d'information se dissolvent. Elles défient la compression en une forme ordonnée et facilement mémorisable. Cette tendance est éclairante.

Nous avons déjà décrit la manière dont le cerveau effectue la compression algorithmique des informations disponibles. Quand des chaînes de faits peuvent être véritablement réduites en algorithmes, la création d'une « science » est proche. Il est clair que certaines branches de l'expérience se prêtent plus facilement à la sublimation que d'autres. Dans les sciences « dures », la caractéristique la plus importante, car propice à la compression algorithmique, est l'existence de descriptions idéalisées de phénomènes complexes, garantissant des approximations très précises de la situation concrète. Supposons que nous voulions développer une description mathématique précise des caractéristiques observées d'une étoile typique comme le Soleil, dès lors une excellente approximation est de traiter le Soleil comme un objet sphérique de température uniforme sur toute la surface. Bien entendu, aucune étoile réelle n'est *exactement* sphérique et de surface exactement isotherme. Mais toutes les étoiles ont ceci en commun qu'un certain nombre d'idéalisations de ce genre puissent être proposées, sans altérer la précision de la description. Par la suite, les idéalisations peuvent être légèrement assouplies et on peut affiner la description afin de permettre de petits écarts à la sphéricité et accroître le réalisme du modèle et ainsi de suite. L'amélioration pas à pas des approximations est ce que nous entendons par opération « calculable » au sens de Turing. Au contraire, beaucoup de sciences « douces », cherchant à appliquer les mathématiques à des choses comme le comportement social, les émeutes dans les prisons ou les réactions psychologiques, ne parviennent pas à produire un ensemble significatif de connaissances sûres, car leurs sujets ne se prêtent pas à une idéalisation évidente et fructueuse. Les phénomènes compliqués, spécialement ceux qui possèdent des aspects apparemment incompressibles algorithmiquement, ou qui, comme les impressions personnelles, sont intrinsèquement imprédictibles, car ils réagissent au questionnement, ne sont pas remplaçables par de simples approximations. Un modèle de « société approximative » ou de « paranoïa approximative » est inconcevable. Ces phénomènes ne permettent pas l'usage effectif des outils les plus efficaces dont dispose le cerveau pour donner un sens à la complexité.

On ne peut dire si ceci résulte de la faillite de notre esprit en mal d'idéalisation ou si c'est la conséquence d'une incompressibilité intrinsèque associée aux phénomènes en question. Nous connaissons de nombreux exemples de la première situation. Chaque fois que jaillit une idée nouvelle qui donne un sens à ce qui n'était jusque-là qu'un ensemble de faits confus, nous démontrons la force de cette possibilité. De la seconde possibilité, que pouvons-nous dire ? Pouvons-nous être sûrs qu'il existe un quelconque exemple appartenant à cette catégorie ? Quelle sorte de choses échappe au verdict des mathématiques ?

La science est proche de ses sources lorsqu'elle attaque des problèmes qui requièrent de la technique plutôt que de l'intuition. Par technique, nous voulons dire application systématique d'une procédure séquentielle — une recette. Le fait que cette approche du monde soit aussi souvent fructueuse témoigne du pouvoir de la généralisation. La Nature utilise les mêmes idées de base encore et encore en différentes situations. La marque de fabrique de ces réplications est leur caractère mathématique. La recherche de la « théorie de tout » est une quête de la technique dont l'application est susceptible de décoder le message de la Nature en toutes circonstances. Nous savons pourtant qu'il doit exister des circonstances où la technique échoue.

Le logicien américain John Myhill a proposé d'étendre les conclusions de Gödel, Church et Turing, s'agissant de la portée et des limitations des systèmes logiques. Les aspects les plus accessibles et quantifiables du monde ont la propriété d'être calculables. Il existe une procédure définie, propre à décider si un candidat donné, quel qu'il soit, possède ou non la propriété requise. Les êtres humains peuvent être entraînés à répondre à la présence ou à l'absence de cette sorte de propriété. La vérité en ce sens n'est pas, en général, une propriété des choses. Un ensemble plus subtil de propriétés est constitué par celles dont on peut faire l'inventaire. Pour celles-ci, nous pouvons définir une procédure qui fera la liste de toutes les quantités qui possèdent la propriété requise (même si l'inventaire prend un temps infini), mais il n'y a aucun moyen de générer systématiquement toutes les entités qui ne possèdent pas la propriété requise. La plupart des systèmes logiques ont la propriété d'être identifiés mais non calculables : de tous leurs théorèmes, on peut faire la liste mais il n'existe aucune procédure pour examiner un énoncé et décider s'il est ou non un théorème. Si le théorème de Gödel n'existait pas, chacune des propriétés d'un quelconque système qui contient de l'arithmétique serait reconnaissable. Nous pourrions écrire un programme défini pour effectuer chaque activité. Sans les restrictions de Turing et de Church sur la compatibilité, chaque propriété du monde serait calculable. Déterminer si cette page est un exemple de français grammatical est un problème calculable. Les mots peuvent être vérifiés au moyen d'un dictionnaire et les constructions grammaticales employées peuvent être vérifiées séquentiellement. Mais la page de texte pourrait cependant sembler dépourvue de sens à un lecteur ne connaissant pas le français. À l'examen attentif, ce lecteur pourrait acquérir ce langage, et des parties de la page, au fil du temps, prendraient un sens. Mais il n'y a aucun moyen de prédire desquelles il s'agirait. La propriété de faire sens est donc reconnaissable mais non pas calculable. Remarquons que la question de savoir si cette page est ce que le lecteur aimerait écrire dans le futur est également une propriété identifiable mais non calculable.

Les propriétés du monde ne sont pas forcément identifiables ou calculables. Par exemple, celle d'être un énoncé vrai dans un système mathématique particulier n'est ni identifiable ni calculable. On peut approximer la vérité avec une précision toujours meilleure en introduisant toujours plus de règles de raisonnement et d'hypothèses axiomatiques, mais on ne peut jamais la capturer au moyen d'un ensemble fini de règles. Les attributs ni identifiables ni calculables — les traits « prospectifs » du monde — sont ceux que nous ne pouvons ni reconnaître ni générer par une série de pas logiques. Ils légitiment le besoin d'ingéniosité et d'innovation ; car ils ne peuvent être embrassés par aucune collection finie de règles ou de lois. La beauté, la simplicité, la vérité, toutes ces propriétés sont prospectives. Il n'existe aucune formule magique à laquelle on puisse avoir recours pour engendrer toutes les variétés possibles de ces attributs. Ils ne sont jamais totalement épuisables. Aucun programme, aucune équation ne peut générer toute la beauté ou toute la laideur ; en fait, il n'existe aucune manière sûre de reconnaître l'un de ces attributs au premier abord. L'aspect restrictif des mathématiques et de la logique écarte ces propriétés prospectives du danger de tomber sous les coups de la technique, même si nous développons habituellement un certain sens de la beauté ou de la laideur. Les propriétés prospectives des choses ne peuvent être entravées par aucune théorie logique de tout. Aucune évocation non poétique de la réalité ne peut être complète.

La portée des théories de tout est infinie mais limitée ; ces théories constituent les parties nécessaires d'une compréhension complète des choses, mais elles sont loin d'être suffisantes pour dévoiler les subtilités d'un Univers comme le nôtre. Dans les pages de ce livre, nous avons effleuré ce qu'une théorie de tout pourrait espérer nous apprendre sur l'unité de l'Univers, sans nous dissimuler qu'il contient des éléments qui transcendent notre vision contemporaine de la Nature. Nous avons aussi appris que ce qui participe de ce *tout* dépasse le visible. À la différence de beaucoup de mondes imaginaires, le nôtre contient des éléments prospectifs. Les théories de tout pourraient être impuissantes à produire ces attributs prospectifs de la réalité. Étrangement, nombre de ces qualités seront toutefois employées dans la sélection et l'approbation d'une théorie de tout esthétiquement acceptable. Aucune formule ne peut délivrer la vérité entière, toute l'harmonie, toute la simplicité. Aucune théorie de tout ne conférera la vision totale. Car, voir à travers toute chose, c'est ne rien voir du tout.

Index

Table

DÉJÀ PARUS

Collection Champs

ALAIN **Idées.**
ANATRELLA **Le Sexe oublié.**
ARASSE **La Guillotine et l'imaginaire de la Terreur.**
ARCHEOLOGIE DE LA FRANCE **(réunion des musées nationaux).**
ARNAUD, NICOLE **La Logique ou l'art de penser.**
ASTURIAS, **Trois des quatre soleils.**
AXLINE **Dibs.**
BADINTER **L'Amour en plus.**
BARNAVI **Une histoire moderne d'Israël.**
SARRY **La Résistance afghane, du grand moghol à l'invasion soviétique.**
BARTHES **L'Empire des signes.**
BASTIDE **Sociologie des maladies mentales.**
BERNARD **Introduction à l'étude de la médecine expérimentale.**
BERTIER DE SAUVIGNY **La Restauration.**
BIARDEAU **L'Hindouisme. Anthropologie d'une civilisation.**
BOIS **Paysans de l'Ouest.**
BORCH-JACOBSEN **Lacan. Le maître absolu.**
BOUREAU **La Papesse Jeanne.**
BRAUDEL **Ecrits sur l'histoire.**
L'identité de la France : espace et histoire. Les hommes et les choses. La Méditerranée. L'espace et l'histoire. La Dynamique du capitalisme. Grammaire des civilisations. Ecrits sur l'histoire, II. Le Modèle italien.
BRAUDEL, DUBY, AYMARD... **La Méditerranée. Les Hommes et l'héritage.**
BRILLAT-SAVARIN **Physiologie du goût.**
BROGLIE **La Physique nouvelle et les quanta.**
Nouvelles perspectives en microphysique.
BRUHNES **La Dégradation de l'énergie.**
BRUNSCHWIG **Le Partage de l'Afrique noire.**
CAILLOIS **L'Écriture des pierres.**
CARRIERE D'ENCAUSSE **Lénine. La révolution et le pouvoir.**
Staline. L'Ordre par la terreur.
Ni paix ni guerre.
CHAR **La Nuit talismanique.**
CHOMSKY **Réflexions sur le langage.**
Langue, linguistique, politique. Dialogues avec Mitsou Ronat.
COHEN **Structure du langage poétique.**
CONSTANT **De la force du gouvernement actuel de la France et de la nécessité de s'y rallier (1796). Des réactions politiques. Des effets de la Terreur (1797).**
CORBIN **Les Filles de noce. Misère sexuelle et prostitution au XIXe siècle. Le Miasme et la jonquille. L'odorat et l'imaginaire social, XVIIIe-XIXe siècles. Le Territoire du vide. L'Occident et le désir du rivage, 1750-1840. Le Village des cannibales.**
DANIÉLOU **Mythes et dieux de l'Inde.**
DARAKI **Dionysos et la déesse Terre.**
DAUMARD **Les Bourgeois et la bourgeoisie en France depuis 1815.**
DAVY **Initiation à la symbolique romane.**
DELSEMME, PECKER, REEVES **Pour comprendre l'univers.**
DELUMEAU **Le Savant et la foi.**
DENTON **L'Évolution.**
DERRIDA **Eperons. Les styles de Nietzsche.**
La Vérité en peinture.
Heidegger et la question. De l'esprit et autres essais.
DETIENNE, VERNANT **Les Ruses de l'intelligence. La Métis des Grecs.**
DEVEREUX **Ethnopsychanalyse complémentariste.**
Femme et mythe.
DIEHL **La République de Venise.**
DODDS **Les Grecs et l'irrationnel.**
DROUIN **L'Écologie et son histoire.**
DUBY **Saint-Bernard. L'art cistercien.**
L'Europe au Moyen Age.
L'Économie rurale et la vie des campagnes dans l'Occident médiéval.
La Société chevaleresque. Hommes et structures du Moyen Âge I.
Seigneurs et paysans. Hommes et structures du Moyen Âge II.
Mâle Moyen Âge. De l'amour et autres essais.
DUMÉZIL **Mythes et dieux indo-européens.**
DURKHEIM **Règles de la méthode sociologique.**
ECCLES **Évolution du cerveau et création de la conscience.**
EINSTEIN **Comment je vois le monde.**
Conceptions scientifiques.
EINSTEIN, INFELD **L'Évolution des idées en physique.**
ELIADE **Forgerons et alchimistes.**
ELIAS **La Société de cour.**
ERIBON **Michel Foucault.**
ERIKSON **Adolescence et crise.**
FEBVRE **Philippe II et la Franche-Comté. Étude d'histoire politique, religieuse et sociale.**

FERRO **La Révolution russe de 1917.**
FINLEY **Les Premiers temps de la Grèce. L'Invention de la politique.**
FOISIL **Le Sire de Gouberville.**
FONTANIER **Les Figures du discours.**
FRANCK **Einstein. Sa vie, son temps.**
FUKUYAMA **La Fin de l'histoire et le dernier homme.**
FURET **L'Atelier de l'histoire.**
FURET, OUZOUF **Dictionnaire critique de la Révolution française.**
FUSTEL DE COULANGES **La Cité antique.**
GEARY **Naissance de la France.**
GENTIS **Leçons du corps.**
GEREMEK **Les Marginaux parisiens aux XIVe et XVe siècles.**
GERNET **Anthropologie de la Grèce antique.**
Droit et institutions en Grèce antique.
GINZBURG **Les Batailles nocturnes.**
GLEICK **La Théorie du chaos. Vers une nouvelle science.**
GOUBERT **100 000 provinciaux au XVIIe siècle.**
GRÉGOIRE **Essai sur la régénération physique, morale et politique des juifs.**
GRENIER **L'Esprit du Tao.**
GRIBBIN **A la poursuite du Big Bang.**
GRIMAL **Virgile ou la seconde naissance de Rome.**
GRENIER **L'Esprit du Tao.**
GROSSER **Affaires extérieures. La politique de la France (1944-1989).**
Le Crime et la mémoire.
GUÉHENNO **La Fin de la démocratie.**
GUILLAUME **La Psychologie de la forme.**
GUSDORF **Mythe et métaphysique.**
HAMBURGER **L'Aventure humaine.**
HARRISON **Forêts.**
HAWKING **Une Brève Histoire du temps. Commencement du temps et fin de la physique ?**
HEGEL **Introduction à l'esthétique. Le Beau.**
HEISENBERG **La Partie et le Tout. Le monde de la physique atomique.**
HORNUNG **Les Dieux de l'Egypte.**
JACQUARD **Idées vécues.**
JAKOBSON **Langage enfantin et aphasie.**
JANKELEVITCH **L'Ironie.**
La Mort.
Le Pur et l'impur.
Le Sérieux de l'intention.
Les Vertus et l'Amour.
L'Innocence et la méchanceté.
JANOV **Le Cri primal.**
KRAMER **L'Histoire commence à Sumer.**
KUHN **La Structure des révolutions scientifiques.**
KUPFERMAN **Laval (1883-1945).**
LABORIT **L'Homme et la ville.**
LANE **Venise, une république maritime.**
LAPLANCHE **Vie et mort en psychanalyse.**
LEAKEY, LEWIN **Les Origines de l'homme.**
LEBOVICI **En l'homme, le bébé.**
LE CLEZIO **Haï.**
LEPAPE **Diderot.**
LEROY **L'Aventure sépharade.**
LE ROY LADURIE **Les Paysans du Languedoc.**
Histoire du climat depuis l'an mil.
LEWIS **Juifs en terre d'Islam.**
LOCHAK, DINER et FARGUE **L'Objet quantique.**
LOMBARD **L'Islam dans sa première grandeur.**
LORENZ **L'Agression.**
L'Envers du miroir.
LORENZ, POPPER **L'Avenir est ouvert.**
LOVELOCK **La Terre est un être vivant.**
MACHIAVEL **Discours sur la première décade de Tite-Live.**
MAHN-LOT **La Découverte de l'Amérique.**
MANDEL **La Crise.**
MARRUS **L'Holocauste dans l'histoire.**
MARX **Le Capital.**
Livre I sections I à IV.
Livre I, sections V à VIII.
MASSOT **L'Arbitre et le capitaine.**
MAUCO **Psychanalyse et éducation.**
MAYER **La Persistance de l'Ancien Régime. L'Europe de 1848 à la Grande Guerre.**
MEAD EARLE **Les Maîtres de la stratégie.**
MICHAUX **Emergences – résurgences.**
MICHELET **La Femme.**
MICHELS **Les Partis politiques.**
MILL **L'Utilitarisme.**
MILZA **Fascisme français. Passé et présent.**
MOLLAT, WOLFF **Les Révolutions populaires en Europe aux XIVe et XVe siècles.**
MORIN, **La Complexité humaine.**
MOSCOVICI **Essai sur l'histoire humaine de la nature.**
MUCHEMBLED **Culture populaire et culture des élites dans la France Moderne.**
NASSIF **Freud. L'inconscient.**
PANKOW **L'Homme et sa psychose.**
PAPERT **Jaillissement de l'esprit.**
PAZ **Le Singe grammairien.**
PERONCEL-HUGOZ **Le Radeau de Mahomet.**
PERRIN **Les Atomes.**
PLANCK **Initiation à la physique.**
Autobiographie scientifique.

POINCARE **La Science et l'hypothèse. La Valeur de la science.**
PRIGOGINE, STENGERS **Entre le temps et l'éternité.**
REICHHOLF **L'Emergence de l'homme.**
RÉMOND **La Politique n'est plus ce qu'elle était.**
RENFREW **L'Énigme indo-européenne.**
RENOU **La Civilisation de l'Inde ancienne d'après les textes sanskrits.**
RICARDO **Des principes de l'économie politique et de l'impôt.**
RICHET **La France moderne. L'esprit des institutions.**
ROMANO **Les Conquistadores.**
ROSSIAUD **La Prostitution médiévale.**
RUFFIE **De la biologie à la culture. Traité du vivant.**
RUSSELL **Signification et vérité.**
SAUVERZAC **Françoise Dolto.**
SCHMITT **La Notion de politique. Théorie du partisan.**
SCHUMPETER **Impérialisme et classes sociales.**
SCHWALLER DE LUBICZ R.A. **Le Miracle égyptien. Le Roi de la théocratie pharaonique.**
SCHWALLER DE LUBICZ ISHA **Her-Back, disciple de la sagesse égyptienne. Her-Back « pois chiche », visage vivant de l'ancienne Egypte.**
SERRES **Statues. Le Contrat naturel. Eclaircissements.**
SHAPIRO **L'Origine de la vie.**
SIEYES **Qu'est-ce que le Tiers-État ?**
STAROBINSKI **1789. Les emblèmes de la raison. Portrait de l'artiste en saltimbanque.**
STEINER **Martin Heidegger.**
STENGERS **L'Invention des sciences modernes.**
STEWART **Dieu joue-t-il aux dés ?**
STOETZEL **La Psychologie sociale.**
STRAUSS **Droit naturel et histoire.**
SUN TZU **L'Art de la guerre.**
TAPIE **La France de Louis XIII et de Richelieu.**
TESTART **L'Œuf transparent.**
THIS **Naître... et sourire. Les cris de la naissance.**
THOM **Paraboles et catastrophes. Prédire n'est pas expliquer.**
TRINH XUAN THUAN **Un astrophysicien.**
ULLMO **La Pensée scientifique moderne.**
VALADIER **L'Église en procès. Catholicisme et pensée moderne.**
WALLON **De l'acte à la pensée.**
WOLTON **Eloge du grand public.**

Champs *Contre-Champs*

BAZIN **Le Cinéma de la cruauté.**
BORDE et CHAUMETON **Panorama du film noir américain (1944-1953).**
BOUJUT **Wim Wenders.**
BOURGET **Lubitsch.**
EISNER **Fritz Lang.**
FELLINI **par FELLINI.**
GODARD **par GODARD. Les Années Cahiers. Les Années Karina. Des années Mao aux années 80.**
KRACAUER **De Caligari à Hitler. Une histoire du cinéma allemand (1919-1933).**
PASOLINI **Ecrits corsaires.**
RENOIR **Ma vie et mes films.**
ROHMER **Le Goût de la beauté.**
ROSSELLINI **Le Cinéma révélé.**
SCHIFANO **Luchino Visconti.**
TASSONE **Akira Kurosawa.**
TRUFFAUT **Les films de ma vie. Le Plaisir des yeux.**

CET OUVRAGE
A ÉTÉ REPRODUIT
ET ACHEVÉ D'IMPRIMER
PAR L'IMPRIMERIE MAURY EUROLIVRES
À MANCHECOURT EN DÉCEMBRE 1995

N° d'éd. FH131901. N° d'impr. 95/12/M8156
D.L. : janvier 1996.
(Imprimé en France)